科学版习题精解系列

化工原理习题精解

（下册）

何潮洪　南碎飞　安　越
陈欢林　詹晓力　叶向群　编

科学出版社
北　京

内 容 简 介

本书是《科学版习题精解系列》之一。

本书以例题和习题的形式，再现了《化工原理》、《化工原理实验》教材的相关内容。为使读者加深对化工原理课程中的基本概念、原理和工程处理方法的理解，例题解答特别强调有关的分析与总结。每章包括基本内容、重点与难点、精选题及解答、习题4部分。

全书分上、下两册。上册覆盖流体流动与传热部分，包括流体力学基础、流体输送机械、机械分离与固体流态化、热量传递基础、传热过程与换热器、蒸发、流体流动与传热实验；下册覆盖传质部分，包括质量传递基础、气体吸收、蒸馏、液液萃取、干燥、膜分离、传质实验，此外，下册还收录了浙江大学近五年来的化工原理研究生入学考试试题，并给出相应解答。

本书可作为化学工程与工艺专业本科生教学参考用书以及研究生入学考试辅导用书，也可作为化学、化工专业的教师、研究生和从事相关工作的工程技术人员的参考资料。

图书在版编目(CIP)数据

化工原理习题精解(下册)/何潮洪等编. —北京：科学出版社，2003
(科学版习题精解系列)

ISBN 978-7-03-009540-4

Ⅰ. 化…　Ⅱ. 何…　Ⅲ. 化工原理-高等学校-解题　Ⅳ. TQ02-44

中国版本图书馆CIP数据核字(2002)第106799号

责任编辑：陈雅娴　刘俊来　杨　震 / 责任校对：包志虹
责任印制：赵　博 / 封面设计：槐寿明

科学出版社 出版
北京东黄城根北街16号
邮政编码：100717
http://www.sciencep.com

北京华宇信诺印刷有限公司印刷
科学出版社发行　各地新华书店经销

*

2003年7月第　一　版　　开本：720×1000　1/16
2025年8月第十六次印刷　　印张：16 3/4
字数：316 000

定价：39.00元

(如有印装质量问题，我社负责调换)

出版说明

演练习题是学习中的重要环节，是课堂和课本所学知识的初步应用和实践，通过演算和思考，不仅能考察对知识理解和运用的程度，巩固书本知识，而且能培养科学的思维和解题能力。我社在充分调查研究的基础上，组织出版了《科学版习题精解系列》(化工类)。

化工类专业的专业基础课主要包括化工原理、化工热力学和化学反应工程等。许多学生反映在学习专业课程时，未能及时消化所学内容。教师也反映不可能将更多精力投入到学生的课外习题指导中去。对专业基础课的掌握扎实与否直接影响到今后实际工作的能力。本套丛书因此应运而生，目的在于在所学课本之外，能够起到真正的辅导教师的作用。

从教与学的角度看，理论需要联系实际，所学即为所用，通过习题检验课堂上的学习效果是一条通途之道。演练习题作为一个桥梁，起到了衔接课本知识和实际运用的作用。学的人常通过对习题的解答而对课本的基本概念、基本原理有更深刻的认识和记忆，或起到温故而知新之用，或起到使人茅塞顿开之用。教的人虽有倾尽所学以告之的想法，也会因课时所限不能有更多时间辅导学生，故选择一本优秀的参考资料既可以辅助教学，又可以减轻教学负担，同时还可以开拓学生的视野。

本套丛书在内容编排上一般包括 4 部分：基本内容、重点与难点、精选题和精选题解答。基本内容，阐述基本概念、基本原理和经典公式；重点与难点，力求突出重要知识点；精选题和精选题解答，集萃习题以培养学生演算习题、解决问题的能力。

本套丛书的许多资料从未在正式出版物中出版，很多习题是长期活跃在教学第一线，从事教学工作的优秀教师不断累积、不断创新的结晶，第一次从讲义转化为正式出版物。丛书的内容体系主要延承浙江大学、天津大学等校化工原理、化工热力学和化学反应工程主讲教材的体系。在图书内容的选择上，保留经典，精选具有代表性的习题，不片面追求习题的数量，而力求所选习题皆为上品。在丛书的编写过程中，很多中青年教师也充分发挥了思维灵活的特点，借鉴了一些国内外的经典教学参考资料，力求生动而有新意。

参与本套丛书编写的一些教师曾主编或参编了“面向 21 世纪课程教材”，他们对教学改革的方向有较为深刻的理解，积累了丰富的教学和实践经验，为编写《科学版习题精解系列》(化工类)付出了辛勤的劳动。在此，谨对参与本套丛书编写工作的各位教师表示诚挚的感谢！

最后，希望本套丛书的出版，能够对化工及相关专业的学生专业课程的学习、对日趋激烈的研究生考试有所帮助，也有助于从事化工行业的技术人员不断提高自身水平，同时，对培养我国优秀的化工类人才做出贡献。

科学出版社高等教育分社

前　　言

化工原理是化学工程与工艺及其相近专业的一门主干课，主要内容为化工单元操作的基本原理、典型设备的构造及工艺计算和设备选型。这门课工程性强，内容多，教与学很有讲究，其中做习题是学生掌握本门课程的基本理论、基本思想及基本方法的重要环节。为此，编者根据化工原理课程的教学要求，结合多年教学实践的经验，编写了《化工原理习题精解》。

本书主要按科学出版社 2001 年版的《化工原理》教材（何潮洪、冯霄主编）进行配套编写。全书分为上、下两册。上册覆盖流体流动与传热部分，包括流体力学基础（第 1 章）、流体输送机械（第 2 章）、机械分离与固体流态化（第 3 章）、热量传递基础（第 4 章）、传热过程与换热器（第 5 章）、蒸发（第 6 章）、流体流动与传热实验（第 7 章）；下册覆盖传质部分，包括质量传递基础（第 8 章）、气体吸收（第 9 章）、蒸馏（第 10 章）、液液萃取（第 11 章）、干燥（第 12 章）、膜分离（第 13 章）、传质实验（第 14 章）、化工原理研究生入学考试典型试题。

本书由浙江大学有关教师编写，执笔分工如下：第 1～3 章（窦梅），第 4～6 章（朱明乔），第 7 章（叶向群），第 8 章（詹晓力），第 9 章（安越），第 10、11 章（南碎飞），第 12 章（安越）、第 13 章（陈欢林、程丽华）、第 14 章（叶向群）、研究生入学考试试题及解答（何潮洪、南碎飞）。全书由何潮洪统稿。

由于编者水平有限，书中难免有不妥之处，敬请读者批评指正。

编　者

目　录

第 8 章　质量传递基础[1~4]

基本内容

质量传递的方式有分子传质(分子扩散)和对流传质(对流扩散)两种。分子传质是在单一相内存在组分的化学位梯度(往往源于浓度差)时,由分子运动而引起的质量传递;对流传质是伴随流体质点或微团的宏观运动而产生的传质。分子传质与对流传质的差别与热量传递中导热和对流传热的差别类似。这两种传递方式可同时存在。本章主要针对一维稳定分子传质。

8.1　分子传质

1. 扩散通量 $J_{A,z}$(费克定律)

如果扩散沿 z 方向进行,则

$$J_{A,z} = -CD_{AB}\frac{dx_A}{dz} \tag{8-1a}$$

当 C 是常数时,式(8-1a)为

$$J_{A,z} = -D_{AB}\frac{dc_A}{dz} \tag{8-1b}$$

式(8-1a)、(8-1b)中的扩散系数决定于物系、温度 T 和压力 P。对给定物系,压力不很高时通常有

$$D_{AB} \propto \frac{T^{1.75}}{P} \quad (\text{气体}) \tag{8-2a}$$

$$D_{AB} \propto \frac{T}{\mu} \quad (\text{液体}) \tag{8-2b}$$

2. 传质通量 N_A(总通量)

$$N_A = J_A + \frac{c_A}{C}(N_A + N_B) = J_A + x_A(N_A + N_B) \tag{8-3}$$

或

$$N_A = -CD_{AB}\frac{dx_A}{dz} + x_A(N_A + N_B) \tag{8-4}$$

A 的总通量 = A 的扩散通量 + A 的主体流动通量

(相对于静止坐标)　(相对于平均速度)　(相对于静止坐标)

对气体混合物,组分的摩尔分率习惯上用 y 表示,则式(8-4)变为

$$N_A = -CD_{AB}\frac{dy_A}{dz} + y_A(N_A + N_B) \tag{8-5}$$

根据式(8-4)或(8-5),可得各种一维稳定分子扩散情况下的传质通量。比较典型的如下。

(1)无化学反应时通过恒定截面积的等摩尔反向扩散

$$N_A = \frac{D_{AB}}{z_2 - z_1}(c_{A1} - c_{A2}) \tag{8-6}$$

对于理想气体,$c_A = p_A/RT$,有

$$N_A = \frac{D_{AB}}{RT(z_2 - z_1)}(p_{A1} - p_{A2}) \tag{8-7}$$

(2) 无化学反应时通过恒定截面积的单向扩散

所谓单向扩散是指组分 A 通过停滞(或不扩散)组分 B 的扩散。此时

$$N_A = \frac{D_{AB}}{z_2 - z_1} \cdot \frac{C}{c_{Bm}}(c_{A1} - c_{A2}) \tag{8-8}$$

对理想气体,有

$$N_A = \frac{D_{AB}}{RT(z_2 - z_1)} \cdot \frac{P}{p_{Bm}}(p_{A1} - p_{A2}) \tag{8-9}$$

或

$$N_A = \frac{CD_{AB}}{z_2 - z_1}\frac{y_{A1} - y_{A2}}{y_{Bm}} \tag{8-10}$$

其中,c_{Bm}、p_{Bm}、y_{Bm}分别为截面 1、2 上 c_B、p_B、y_B的对数平均值。以 y_B为例,有

$$y_{Bm} = \frac{y_{B2} - y_{B1}}{\ln(y_{B2}/y_{B1})} = \frac{y_{A1} - y_{A2}}{\ln(y_{B2}/y_{B1})}$$

8.2 对流传质

1. 涡流扩散通量 J_{AE}和总扩散通量 J_{AT}

$$J_{AE} = -D_E\frac{dc_A}{dz} \tag{8-11}$$

式中,D_E——涡流扩散系数,m^2/s。为方便计,略去了下标 AB(下同)。

$$J_{AT} = -(D + D_E)\frac{dc_A}{dz} \tag{8-12}$$

两种扩散的相对重要性在不同区域将不一样:在湍流主体区,$D_E \gg D$,分子扩散几乎可以忽略;在贴壁的层流底层中,D_E 为零;在过渡区,则 D 与 D_E 的数量级相当,都不能忽略。

2. 膜模型

$$N_A = k_G(p_{A1} - p_{A2}) \qquad (气相) \tag{8-13}$$

$$N_A = k_L(c_{A1} - c_{A2}) \qquad (液相) \tag{8-14}$$

式中，k_G——气相对流传质系数(以分压差为推动力)，kmol/(m^2 · s · Pa)；

k_L——液相对流传质系数(以浓度差为推动力)，kmol/[m^2 · s · (kmol/m^3)]或 m/s。

若为单向扩散，则

$$k_G = \frac{D_G}{RT\delta_G} \cdot \frac{P}{p_{Bm}} \tag{8-15}$$

$$k_L = \frac{D_L}{\delta_L} \cdot \frac{C}{c_{Bm}} \tag{8-16}$$

式中，δ_G、δ_L——气膜、液膜的当量厚度。

3. 对流传质系数的关联式

强制对流传质：　　$Sh = f(Re, Sc)$　　(8-17)

自然对流传质：　　$Sh = f(Gr_{AB}, Sc)$　　(8-18)

显然准数的具体方程式需通过实验确定。例如，对于气体流过单个球的传质，在 Sc=0.6～2.7，Re=1～4800 的范围内，有

$$Sh = 2 + 0.552Re^{0.53}Sc^{1/3} \tag{8-19}$$

重点与难点

本章的重点为

(1)理解各种因素对扩散系数的影响；

(2)一维稳定条件下扩散通量与传质通量的计算；

(3)膜模型的理解。

本章难点是各种条件下传质通量的计算，即式(8-3)或(8-4)的灵活应用。

精选题及解答

通过恒定截面积的等摩尔反向扩散

【例 8-1】 氨气(A)与氮气(B)在一等径管两端相互扩散，管子各处的温度均为 298K、总压均为 1.013×10^5 Pa。在端点 1 处，氨气的摩尔分率 y_{A1}=0.15；在端点 2 处，y_{A2}=0.06，点 1、2 间的距离为 1m。已知此时扩散系数 $D_{AB} = 2.3 \times 10^{-5}\ m^2/s$。试求 A 组分的传质通量，并求出 A 组分的浓度分布。

若总压增大一倍，但端点 1、2 处氨气的摩尔分率不变，则 A 组分的传质通量将如何变化？

【解】 由于管中各处温度、压力均匀,因此若有 1mol A 从点 1 扩散到 2,则必有 1mol B 从点 2 扩散到 1,否则就不能维持总压恒定。即该题属于等摩尔反向扩散。

根据式(8－7),得

$$N_A=\frac{D_{AB}(p_{A1}-p_{A2})}{RT(z_2-z_1)}=\frac{D_{AB}P(y_{A1}-y_{A2})}{RT(z_2-z_1)} \tag{1}$$

$$N_A=\frac{2.3\times10^{-5}\times1.013\times10^5(0.15-0.06)}{8314\times298\times(1-0)}$$

$$=8.46\times10^{-8}\text{kmol/(m}^2\cdot\text{s)}$$

现在来求 A 组分的浓度分布。根据式(8－5),得

$$N_A=-CD_{AB}\frac{dy_A}{dz}+y_A(N_A+N_B)$$

由于 $N_A=-N_B$,故

$$N_A=-CD_{AB}\frac{dy_A}{dz} \tag{2}$$

对于等截面稳定扩散过程,N_A为常数,对式(2)微分,得

$$\frac{d^2y_A}{dz^2}=0$$

浓度分布呈线性

从而

$$y_A=C_1z+C_2$$

其中,C_1、C_2为积分常数。

根据边界条件,$z=0$, $y_A=0.15$; $z=1$, $y_A=0.06$,得 A 组分浓度分布为

$$y_A=-0.09z+0.15$$

注意:总压增大将使扩散系数下降。

若总压增大一倍,则气体扩散系数要变小。根据 $D_{AB}\propto(T^{1.75}/P)$,由于温度 T 不变,从而总压增大一倍后,$D_{AB}P$ 仍基本不变,又 y_{A1}、y_{A2}不变,根据式(1),可知 A 组分的传质通量将基本不变。

通过变截面积的等摩尔反向扩散

【例 8－2】 题 8－1 中,若扩散在一非等径管进行,其他条件相同,则端点 1 处的传质通量为多少?已知该非等径管的形状为圆锥台,如图 8－1 所示,其中 $r_1=0.03$m,$r_2=0.06$m。

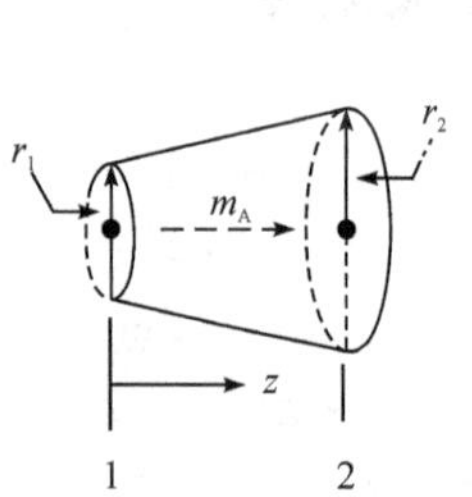

图 8－1　通过非等径管(圆锥台形状)的等摩尔扩散

注意:N_A要变化

【解】 本题与例 8－1 不同的是,由于扩散的截面积不一样,因此传质通量 N_A不是一个常数,而与位置有关,但

质量流量 m_A 仍不变，其中 $m_A = N_A \cdot A = \pi r^2 N_A$。

根据式(8-5)及 $N_A = -N_B$ 得

$$N_A = -CD_{AB}\frac{dy_A}{dz} + y_A(N_A + N_B) = -CD_{AB}\frac{dy_A}{dz}$$

即

$$\frac{m_A}{\pi r^2}dz = -CD_{AB}dy_A \tag{1}$$

根据几何关系，r 与位置 z 之间的关系为

$$r = \left(\frac{r_2 - r_1}{z_2 - z_1}\right)(z - z_1) + r_1 \tag{2}$$

将式(2)代入式(1)，并结合边界条件有

$$\frac{m_A}{\pi}\int_{z_1}^{z_2}\frac{dz}{\left[\left(\frac{r_2 - r_1}{z_2 - z_1}\right)(z - z_1) + r_1\right]^2} = -CD_{AB}\int_{y_{A1}}^{y_{A2}}dy_A$$

积分得

$$m_A = \pi r_1 r_2 \cdot \frac{CD_{AB}(y_{A1} - y_{A2})}{z_2 - z_1} \tag{3}$$

质量流量 m_A 不变

从而

$$N_A = \frac{m_A}{\pi r^2} = \frac{r_1 r_2}{r^2} \cdot \frac{CD_{AB}(y_{A1} - y_{A2})}{z_2 - z_1}$$

$$= \frac{r_1 r_2}{r^2} \cdot \frac{D_{AB}P(y_{A1} - y_{A2})}{RT(z_2 - z_1)} \tag{4}$$

N_A 与位置有关

端点 1 处($r = r_1$)的传质通量 N_{A1} 为

$$N_{A1} = \frac{r_2}{r_1} \cdot \frac{D_{AB}P(y_{A1} - y_{A2})}{RT(z_2 - z_1)}$$

$$= \frac{0.06}{0.03} \times \frac{2.3 \times 10^{-5} \times 1.013 \times 10^5 (0.15 - 0.06)}{8314 \times 298 \times (1 - 0)}$$

$$= 1.69 \times 10^{-7}\,\text{kmol/(m}^2 \cdot \text{s)}$$

【讨论】 本题结果也可用于等截面的情形，此时 $r = r_1 = r_2$，式(4)还原为式(8-7)。

【例 8-3】 在温度 25℃、总压 1.013×10^5 Pa 下，用水吸收空气中的氨(A)。气相主体含氨 10%(摩尔分率，下同)。由于水中氨的浓度很低，其平衡分压可取为零。若氨在气相中的扩散阻力相当于 2mm 厚的停滞气层，求吸收的传质通量 N_A。若吸收在 35℃下进行，其余不变，则结果如何？已知 25℃时扩散系数 $D = 2.28 \times 10^{-5}\,\text{m}^2/\text{s}$。

通过恒定截面积的单向扩散

【解】 本题属等截面单向扩散，可直接应用式(8-9)。25℃时，

$z_2-z_1=0.002\text{m}, D=2.28\times10^{-5}\text{m}^2/\text{s}, T=298\text{K}, P=1.013\times10^5\text{Pa}$

$$p_{A1}=0.10\times1.013\times10^5=0.1013\times10^5\text{Pa}$$
$$p_{B1}=(1-0.10)\times1.013\times10^5=0.9117\times10^5\text{Pa}$$
$$p_{A2}=0 \qquad p_{B2}=1.013\times10^5\text{Pa}$$
$$p_{Bm}=\frac{p_{B2}-p_{B1}}{\ln(p_{B2}/p_{B1})}=\frac{1.013\times10^5-0.9117\times10^5}{\ln(1.013/0.9117)}=0.9615\times10^5\text{Pa}$$

漂流因子$\frac{P}{p_{Bm}}=\frac{1.013\times10^5}{0.9615\times10^5}=1.054$

漂流因子的影响

$$N_A=\frac{D}{RT(z_2-z_1)}\cdot\frac{P}{p_{Bm}}(p_{A1}-p_{A2}) \qquad (1)$$
$$N_A=\frac{2.28\times10^{-5}}{8314\times298\times0.002}\times1.054\times(0.1013\times10^5-0)=4.91\times10^{-5}\text{kmol/(m}^2\cdot\text{s)}$$

扩散系数随温度变化

若吸收在35℃下进行,由于$D_{AB}\propto(T^{1.75}/P)$,从而根据式(1)得$N_A\propto T^{0.75}$,所以

$$N'_A=N_A\cdot(T'/T)^{0.75}=4.91\times10^{-5}\times(308/298)^{0.75}=5.03\times10^{-5}\text{kmol/(m}^2\cdot\text{s)}$$

【讨论】 本题中由于气相氨浓度较高,故漂流因子较大,总体流动的影响要予以考虑。通常当浓度较低时,漂流因子接近于1,总体流动的影响就可忽略。请读者自行考察氨浓度分别为5%、1%时的情形。

通过变截面的稳定单向扩散

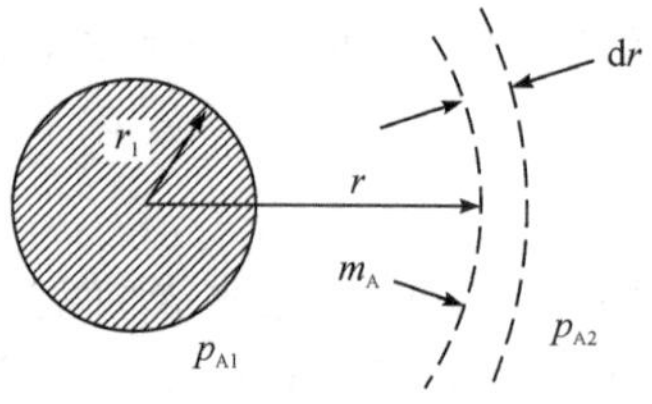

图 8-2 从球体向周围介质的扩散

【例 8-4】 一直径20mm的球形萘粒置于压力1.013×10^5Pa、温度318K的大范围的静止空气中。已知318K下萘的蒸气压力为74Pa,萘在空气中的扩散系数为$6.92\times10^{-6}\text{m}^2/\text{s}$。试求萘球表面上萘的气化速率。

N_A要变,m_A不变。

【解】 稳定扩散时其径向质量流量m_A不变,但由于扩散截面积$4\pi r^2$随r(距球心的距离)而变,所以N_A不是常数,$N_A=\frac{m_A}{4\pi r^2}$。

由于 B 是停滞组分，所以 $N_B=0$，根据式(8－5)得　　注意：$J_B\neq 0$

$$N_A=-CD_{AB}\frac{dy_A}{dr}+y_AN_A$$

或

$$N_A=-\frac{CD_{AB}}{1-y_A}\frac{dy_A}{dr}$$

即

$$N_A=\frac{m_A}{4\pi r^2}=-\frac{CD_{AB}}{1-y_A}\frac{dy_A}{dr}$$

分离变量

$$\frac{m_A}{4\pi}\int_{r_1}^{r_2}\frac{1}{r^2}dr=-CD_{AB}\int_{y_{A1}}^{y_{A2}}\frac{dy_A}{1-y_A}$$

积分得

$$\frac{m_A}{4\pi}\left(\frac{1}{r_1}-\frac{1}{r_2}\right)=CD_{AB}\ln\frac{1-y_{A2}}{1-y_{A1}}=CD_{AB}\ln\frac{y_{B2}}{y_{B1}}$$

因为 $r_2\gg r_1$，$1/r_2\approx 0$。再引入对数平均值 y_{Bm} 及 $m_A=4\pi r^2N_A$，有

$$N_A=\frac{CD_{AB}}{r^2/r_1}\cdot\frac{y_{A1}-y_{A2}}{y_{Bm}}$$

从而，球表面 $r=r_1$ 处的扩散通量 N_{A1} 为

$$N_{A1}=\frac{CD_{AB}}{r_1}\cdot\frac{y_{A1}-y_{A2}}{y_{Bm}}=\frac{D_{AB}P}{RTr_1}\cdot\frac{p_{A1}-p_{A2}}{p_{Bm}}\tag{1}$$

据题，$D_{AB}=6.92\times10^{-6}\,m^2/s$，$r_1=0.02/2=0.01m$，$p_{A1}=74Pa$，$p_{A2}=0$，$p_{B1}=1.013\times10^5-74=1.012\times10^5\,Pa$，$p_{B2}=1.013\times10^5\,Pa$，由于 p_{B1} 近似等于 p_{B2}，故

$$p_{Bm}=\frac{p_{B1}+p_{B2}}{2}=\frac{(1.012+1.013)\times10^5}{2}=1.0125\times10^5\,Pa$$

代入式(1)，得

$$\begin{aligned}N_{A1}&=\frac{D_{AB}P}{RTr_1}\cdot\frac{p_{A1}-p_{A2}}{p_{Bm}}\\&=\frac{6.92\times10^{-6}\times1.013\times10^5}{8314\times318\times0.01}\times\frac{74-0}{1.0125\times10^5}\\&=1.94\times10^{-8}\,kmol/(m^2\cdot s)\end{aligned}$$

【讨论】　若把 N_A 写成传质系数的形式，即

$$N_A=k(c_{A1}-c_{A2})=\frac{k}{RT}(p_{A1}-p_{A2})\tag{2}$$

将式(2)与式(1)比较，得

对本题，$Sh=2$。

$$k=\frac{D_{AB}P}{r_1 p_{Bm}}=\frac{2D_{AB}P}{d_1 p_{Bm}}$$

当气相中溶质浓度不大时，漂流因子 $P/p_{Bm}\approx 1$，从而 $k\approx 2D_{AB}/d_1$，即 $Sh\approx 2$，与式(8-19)的结果($Re=0$)一致。

拟稳定扩散过程

【例 8-5】 接题 8-4，试推导半径为 $r_0=20\text{mm}$ 的萘球全部升华完所需的时间。已知萘的摩尔质量 $M_A=128.2\text{kg/kmol}$，其密度 $\rho_A=1145\text{kg/m}^3$。

【解】 随着萘的升华，萘球的半径逐渐缩小，传质速率也发生变化，因此这是一个不稳定的扩散过程。但由于萘的传质速率很小，故在不长的时间内，萘球的半径可认为不变，其扩散近似为一个稳定过程，通常把此种过程称为拟稳定扩散过程。此时例 8-4 的结果可加以直接利用。

传质通量随 r 的减小而增大，但萘升华的质量流量随 r 的减小而下降。

根据例 8-4 式(1)，半径 r 的萘(A)球其表面升华的传质通量为

$$N_{Ar}=\frac{D_{AB}P}{RTr}\cdot\frac{p_{A1}-p_{A2}}{p_{Bm}}\qquad \text{kmol/(m}^2\cdot\text{s)}$$

从而半径 r 的萘球其表面升华的传质速率为

$$m_{Ar}=4\pi r^2 N_{Ar}=\frac{4\pi r D_{AB}P}{RT}\cdot\frac{p_{A1}-p_{A2}}{p_{Bm}}\qquad \text{kmol/s}$$

设在 $\text{d}t$ 时间内萘球的半径减小了 $\text{d}r$，则根据物料衡算得

$$m_{Ar}M_A\text{d}t=-4\pi r^2\rho_A\text{d}r$$

代入 m_{Ar} 的表达式，化简得

$$\frac{D_{AB}P}{RT}\cdot\frac{p_{A1}-p_{A2}}{p_{Bm}}\cdot M_A\text{d}t=-\rho_A r\text{d}r$$

将上式在 $t=0$，$r=r_0$(萘球初始半径)和 $t=t_F$，$r=0$ 之间积分，有

$$\frac{D_{AB}P}{RT}\cdot\frac{p_{A1}-p_{A2}}{p_{Bm}}\cdot M_A\int_0^t\text{d}t=-\rho_A\int_{r_0}^0 r\text{d}r$$

得萘球全部升华完所需的时间 t_F 为

$$t_F=\frac{\rho_A r_0^2 RT p_{Bm}}{2M_A D_{AB}P(p_{A1}-p_{A2})}$$

代入相关数据，得

$$t_F=\frac{1145\times 0.02^2\times 8314\times 318\times 1.0125\times 10^5}{2\times 128.2\times 6.92\times 10^{-6}\times 1.013\times 10^5(74-0)}$$

$$=9.22\times 10^6\text{s}=2560\text{h}$$

【例 8-6】 如图 8-3，气体 A 由气相主体扩散到催化剂表面，并在催化剂的作用下，发生一级化学反应 $2A \longrightarrow 3B$，生成的气体 B 再由催化剂表面向气相主体扩散。已知 $z=z_1$ 时，$y_A=y_{A1}$。试求稳定情形下 A 的传质通量。分以下两种情形考察：(1)反应为瞬时反应；(2)反应很慢，在催化剂表面，其非均相一级化学反应速率常数为 k'。

伴有非均相化学反应的等截面稳定扩散过程

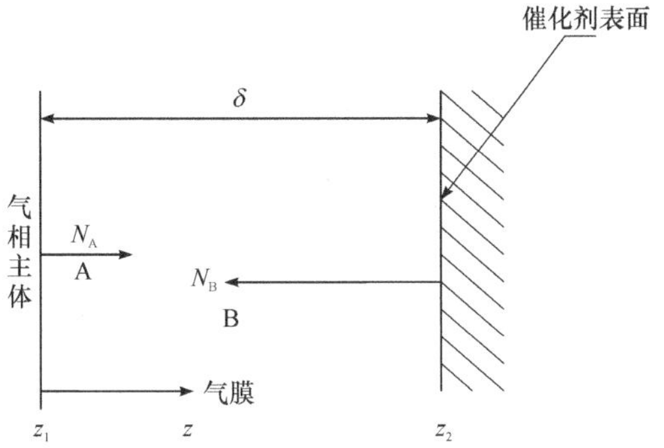

图 8-3　在催化剂表面上进行的非均相反应及扩散

【解】 由于反应只在催化剂表面进行，即气相中并无反应，因此根据质量守恒定律可知，稳定情形下气相中 A、B 的传质通量均为常数。

A、B 的传质通量均为常数。

对于反应 $2A \longrightarrow 3B$，1mol A 将在催化剂表面上生成 1.5mol B，从而

A、B 的传质方向相反

$$N_B = -1.5N_A = 常数$$

又

$$N_A = -CD_{AB}\frac{dy_A}{dz} + y_A(N_A+N_B)$$

得

$$N_A = -CD_{AB}\frac{dy_A}{dz} - 0.5y_AN_A \quad (1)$$

边界条件为

$$z=z_1 \qquad y_A=y_{A1}$$

$$z=z_2 \qquad y_A=y_{A2}$$

y_{A2}待定

将式(1)分离变量，积分

$$N_A\int_{z_1}^{z_2} dz = -CD_{AB}\int_{y_{A1}}^{y_{A2}}\frac{dy_A}{1+0.5y_A}$$

得

$$N_A = \frac{2CD_{AB}}{z_2-z_1}\ln\frac{1+0.5y_{A1}}{1+0.5y_{A2}} = \frac{2CD_{AB}}{\delta}\ln\frac{1+0.5y_{A1}}{1+0.5y_{A2}} \quad (2)$$

其中，$\delta = z_2 - z_1$。

式(2)中A组分在催化剂表面处的浓度y_{A2}仍是未知量，故解的最终形式与边界上的化学反应速率有关。

(1)反应为瞬时反应(扩散控制过程)

对瞬时反应，传质通量与反应无关

由于化学反应是瞬时完成，故$y_{A2} \approx 0$，得

$$N_A = \frac{2CD_{AB}}{\delta} \ln(1 + 0.5 y_{A1}) \tag{3}$$

(2)反应很慢(反应控制过程)

因为在催化剂表面上，化学反应进行得很缓慢，使得反应速率远远低于扩散速率，所以此过程可视为反应控制过程，组分A的传质通量由化学反应速率确定。由于是一级化学反应，有

$$N_A = k' c_{A2} = k' C y_{A2}$$

从而

$$y_{A2} = \frac{N_A}{k'C} \tag{4}$$

将式(4)代入式(2)，得

$$N_A = \frac{2CD_{AB}}{\delta} \ln \frac{1 + 0.5 y_{A1}}{1 + \frac{0.5 N_A}{k'C}} \tag{5}$$

当$\frac{0.5N_A}{k'C} \ll 1$时，$\ln\left(1 + \frac{0.5N_A}{k'C}\right) \approx \frac{0.5N_A}{k'C}$(注：由于边界上存在化学反应，$0.5N_A/(k'C)$的数值通常较小，上述近似式往往能满足)，则式(5)成为

$$N_A = \frac{2C\ln(1 + 0.5 y_{A1})}{\frac{\delta}{D_{AB}} + \frac{1}{k'}} \tag{6}$$

式(6)的分母有两项，它们分别反映扩散阻力和反应阻力的大小。

【讨论】 从式(6)可知，对于瞬间反应，$k' \to \infty$，式(6)还原为式(3)。

伴有一级均相化学反应的扩散过程

【例8-7】 如图8-4，溶质组分A在溶剂B中边扩散边反应。已知反应为$A + B \longrightarrow AB$，A的生成速率$= -k'' c_A$ kmol/(m^3·s)，且组分A的浓度很稀。试求稳定情形下A的传质通量。已知$z=0$，$c_A = c_{A1}$；$z = L$，$c_A = 0$。

【解】 因为$x_A \approx 0$，根据式(8-4)，有

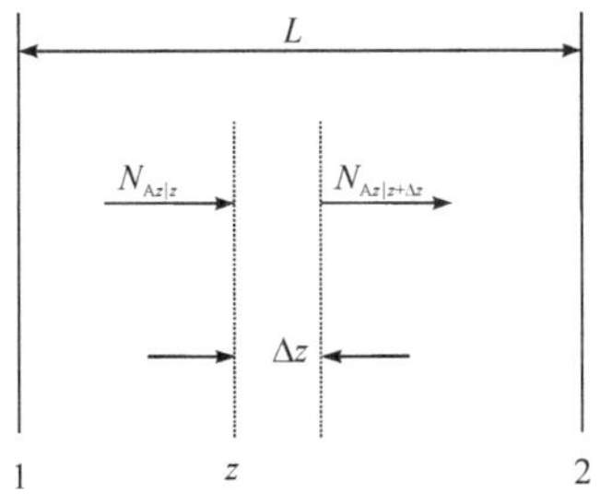

图 8-4　流体中的均相化学反应及扩散

$$N_{Az}=-D_{AB}\frac{dc_A}{dz}+0 \tag{1}$$

由于进行化学反应，组分 A 的传质通量 N_{Az} 不再是常数。因此式(1)尚不能直接积分，还需找出 N_{Az} 的控制方程。

尽管为等截面稳定扩散过程，但由于扩散路径上发生化学反应，故 N_{Az} 不再是常数，质量通量 m_A 也不是常数。

将组分 A 在图 8-4 的 Δz 区间进行物料衡算，有

$$\begin{pmatrix}\text{A 的进入}\\ \text{速率}\end{pmatrix}+\begin{pmatrix}\text{A 的生成}\\ \text{速率}\end{pmatrix}=\begin{pmatrix}\text{A 的离开}\\ \text{速率}\end{pmatrix}+\begin{pmatrix}\text{A 的积累}\\ \text{速率}\end{pmatrix}$$

对稳定过程，A 的积累速率为零，从而

$$N_{Az\,|\,z}-k''c_A\Delta z=N_{Az\,|\,z+\Delta z}+0$$

两边同除以 Δz，并令 $\Delta z\to 0$，得

$$-\frac{dN_{Az}}{dz}=k''c_A$$

将式(1)代入，有

$$\frac{d^2c_A}{dz^2}=\frac{k''}{D_{AB}}c_A$$

边界条件为

$$z=0\qquad c_A=c_{A1}$$

$$z=L\qquad c_A=0$$

解得

$$c_A=\frac{c_{A1}\,\mathrm{sh}\left[\sqrt{\frac{k''}{D_{AB}}}(L-z)\right]}{\mathrm{sh}\left(\sqrt{\frac{k''}{D_{AB}}}L\right)}$$

(注：双曲函数 $\mathrm{sh}(x)=(e^x-e^{-x})/2$，$\mathrm{ch}(x)=(e^x+e^{-x})/2$)

根据式(1)，得传质通量为

N_A与z有关。

$$N_A=\frac{c_{A1}\sqrt{k''D_{AB}}\cdot \mathrm{ch}\left[\sqrt{\frac{k''}{D_{AB}}}(L-z)\right]}{\mathrm{sh}\left(\sqrt{\frac{k''}{D_{AB}}}L\right)}$$

【讨论】 由于N_A不是常数,质量流量m_A也不是常数,因此必须借助微元的物料衡算才能确定N_A所满足的关系式,这与前面的例题有较大的不同。

对流传质

【例 8-8】 例 8-4 中,若空气不是静止,而具有 0.30m/s 的流速,则萘球表面上萘的汽化速率又如何?已知 318K 下空气的物性为$\mu=1.93\times10^{-5}\mathrm{Pa\cdot s}$,$\rho=1.113\mathrm{kg/m^3}$。

【解】 据例 8-4,$D_{AB}=6.92\times10^{-6}\mathrm{m^2/s}$,$d=0.02\mathrm{m}$,$p_{A1}=74\mathrm{Pa}$,$p_{A2}=0$。

此时 $$Sc=\frac{\mu}{\rho D_{AB}}=\frac{1.93\times10^{-5}}{1.113\times6.92\times10^{-6}}=2.505$$

$$Re=\frac{du\rho}{\mu}=\frac{0.02\times0.30\times1.113}{1.93\times10^{-5}}=346$$

根据式(8-19),得

$$Sh=2+0.552Re^{0.53}Sc^{1/3}$$
$$=2+0.552\times346^{0.53}\times2.505^{1/3}=18.6$$

从而

$$k=\frac{Sh\cdot D_{AB}}{d}=\frac{18.6\times6.92\times10^{-6}}{0.02}=6.44\times10^{-3}\ \mathrm{m/s}$$

注意传质系数的单位。

$$N_{A1}=k(c_{A1}-c_{A2})=\frac{k}{RT}(p_{A1}-p_{A2})$$
$$=\frac{6.44\times10^{-3}}{8314\times318}\times(74-0)=1.8\times10^{-7}\mathrm{kmol/(m^2\cdot s)}$$

【讨论】 与例 8-4 相比可见,由于对流的影响,传质通量从$1.94\times10^{-8}\mathrm{kmol/(m^2\cdot s)}$提高到$1.8\times10^{-7}\mathrm{kmol/(m^2\cdot s)}$。

本章主要符号说明

符号	意义	单位
c,C	物质的量浓度	$\mathrm{kmol/m^3}$
D	扩散系数	$\mathrm{m^2/s}$

Gr_{AB}	自然对流传质的格拉晓夫(Grashof)准数	
J	扩散通量	kmol/(m^2 · s)
k	传质系数(以浓度差为推动力)	m/s
M	摩尔质量	kg/kmol
m	质量或质量流率或摩尔流率	kg, kg/s, kmol/s
N	传质通量	kmol/(m^2 · s)
p、P	压力	Pa
R	摩尔气体常量	kJ/(kmol · K)
Re	雷诺(Reynolds)准数	
Sc	施密特(Schmidt)准数	
Sh	舍伍德(Sherwood)准数	
T	温度	K
u	流速	m/s
x、y	摩尔分率(y 常代表气相的)	
z	沿传递方向的距离	m
δ	厚度(特别指膜厚)	m
μ	黏度	Ns/m^2
ρ	密度,质量浓度	kg/m^3
下标		
A、B	组分 A、B	
i	某一组分	
E	涡流	
G	气相	
L	液相	
m	平均	

参考文献

1 何潮洪,冯霄. 化工原理. 北京:科学出版社,2001

2 Geankoplis C J. Transport Processes and Unit Operations. 2nd ed. Allyn and Bacon, Inc, 1983

3 陈维杻. 传递过程与单元操作. 下册,杭州:浙江大学出版社,1994

4 谭天恩,麦本熙,丁惠华. 化工原理. 下册. 第二版. 北京:化学工业出版社,1998

习 题

1. 气体的扩散系数随温度的升高而__________,随压力的升高而__________。
2. 漂流因数可表示为__________,它反映____________________。
3. 双组分气体 A、B 在进行稳定分子扩散,J_A 及 N_A 分别表示在传质方向上某截面溶质 A 的分子扩散通量与传质通量。当整个系统为单向扩散时(B 为停滞组

分)，$|J_A|$________$|J_B|$，$|N_A|$________$|N_B|$。

4. 双组分气体混合物中，组分 A 的扩散系数是________。
(A)系统的物质属性　(B)组分 A 的物质属性
(C)只取决于系统的状态　(D)以上三者都不是

5. 传质通量(总通量)N_A等于扩散通量 J_A的条件是________。
(A)单向扩散　(B)等分子反向扩散　(C)湍流扩散　(D)稳定扩散

6. 在强制对流传质关联式 $Sh=f(Re,Sc)$中，Sh 和 Sc 表达式所涉及的扩散系数为______。
(A)分子扩散系数　(B)涡流扩散系数
(C)分子扩散系数与涡流扩散系数之和　(D)以上三者都不是

7. 气体氨(A)与气体氮在一具有均匀直径的管子两端作等摩尔反向扩散，已知总压为 101.3kPa，温度为 298K，扩散距离为 0.1m。在端点 1 处，$p_{A1}=10.13$kPa；另一端点 2 处，$p_{A2}=5.07$kPa，扩散系数为 $2.30\times10^{-5}m^2/s$。试求：(1) A 的扩散通量 N_{Az}；(2) A 的浓度分布(以分压 p_A表示)。

8. 组分 A 通过停滞组分 B 沿 z 方向作等截面稳定扩散，且系统中无化学反应。已知 $z=0$ 时，$x_A=x_{A1}$；$z=\delta$ 时，$x_A=x_{A2}$。试求 A 组分的浓度沿 z 方向的分布规律。

9. 在一根细小的金属管底部放置有 293K 的水，管中水汽通过停滞的干空气层进行扩散，扩散长度为 0.305m。已知干空气的总压为 1.013×10^5 Pa，温度为 293K。且 293K 下水的饱和蒸汽压为 2.34kPa；293K、1.013×10^5 Pa 下水汽在空气中的扩散系数为 $2.50\times10^{-5}m^2/s$。试计算稳态下水的蒸发速率。

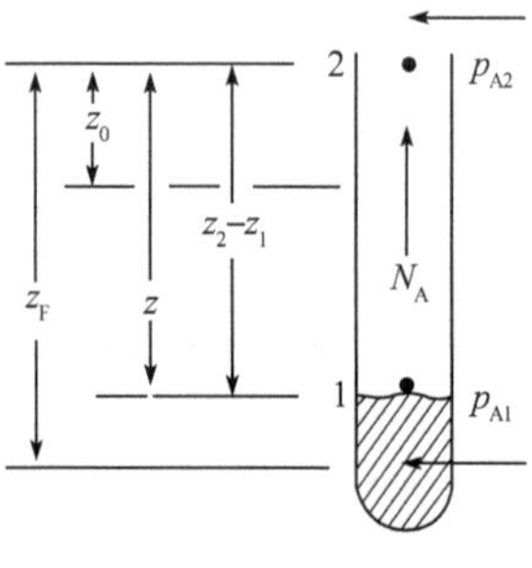

图 8-5　拟稳定扩散

10. 接题 9，如图 8-5，随着水的蒸发，细管中水的液面逐渐下降，扩散距离不断增加。试求液面从 z_0处降到 z_F处所需的时间 t_F。

11. 一直径为 4mm 的甲苯液滴在温度为 25.9℃的静止大气中挥发。已知 25.9℃时，甲苯的饱和蒸气压为 3.84kPa，其密度为 866kg/m³。试求液滴挥发完所需的时间。

12. 纯气体 A 通过厚为 0.01m 的气膜从主体点 1 向点 2(催化剂表面)扩散，点 1 处 A 的分压为 101.3kPa，在点 2 处发生瞬时化学反应 A ⟶ 2B(g)，生成的 B 又反向扩散回来。已知总压为 101.3kPa，温度为 300K，扩散系数 $D_{AB}=1.5\times10^{-5}m^2/s$。试求 y_{A2}和 N_A。

第9章 气体吸收[1~7]

基本内容

9.1 吸收过程的相平衡关系

在总压 P、温度 T 一定时，气液平衡关系为 $p_A^* = f(c_A)$。特别地对稀溶液，其相平衡关系式——亨利定律的三种表达式为

(1) $$p_A^* = Ex_A \tag{9-1}$$

(2) $$p_A^* = \frac{c_A}{H} \tag{9-2}$$

(3) $$y^* = mx \tag{9-3}$$

其中，

$$m = \frac{E}{P} \tag{9-4}$$

$$E = \frac{C}{H} \tag{9-5}$$

9.2 传质速率方程

传质速率方程由于传质推动力的不同，有不同的形式。概括起来可分为两大类，即分传质速率方程和总传质速率方程。

1. 分传质速率方程

$$N_A = k_y(y - y_i) \tag{9-6}$$

$$N_A = k_x(x_i - x) \tag{9-7}$$

$$N_A = k_G(p_G - p_i) \tag{9-8}$$

$$N_A = k_L(c_i - c_L) \tag{9-9}$$

2. 总传质速率方程

$$N_A = K_y(y - y^*) \tag{9-10}$$

$$N_A = K_x(x^* - x) \tag{9-11}$$

$$N_A = K_G(p_G - p_L^*) \tag{9-12}$$

$$N_A = K_L(c_G^* - c_L) \tag{9-13}$$

3. 总传质系数与分传质系数之间的换算关系

$$\frac{1}{K_y}=\frac{1}{k_y}+\frac{m}{k_x} \tag{9-14}$$

$$\frac{1}{K_x}=\frac{1}{mk_y}+\frac{1}{k_x} \tag{9-15}$$

$$\frac{1}{K_G}=\frac{1}{k_G}+\frac{1}{Hk_L} \tag{9-16}$$

$$\frac{1}{K_L}=\frac{H}{k_G}+\frac{1}{k_L} \tag{9-17}$$

4. 各传质系数之间的关系

$$k_y=P\cdot k_G \tag{9-18}$$

$$k_x=C\cdot k_L \tag{9-19}$$

$$K_y=P\cdot K_G \tag{9-20}$$

$$K_x=C\cdot K_L \tag{9-21}$$

$$K_x=m\cdot K_y \tag{9-22}$$

$$K_G=H\cdot K_L \tag{9-23}$$

9.3 吸收塔的计算

1. 物料衡算

$$G_B(Y-Y_a)=L_S(X-X_a) \tag{9-24}$$

当进塔混合气中的溶质浓度不高时(小于 10%左右),通常属于低浓气体吸收范围,此时的物料衡算可表示为

$$G(y-y_a)=L(x-x_a) \tag{9-24a}$$

低浓吸收时的操作线方程为

$$y=\frac{L}{G}x+\left(y_a-\frac{L}{G}x_a\right) \tag{9-25}$$

为方便计,以下内容如无特别说明,均针对低浓气体吸收过程。

2. 吸收操作时的液气比

液气比是指气体吸收操作中,液体流率与气体流率之比:

$$\frac{L}{G}=\frac{y_b-y_a}{x_b-x_a} \tag{9-26}$$

液气比可影响吸收质量和操作成本,它是一个技术指标,也是一个经济指标。

最小液气比　$$\left(\frac{L}{G}\right)_{\min}=\frac{y_b-y_a}{x_b^*-x_a} \qquad (9-27)$$

对于特殊情况的平衡曲线，如图9-1所示，需先过A点在图中作出平衡曲线的切线ACD，切点为C，则最小液气比为

$$\left(\frac{L}{G}\right)_{\min}=\frac{y_b-y_a}{x_{\max}-x_a} \qquad (9-27a)$$

实际的液气比

$$\left(\frac{L}{G}\right)_{实际}=(1.1\sim2.0)\left(\frac{L}{G}\right)_{\min} \qquad (9-28)$$

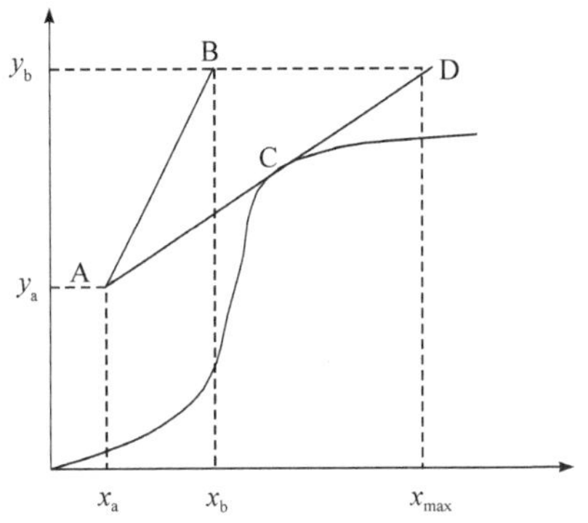

图9-1　特殊情况下的最小液气比

3. 填料层高度

$$h=H_{OG}\cdot N_{OG}=H_{OL}\cdot N_{OL} \qquad (9-29)$$

4. 传质单元高度

气相：　$$H_{OG}=\frac{G}{K_y\alpha} \qquad (9-30)$$

液相：　$$H_{OL}=\frac{L}{K_x\alpha} \qquad (9-31)$$

5. 传质单元数

低浓气体吸收时，当平衡关系为直线（即 $y^*=mx$ 或 $y^*=mx+b$）时，传质单元数可由下面两个方法求得。

（1）对数平均推动力法

气相：　$$N_{OG}=\frac{y_b-y_a}{\Delta y_m} \qquad (9-32)$$

式中，

$$\Delta y_m=\frac{\Delta y_b-\Delta y_a}{\ln(\Delta y_b/\Delta y_a)}$$

$$\Delta y_b=y_b-y_b^* \qquad \Delta y_a=y_a-y_a^*$$

液相：　$$N_{OL}=\frac{x_b-x_a}{\Delta x_m} \qquad (9-33)$$

式中，

$$\Delta x_m=\frac{\Delta x_b-\Delta x_a}{\ln(\Delta x_b/\Delta x_a)}$$

$$\Delta x_b=x_b^*-x_b \qquad \Delta x_a=x_a^*-x_a$$

（2）吸收因数法

$$N_{OG}=\frac{1}{1-S}\ln\left[(1-S)\frac{y_b-y_a^*}{y_a-y_a^*}+S\right] \tag{9-34}$$

$$N_{OL}=SN_{OG} \tag{9-35}$$

式中,脱吸因数 $S=mG/L$。

吸收因数法给出了 N_{OG}、S 及 $(y_b-y_a^*)/(y_a-y_a^*)$ 三个量之间的函数关系,其定性趋势图如图 9-2 所示。

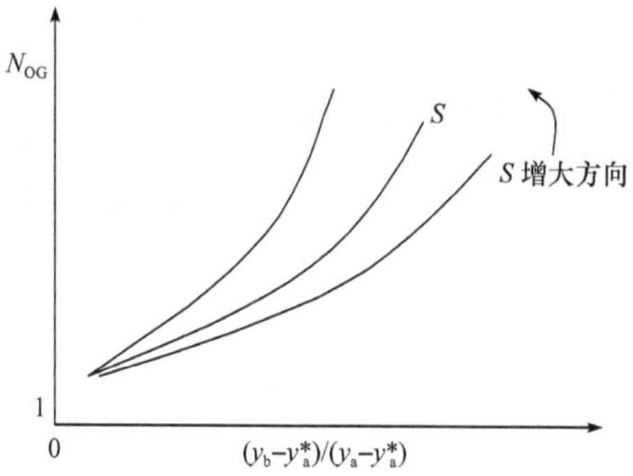

图 9-2 N_{OG}-S-$(y_b-y_a^*)/(y_a-y_a^*)$ 间趋势图

从图中可知:(1)当 N_{OG} 一定时,随 S 的增加,$(y_b-y_a^*)/(y_a-y_a^*)$ 将下降;(2)当 S 一定时,随 N_{OG} 的增加,$(y_b-y_a^*)/(y_a-y_a^*)$ 将增加。

6. 理论板数

前面讨论的吸收塔为填料塔,当吸收塔选用板式塔时,理论板的求法如下:

(1)梯级图解法(略)

(2)解析法

当平衡关系符合 $y^*=mx$、操作线为直线时,可用克列姆塞尔方程。

当 $A\neq1$ 时:

$$\frac{y_b-mx_a}{y_a-mx_a}=\frac{A^{N+1}-1}{A-1} \tag{9-36}$$

即

$$N=\frac{1}{\ln A}\ln\left[(1-S)\frac{y_b-mx_a}{y_a-mx_a}+S\right] \tag{9-37}$$

当 $A=1$ 时:

$$\frac{y_b-mx_a}{y_a-mx_a}=N+1 \tag{9-38}$$

其中,A 为吸收因数,$A=L/(mG)$。

7. 解吸塔

解吸塔是吸收的逆过程,其计算方法在原则上与吸收塔的计算相同。当平衡关系为 $y^*=mx$ 时,若用平均推动力法,则仍可沿用式(9-32)、(9-33)只是传质

推动力正好相反。若用吸收因数法，则结果为

$$\text{传质单元数：}\quad N_{OL}=\frac{1}{1-A}\ln\left[(1-A)\frac{x_a-\frac{y_b}{m}}{x_b-\frac{y_b}{m}}+A\right] \tag{9-39}$$

重点与难点

1. 吸收塔的定量计算：如填料塔的高度计算(包括液气比、传质单元高度及传质单元数的计算)，以及对任一指定的塔，改变其中某一操作参数后，出塔气体浓度的计算。

2. 吸收塔的设计型和操作型问题的定量分析。

精选题及解答

吸收、解吸的判断

【例9-1】 在总压 $P=500\text{kN/m}^2$、温度 $t=27℃$ 下使含 CO_2 3.0%(体积分率)的气体与含 CO_2 370 g/m³ 的水相接触，试判断是发生吸收还是解吸？并计算以 CO_2 的分压差表示的总传质推动力。

已知：在操作条件下，亨利系数 $E=1.73\times10^5\text{kN/m}^2$，水溶液的密度可取 1000kg/m^3，CO_2 的相对分子质量为44。

【解】 此题是考查对亨利定律是否能灵活应用。主要是应用亨利定律，计算出与溶液相平衡的气相分压 p_A^*，再与气相主体中 CO_2 的分压 p_A 进行比较。若 $p_A^*<p_A$，则发生吸收现象；$p_A^*=p_A$，则两相平衡；$p_A^*>p_A$，则发生解吸现象。

由题意可知， $c_A=\frac{0.37}{44}=8.409\times10^{-3}\text{kmol/m}^3$

对稀水溶液，$C=1000/18=55.56\text{kmol/m}^3$

$$x_A=\frac{c_A}{C}=\frac{8.409\times10^{-3}}{55.56}=1.514\times10^{-4}$$

于是 $p_A*=E\,x_A=1.73\times10^5\times1.514\times10^{-4}=26.19\text{kPa}$

而气相主体中 CO_2 的分压

$$p_A=P\times3.0\%=500\times3.0\%=15\text{kPa}$$

可见，$p_A^*>p_A$，故将发生解吸现象。

以分压表示的总传质推动力

$$\Delta p=p*-p_A=26.18-15=11.18\text{kPa}$$

填料层高度的计算

【例 9-2】 一逆流操作的常压填料吸收塔，拟用清水吸收混合气所含的少量溶质。入塔气体中含溶质 1%(体积分率)，经吸收后要求溶质被回收 80%，此时水的用量为最小用量的 1.5 倍，平衡线的关系为 $y=x$，气相总传质单元高度为 1.2m，试求所需填料层高度。

【解】 此题为典型的吸收设计型问题，涉及有关吸收计算的最基本的解题方法。由最小液气比入手，通过计算出实际的液气比，找到脱吸因数，计算出传质单元数，最后确定整个塔高。

属于低浓气体吸收。

$$y_a = y_b(1-\eta) = 0.01\times(1-80\%) = 0.002$$

最小液气比

$$\left(\frac{L}{G}\right)_{\min} = \frac{y_b - y_a}{x_b^* - x_a} = \frac{y_b - y_a}{\dfrac{y_b}{m} - x_a} = \frac{0.01-0.002}{\dfrac{0.01}{1}-0} = 0.8$$

$$\frac{L}{G} = 1.5\left(\frac{L}{G}\right)_{\min} = 1.5\times 0.8 = 1.2$$

平均推动力法

(1)平均推动力法

首先需要求出吸收剂出塔时的浓度 x_b，由全塔物料衡算得

$$x_b = \frac{y_b - y_a}{L/G} + x_a = \frac{0.01-0.002}{1.2} + 0 = 0.00667$$

由 $\Delta y_b = y_b - mx_b = 0.01 - 1\times 0.00667 = 0.00333$

$$\Delta y_a = y_a - mx_a = 0.002 - 1\times 0 = 0.002$$

$$\Delta y_m = \frac{\Delta y_b - \Delta y_a}{\ln\dfrac{\Delta y_b}{\Delta y_a}} = \frac{0.00333-0.002}{\ln\dfrac{0.00333}{0.002}} = 0.00261$$

$$N_{OG} = \frac{y_b - y_a}{\Delta y_m} = \frac{0.01-0.002}{0.00261} = 3.065$$

塔高 $h = H_{OG}\cdot N_{OG} = 1.2\times 3.065 = 3.7\text{m}$

吸收因数法

(2)吸收因数法

$$S = \frac{mG}{L} = \frac{1}{1.2} = 0.833$$

$$N_{OG} = \frac{1}{1-S}\ln\left[(1-S)\frac{y_b - mx_a}{y_a - mx_a} + S\right]$$

$$= \frac{1}{1-0.833}\ln\left[(1-0.833)\times\frac{0.01-0}{0.002-0} + 0.833\right]$$

$$= 3.06$$

此时塔高 $h = H_{OG}\cdot N_{OG} = 1.2\times 3.06 = 3.7\text{m}$

【讨论】 从上面的解题过程中可以发现，在求取吸收塔的传质单元数时，平均推动力法和吸收因数法都是可行的。但两种方法之间也有一定的区别：采用平均推动力法求解时，必须要知道4个浓度（即气液两相的进出塔浓度）才行，缺一不可；而吸收因数法则只需要了解3个浓度（气相的进出塔浓度和液相的进塔浓度）就可以完成计算了。

【例9-3】 在常压逆流操作的填料吸收塔中用清水吸收空气中某溶质，进塔气体中溶质的含量为8%（体积分率），吸收率为98%，操作条件下的平衡关系为$y=2.5x$，取吸收剂用量为最小用量的1.2倍，试求：　填料层高度的核算

(1)水溶液的出塔浓度；

(2)若气相总传质单元高度为0.8m，现有一填料层高度为9m的塔，问该塔是否合用？

【解】 (1) 属于低浓气体吸收

$$y_a = y_b(1-\eta) = 0.08\times(1-98\%) = 0.0016$$

$$\left(\frac{L}{G}\right)_{\min} = \frac{y_b - y_a}{x_b^* - x_a} = \frac{y_b - y_a}{\dfrac{y_b}{m} - x_a} = \frac{0.08-0.0016}{\dfrac{0.08}{2.5}-0} = 2.45$$

$$\frac{L}{G} = 1.2\left(\frac{L}{G}\right)_{\min} = 1.2\times 2.45 = 2.94$$

水溶液出塔浓度 $x_b = \dfrac{y_b - y_a}{L/G} + x_a = \dfrac{0.08-0.0016}{2.94} + 0 = 0.0267$　全塔物料衡算

(2) 要核算一个塔是否合用，较简单的方法是采用设计型的解题思路。即求出完成吸收任务所需的填料层高度$h_{需}$，若$h_{需}$小于等于现有的填料层高度h，则可以完成吸收任务，塔合用；否则，就不能完成吸收任务，塔不合用。　采用设计型的解题思路

仍可采用平均推动力法和吸收因数法两种方法。

①平均推动力法

由于水溶液的出塔浓度已经算数，即气液两相的4个浓度都已得到，则

$$\Delta y_b = y_b - mx_b = 0.08 - 2.5\times 0.0267 = 0.0133$$

$$\Delta y_a = y_a - mx_a = 0.0016 - 2.5\times 0 = 0.0016$$

$$\Delta y_m = \frac{\Delta y_b - \Delta y_a}{\ln\dfrac{\Delta y_b}{\Delta y_a}} = \frac{0.0133-0.0016}{\ln\dfrac{0.0133}{0.0016}} = 0.00552$$

$$N_{OG}=\frac{y_b-y_a}{\Delta y_m}=\frac{0.08-0.0016}{0.00552}=14.20$$

塔高 $h=H_{OG}\cdot N_{OG}=0.8\times14.20=11.4\text{m}$

②吸收因数法

$$S=\frac{mG}{L}=\frac{2.5}{2.94}=0.85$$

两种方法计算出的传质单元数稍有不同

$$N_{OG}=\frac{1}{1-S}\ln\left[(1-S)\frac{y_b-mx_a}{y_a-mx_a}+S\right]$$

$$=\frac{1}{1-0.85}\ln\left[(1-0.85)\frac{0.08-0}{0.0016-0}+0.85\right]$$

$$=14.15$$

此时 $h=H_{OG}\cdot N_{OG}=0.8\times14.15=11.3\text{m}$

即所需填料层高度 11.4m,大于 9m,故该塔不合用。

$S=1$ 时吸收塔的计算

【例 9-4】 在常压逆流接触的填料塔内,用纯溶剂 S 吸收混合气中的可溶组分 A。入塔气体中 A 的摩尔分率为 0.03,要求吸收率为 95%。已知操作条件下的解吸因数为 1,物系服从亨利定律,与入塔气体相平衡的液相浓度为 0.03(摩尔分率)。试计算:

(1)操作液气比为最小液气比的倍数;

(2)出塔液体的浓度;

(3)完成上述分离任务所需的气相总传质单元数 N_{OG}。

【解】 (1) 属于低浓气体吸收

$$y_a=y_b(1-\eta)=0.03\times(1-95\%)=0.0015$$

首先求出实际情况下的液气比。

平衡关系 $y^*=mx$ 可以变形为 $x^*=\frac{y}{m}$。

由题意知

$$m=\frac{y_b}{x_b^*}=\frac{0.03}{0.03}=1$$

则操作条件下的液气比

$$\frac{L}{G}=\frac{m}{S}=\frac{1}{1}=1$$

最小液气比为

$$\left(\frac{L}{G}\right)_{\min}=\frac{y_b-y_a}{x_b^*-x_a}=\frac{y_b-y_a}{\frac{y_b}{m}-x_a}=\frac{0.03-0.0015}{\frac{0.03}{1}-0}=0.95$$

$$\frac{L/G}{(L/G)_{\min}}=\frac{1}{0.95}=1.05\text{倍}$$

(2) $x_b=\frac{y_b-y_a}{L/G}+x_a=\frac{0.03-0.0015}{1.0}+0=0.0015$

(3) 仍采用平均推动力法和吸收因数法两种方法

① 平均推动力法

$$\Delta y_b=y_b-mx_b=0.03-1\times0.015=0.0015$$

$$\Delta y_a=y_a-mx_a=0.0015-1\times0=0.0015$$

由于 $\Delta y_b=\Delta y_a=0.0015$,造成

$$\Delta y_m=\frac{\Delta y_b-\Delta y_a}{\ln\frac{\Delta y_b}{\Delta y_a}}=\frac{0.0015-0.0015}{\ln\frac{0.0015}{0.0015}}=\frac{0}{0}$$

当 $\Delta y_b=\Delta y_a$ 时,有 $\Delta y_m=\Delta y_b=\Delta y_a$

则 $N_{OG}=\frac{y_b-y_a}{\Delta y_m}$无法求出,所以用平均推动力法暂无法解出这道题。

注意此时: $\Delta y_m=\frac{\Delta y_b-\Delta y_a}{\ln(\Delta y_b/\Delta y_a)}\neq0$

根据数学中的罗比塔法则,

$$\Delta y_m=\lim_{\Delta y_a\to\Delta y_b}\frac{\Delta y_b-\Delta y_a}{\ln(\Delta y_b/\Delta y_a)}=\Delta y_a$$

$$\lim_{\Delta y_b/\Delta y_a\to1}\frac{\frac{\Delta y_b}{\Delta y_a}-1}{\ln(\Delta y_b/\Delta y_a)}=\Delta y_a$$

事实上从物理意义上可以简单地得到此时塔内各处的推动力均相等,

即 $$\Delta y_m=\Delta y_b=\Delta y_a$$

从而 $N_{OG}=\frac{y_b-y_a}{\Delta y_m}=\frac{y_b-y_a}{\Delta y_a}=\frac{0.03-0.0015}{0.0015}=19$

② 吸收因数法

由于 $S=1$,则式 $N_{OG}=\frac{1}{1-S}\ln\left[(1-S)\frac{y_b-y_a^*}{y_a-y_a^*}+S\right]$也将在分子、分母出现 0 的情况,同理,应用罗比塔法则,在分子、分母分别对 S 进行求导得

$$N_{OG}=\lim_{S\to1}\frac{\ln\left[(1-S)\frac{y_b-y_a^*}{y_a-y_a^*}+S\right]}{1-S}$$

$$=\lim_{S\to1}\frac{\left\{\ln\left[(1-S)\frac{y_b-y_a^*}{y_a-y_a^*}+S\right]\right\}'}{(1-S)'}$$

当 $S=1$ 时，

$N_{OG}=\frac{y_b-y_a^*}{y_a-y_a^*}-1$

$$=\lim_{S\to 1}\frac{\left[(0-1)\frac{y_b-y_a^*}{y_a-y_a^*}+1\right]\Big/\left[(1-S)\frac{y_b-y_a^*}{y_a-y_a^*}+S\right]}{0-1}$$

$$=\frac{\left(1-\frac{y_b-y_a^*}{y_a-y_a^*}\right)\Big/1}{-1}=\frac{y_b-y_a^*}{y_a-y_a^*}-1$$

由上面的推导得

$$N_{OG}=\frac{y_b-y_a^*}{y_a-y_a^*}-1=\frac{y_b-mx_a}{y_a-mx_a}-1$$

$$=\frac{y_b}{y_a}-1=\frac{0.03}{0.0015}-1=19$$

【讨论】 当 $S=A=1$ 时，则传质单元数的计算式为

$$N_{OG}=\frac{y_b-y_a^*}{y_a-y_a^*}-1=\frac{y_b-y_a}{y_a-y_a^*}=\frac{y_b-y_a}{\Delta y_a}$$

填料层高度的计算

【例 9-5】 某填料吸收塔，用清水除去气体混合物中有害物质，若进塔气中含有害物质 5%(体积分率)，要求吸收率为 90%，气体流率为 32 kmol/(m^2·h)，液体流率为 24 kmol/(m^2·h)，此液体流率为最小流率的 1.5 倍。如果物系服从亨利定律，并已知液相传质单元高度 H_L 为 0.44m，气相体积分传质系数 $k_ya=$ 0.06kmol/(m^3·s·Δy)，该塔在常温下逆流等温操作。试求：

(1)塔底排出液的组成；

(2)所需填料层高度。

【解】 属于低浓气体吸收。

(1) $y_a=y_b(1-\eta)=0.05\times(1-90\%)=0.005$

出塔液相组成 $x_b=\frac{y_b-y_a}{L/G}+x_a=\frac{0.05-0.005}{24/32}+0=0.06$

(2) $$\frac{L}{G}=1.5\left(\frac{L}{G}\right)_{min}=1.5\,\frac{y_b-y_a}{\frac{y_b}{m}-x_a}$$

本题 m 未知，故需先求出。

即 $$\frac{24}{32}=1.5\times\frac{0.05-0.005}{\frac{0.05}{m}-0}$$

所以 $$m=0.556$$

有 $$S=\frac{mG}{L}=\frac{0.556\times 32}{24}=0.74$$

$$N_{OG}=\frac{1}{1-S}\ln\left[(1-S)\frac{y_b}{y_a}+S\right]$$

$$=\frac{1}{1-0.74}\ln\left[(1-0.74)\times\frac{0.05}{0.005}+0.74\right]=4.64$$

由于题中并未给出气相总体积传质系数 $k_Y a$，而是给出了气相分体积传质系数 $k_y a$，所以不能直接求出总传质单元高度 H_{OG}，要先求出分传质单元高度 H_G。

气相总传质单元高度

$H_{OG}=H_G+SH_L$

$$H_G=\frac{G}{k_y a}=\frac{32/3600}{0.06}=0.148\text{m}$$

$$H_{OG}=H_G+SH_L=0.148+0.74\times0.44=0.47\text{m}$$

则　$h=H_{OG}\cdot N_{OG}=0.47\times4.64=2.2\text{m}$

平衡关系为 $Y=mX$ 时吸收的计算

【例 9-6】 用填料塔从一混和气体中吸收所含的苯。混合气体中含苯 5%(体积分率)，其余为空气，要求苯的回收率为 90%，吸收塔为常压操作，温度为 25℃，入塔混合气体为每小时 940m³(标准状况)，入塔吸收剂为纯煤油，煤油的耗用量为最小耗用量的 1.5 倍，已知该系统的平衡关系 $Y=0.14X$(其中 Y、X 为摩尔比)，气相总体积传质系数 $K_Y a=0.035\text{kmol/(m}^3\cdot\text{s)}$，纯煤油的平均相对分子质量为 $M_S=170$，塔径 $D=0.6\text{m}$。

试求：

(1)吸收剂的耗用量(单位为 kg/h)；

(2)溶剂出塔浓度；

(3)填料层高度。

【解】 题目中给出的平衡关系是用摩尔比表示，即 $Y=mX$，所以此题虽然依然属于低浓吸收问题，也要采用摩尔比来进行计算，同时气液流量要采用惰性摩尔流率来表示。

(1)先化成摩尔比

$$Y_b=\frac{y_b}{1-y_b}=\frac{0.05}{1-0.05}=0.0526$$

$$Y_a=Y_b(1-\eta)=0.0526\times(1-90\%)=0.00526$$

$$\left(\frac{L_S}{G_B}\right)_{\min}=\frac{Y_b-Y_a}{Y_b/m-0}=\frac{0.0526-0.00526}{0.0526/0.14}=0.126$$

$$\frac{L_S}{G_B}=1.5\left(\frac{L_S}{G_B}\right)_{\min}=1.5\times0.126=0.189$$

其中，惰性气体的摩尔流率为

$$G_B=\frac{940}{22.4}(1-y_b)=\frac{940}{22.4}\times(1-0.05)=39.87\text{kmol/h}$$

则惰性液体的摩尔流率为

$$L_S = 39.87 \times 0.189 = 7.535\text{kmol/h}$$

吸收剂的耗用量为

$$L'_S = L_S \times 170 = 7.535 \times 170 = 1281.0\text{kg/h}$$

(2)溶剂的出塔浓度依然可用全塔的物料衡算求得。

$$X_b = \frac{Y_b - Y_a}{L_S/G_B} + X_a = \frac{0.0526 - 0.00526}{0.189} = 0.250$$

化为物质的量浓度为

$$x_b = \frac{X_b}{1 + X_b} = \frac{0.250}{1 + 0.250} = 0.2$$

(3)

$$H_{OG} = \frac{G_B/\left(\frac{1}{4}\pi D^2 \times 3600\right)}{K_Y a}$$

$$= \frac{39.87/\left(\frac{1}{4}\pi \times 0.6^2 \times 3600\right)}{0.035} = 1.12\text{m}$$

本题仍采用平均推动力法和吸收因数法两种方法

① 平均推动力法

由于气液两相的 4 个浓度都已得到,则

$$\Delta Y_b = Y_b - mX_b = 0.0526 - 0.14 \times 0.25 = 0.0176$$

$$\Delta Y_a = Y_a - mX_a = 0.00526 - 0.14 \times 0 = 0.00526$$

$$\Delta Y_m = \frac{\Delta Y_b - \Delta Y_a}{\ln \frac{\Delta Y_b}{\Delta Y_a}} = \frac{0.0176 - 0.00526}{\ln \frac{0.0176}{0.00526}} = 0.0102$$

$$N_{OG} = \frac{Y_b - Y_a}{\Delta Y_m} = \frac{0.0526 - 0.00526}{0.0102} = 4.64$$

塔高 $h = H_{OG} \cdot N_{OG} = 1.12 \times 4.64 = 5.2\text{m}$

② 吸收因数法

脱吸因数 S 可表示为

$$S = \frac{m}{L_S/G_B} = \frac{0.14}{0.189} = 0.74$$

推导以摩尔比表示的吸收因数法的计算式

用摩尔比表示的传质单元数为

$$N_{OG} = \int_{Y_a}^{Y_b} \frac{dY}{Y - mX} = \int_{Y_a}^{Y_b} \frac{dY}{Y - m\left[X_a + \frac{G_B}{L_S}(Y - Y_a)\right]}$$

$$= \int_{Y_a}^{Y_b} \frac{dY}{\left(1 - \frac{mG_B}{L_S}\right)Y - \left(\frac{mG_B}{L_S}Y_a - mX_a\right)}$$

其中:
$Y_a^* = mX_a$

由于 $S = \frac{mG_B}{L_S}$ 是常数,上式整理可得

$$N_{OG}=\frac{1}{1-S}\ln\left[(1-S)\frac{Y_b-Y_a^*}{Y_a-Y_a^*}+S\right]$$

$$=\frac{1}{1-0.74}\ln\left[(1-0.74)\frac{0.0526}{0.00526}+0.74\right]=4.64$$

$$h=H_{OG}\cdot N_{OG}=1.12\times4.64=5.2\text{m}$$

【讨论】 从本题可见，当总平衡关系为 $Y=mX$ 时，传质单元数为

$$N_{OG}=\frac{1}{1-S}\ln\left[(1-S)\frac{Y_b-Y_a^*}{Y_a-Y_a^*}+S\right]$$

其中，$S=\frac{mG_B}{L_S}$。

吸收剂部分循环的影响

【例 9-7】 在绝压为 0.2MPa 的填料吸收塔中进行逆流吸收操作。已知入口气体的摩尔流量为 100kmol/h，物质的量浓度为 $y_b=0.08$，要求吸收塔的回收率为 95%。进入系统的纯溶剂的摩尔流率为 100kmol/h，物质的量浓度为 $x_a=0.01$，操作条件下的气液平衡关系为 $y=0.1x$，试求：

(1)气相总传质单元数 N_{OG}；

(2)若系统回收率不变，将上述吸收过程按塔底溶液部分循环设计如图 9-3 所示，循环溶液量 $L_R=40$kmol/h，且进入系统的新鲜吸收剂量不变，试计算有循环时气相总传质单元数，并与无循环时相比，哪一个大？为什么？

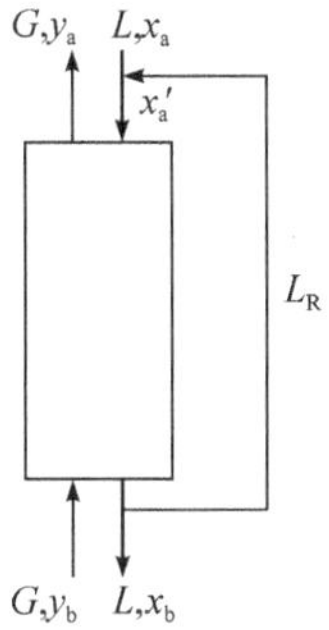

图 9-3 吸收剂再循环

【解】 (1) 题中给出的是纯溶剂的流量 L_S，必须换算后才能应用。

吸收溶液流量 $L=L_S/(1-x_a)=100/(1-0.01)=101.01$kmol/h

$$S=\frac{mG}{L}=\frac{0.1\times100}{101.01}=0.099$$

$$y_a=y_b(1-\eta)=0.08(1-95\%)=0.004$$

$$N_{OG}=\frac{1}{1-S}\ln\left[(1-S)\frac{y_b-mx_a}{y_a-mx_a}+S\right]$$

$$=\frac{1}{1-0.099}\ln\left[(1-0.099)\times\frac{0.08-0.1\times0.01}{0.004-0.1\times0.01}+0.099\right]$$

$=3.23$

出塔液相组成

$$x_b=\frac{y_b-y_a}{L/G}+x_a=\frac{0.08-0.004}{101.01/100}+0.01=0.0852$$

(2) 采用溶液循环流程设计时

设实际入塔的吸收剂组成为 x_a',则

循环后吸收剂进塔的浓度增大,吸收剂量也变大。

$$(L+L_R)x_a'=Lx_a+L_Rx_a'$$

$$x_a'=\frac{Lx_a+L_Rx_b}{L+L_R}=\frac{101.01\times0.01+40\times0.0852}{101.01+40}$$

$$=0.031$$

① 平均推动力法

用此方法必须已知 4 个浓度,本题中 y_b、y_a、x_a'均确定,只有液相的出塔浓度 x'_b未知,由全塔的物料衡算知 $G(y_b-y_a)=L(x'_b-x_a)$,由于入塔的气液流量不变,则有 $x_b'=x_b$。这样气液两相的 4 个浓度都已得到。

$$\Delta y_b=y_b-mx_b=0.08-0.1\times0.0852=0.0714$$

$$\Delta y_a=y_a-mx_a'=0.004-0.1\times0.031=0.0009$$

$$\Delta y_m=\frac{\Delta y_b-\Delta y_a}{\ln\frac{\Delta y_b}{\Delta y_a}}=\frac{0.0714-0.0009}{\ln\frac{0.0714}{0.0009}}=0.0161$$

$$N_{OG}=\frac{y_b-y_a}{\Delta y_m}=\frac{0.08-0.004}{0.0161}=4.71$$

注意:

$N_{OG}'\neq\frac{1}{1-S'}\ln\left[(1-S')\cdot\frac{y_b-mx_a}{y_a-mx_a}+S'\right]$

② 吸收因数法

$$S'=\frac{mG}{(L+L_R)}=\frac{0.1\times100}{101.01+40}=0.071$$

$$N_{OG}'=\frac{1}{1-S'}\ln\left[(1-S')\frac{y_b-mx_a'}{y_a-mx_a'}+S'\right]$$

$$=\frac{1}{1-0.071}\ln\left[(1-0.071)\frac{0.08-0.1\times0.031}{0.004-0.1\times0.031}+0.071\right]$$

$$=4.71$$

可见,$N_{OG}'>N_{OG}$。

这是因为有循环时操作线更加靠近平衡线,使传质推动力变小,故 N_{OG}变大。

操作线如图 9-4 所示。

【讨论】 吸收剂部分再循环使入塔液体的浓度增大,塔内的传质推动力下降,从而导致吸收塔的传质单元数 N_{OG}增大,吸收效

率下降，因此吸收剂一般不宜再循环使用。但是若吸收过程有显著的热效应，则吸收剂再循环时可以降低塔的操作温度，使 m 下降，从而对吸收有利。

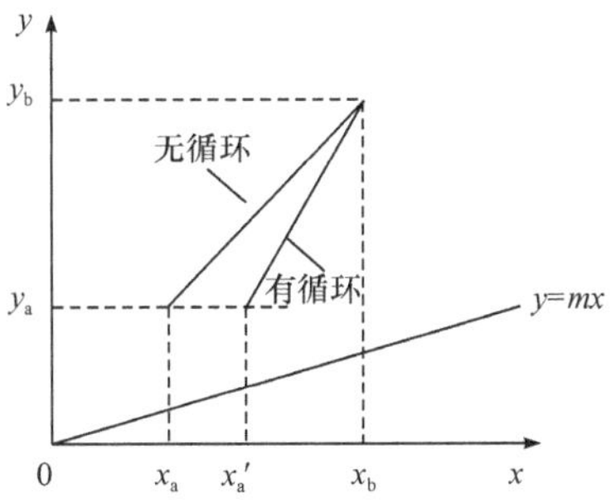

图 9－4　吸收剂再循环操作线示意图

填料层无限高时的计算

【例 9－8】 气体混合物中含丙酮的体积分率为 3%。要在逆流吸收塔内用水吸收丙酮的 98%，平衡关系为 $y^* = 1.05x$。

(1)用含 0.01%(摩尔分率)丙酮的水作吸收剂，且液气比为 2，则所需的气相总传质单元数是多少？

(2)若气液两相进料组成不变，液气比变为 1.04，当填料层无限高时，丙酮的极限回收率为多少？

【解】 属低浓气体吸收。

吸收因数法计算 N_{OG}

(1)　　$S = \dfrac{m}{L/G} = \dfrac{1.05}{2} = 0.525$

$$y_a = y_b(1-\eta) = 0.03 \times (1-98\%) = 0.0006$$

$$N_{OG} = \frac{1}{1-S}\ln\left[(1-S)\frac{y_b - mx_a}{y_a - mx_a} + S\right]$$

$$= \frac{1}{1-0.525}\ln\left[(1-0.525)\frac{0.03 - 1.05 \times 0.01\%}{0.0006 - 1.05 \times 0.01\%} + 0.525\right]$$

$$= 7.1$$

$h \to \infty$时，塔内必有一处达到气液平衡。

(2)当 y_b、x_a不变，L/G 变为 1.04(小于 m)，填料层高度为∞时，气液两相将在塔底处达到相平衡，如图 9－5 所示，操作线与平行线将交于点 B′。新的操作线为 A′B′线，此时塔顶气体的组成 y_a'为

$$y_a' = y_b - \left(\frac{L}{G}\right)'(x_b^* - x_a) = 0.03 - 1.04\left(\frac{0.03}{1.05} - 0.01\%\right)$$

$$= 0.000390$$

所以回收率　$\eta' = 1 - \dfrac{y_a'}{y_b} = 1 - \dfrac{0.000390}{0.03} = 98.7\%$

【讨论】 对于塔高趋于无穷大的情况，我们知道塔内必有一处气液两相达到平衡状态。

请思考：此时的推动力为多少？

其中，当$L/G < m$ 时，气液两相在塔底达到平衡；

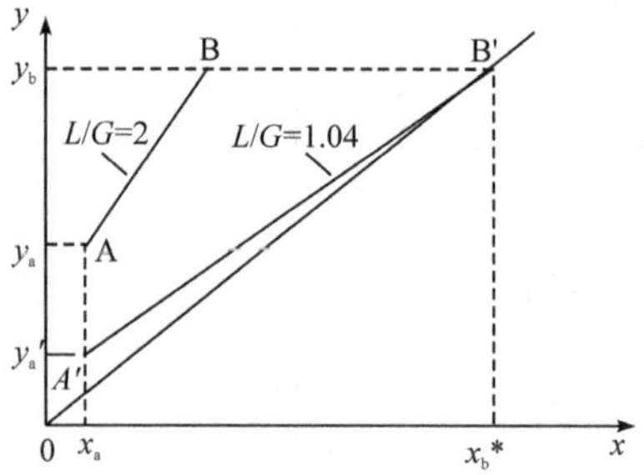

图 9-5 塔无限高时操作线示意图

当$L/G>m$时,气液两相在塔顶达到平衡;
当$L/G=m$时,气液两相在塔内处处都平衡。

解吸塔的计算

【例 9-9】 用一逆流操作的解吸塔,处理含CO_2的水溶液,处理量为40t/时,使水中的CO_2含量由8×10^{-5}降至2×10^{-6}(均为摩尔比),塔内水的喷淋密度为8000 kg/(m^2·h),进塔空气中含CO_2量为0.1%(体积分率),空气用量为最小空气用量的20倍,塔内操作温度为25℃,压力为100kN/m^2,该操作条件下的亨利系数$E=1.6\times10^5$ kN/m^2,液相总体积吸收系数$K_Xa=$ 800kmol/(m^3·h)。试求:

(1)空气用量m^3/h(以25℃计);

(2)填料层高度。

【解】 (1) 由于水溶液和空气中CO_2浓度很低,故可按低浓气体来处理。

$$m=\frac{E}{P}=\frac{1.6\times10^5}{100}=1600$$

最小气液比(如图 9-6 所示)

解吸塔中最小气液比的求法

$$\left(\frac{G}{L}\right)_{\min}=\frac{x_a-x_b}{y_a^*-y_b}$$

$$=\frac{x_a-x_b}{mx_a-y_b}$$

$$=\frac{8\times10^{-5}-2\times10^{-6}}{1600\times8\times10^{-5}-0.001}=6.14\times10^{-4}$$

$$\frac{G}{L}=20\left(\frac{G}{L}\right)_{\min}=20\times6.14\times10^{-4}=0.01228$$

$$L=\frac{40\times10^3}{18}=2222.2\text{kmol/h}$$

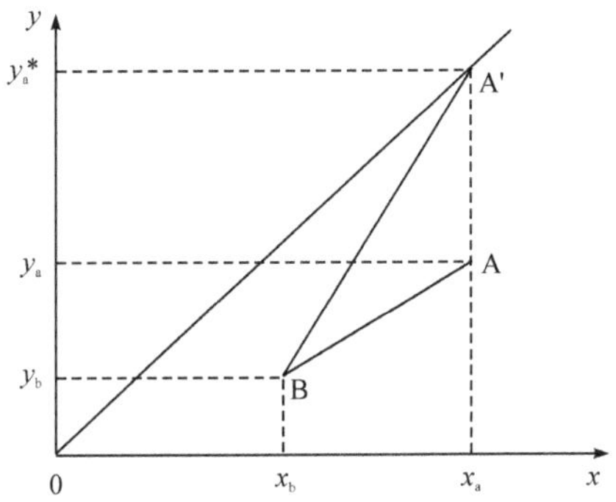

图 9-6 解吸时的最小气液比示意图

$$G = 0.01228 \times 2222.2 = 27.29\text{kmol/h}$$

$$V = \frac{GRT}{P} = \frac{27.29 \times 8314 \times (273.2 + 25)}{100 \times 10^3} = 676.6\text{m}^3/\text{h}$$

(2) $H_{OL} = \frac{8000/18}{800} = 0.556\text{m}$

注意此处 L 不取 2222.2kmol/h

$$y_a = y_b - \frac{L}{G}(x_b - x_a) = 0.001 - \frac{1}{0.01228}(2 \times 10^{-6} - 8 \times 10^{-5}) = 0.00735$$

① 平均推动力法

解吸时推动力 $\Delta x_b = x_b - x_b^*$ $\Delta x_a = x_a - x_a^*$ 与吸收时相反。

$$\Delta x_b = x_b - \frac{y_b}{m} = 2 \times 10^{-6} - \frac{0.001}{1600} = 1.375 \times 10^{-6}$$

$$\Delta x_a = x_a - \frac{y_a}{m} = 8 \times 10^{-5} - \frac{0.00735}{1600} = 7.54 \times 10^{-5}$$

$$\Delta x_m = \frac{\Delta x_a - \Delta x_b}{\ln \frac{\Delta x_a}{\Delta x_b}} = \frac{7.54 \times 10^{-5} - 1.375 \times 10^{-6}}{\ln \frac{7.54 \times 10^{-5}}{1.375 \times 10^{-6}}} = 1.849 \times 10^{-5}$$

$$N_{OL} = \frac{x_a - x_b}{\Delta x_m} = \frac{8 \times 10^{-5} - 2 \times 10^{-6}}{1.849 \times 10^{-5}} = 4.22$$

$$h = H_{OL} \cdot N_{OL} = 0.556 \times 4.22 = 2.3\text{m}$$

② 吸收因数法

$$A = \frac{1}{mG/L} = \frac{1}{1600 \times 0.01228} = 0.0509$$

$$N_{OL}=\frac{1}{1-A}\ln\left[(1-A)\frac{x_a-\frac{y_b}{m}}{x_b-\frac{y_b}{m}}+A\right]$$

$$=\frac{1}{1-0.0509}\ln\left[(1-0.0509)\times\frac{8\times10^{-5}-\frac{0.001}{1600}}{2\times10^{-6}-\frac{0.001}{1600}}+0.0509\right]$$

$$=4.22$$

$$h=H_{OL}\cdot N_{OL}=0.556\times4.22=2.3\text{m}$$

【讨论】 解吸的计算方法与吸收计算时是相同的，只是传质推动力正好相反而已。

多股吸收剂流程

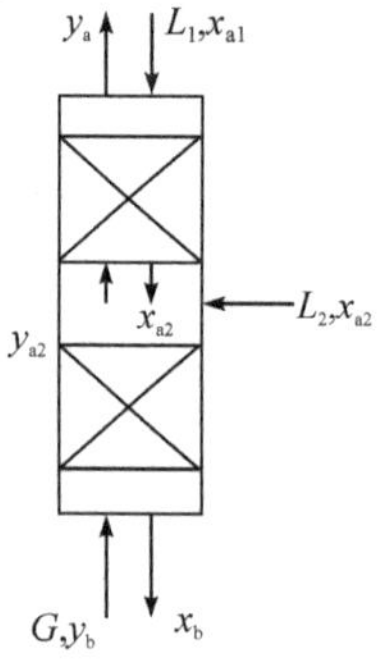

图 9-7 多股吸收

【例 9-10】 空气和 CCl_4 混合气流量 $G=150\text{kmol}/(\text{m}^2\text{h})$，其中含 CCl_4 浓度 $y_b=0.05$(摩尔分率，下同)，欲用煤油吸收以除去其中 90%的 CCl_4。吸收剂分两股进塔，第一股含 CCl_4 浓度为 $x_{a1}=0.004$，从塔顶淋下，第二股 $x_{a2}=0.014$ 在塔内浓度为 x_{a2} 处加入，如图所示。$L_1=L_2=75\text{kmol}/(\text{m}^2\cdot\text{h})$。全塔 $H_{OG}=1\text{m}$，平衡关系为 $y=0.5x$。试求

(1)吸收剂在塔底的浓度 x_b；

(2)第二股煤油加入的位置(加入口至塔底高度)；

(3)示意画出上述方案及将两股煤油混合一并从塔顶加入的设计方案的操作线，定性说明何者所需填料层较高。

【解】 属低浓气体吸收。

(1) $y_a=y_b(1-\eta)=0.05\times(1-90\%)=0.005$

对全塔作物料衡算，

$$Gy_b+L_2x_{a2}+L_1x_{a1}=Gy_a+(L_2+L_1)x_b \tag{1}$$

$$x_b=\frac{G(y_b-y_a)+L_2(x_{a2}+x_{a1})}{2L_2}$$

$$=\frac{150(0.05-0.005)+75(0.014+0.004)}{2\times75}=0.054$$

(2) 对第二股吸收剂加入口以上部分作物料衡算，有

$$G(y_{a2}-y_a)=L_1(x_{a2}-x_{a1})$$

得

$$y_{a2}=\frac{L_1}{G}(x_{a2}-x_{a1})+y_a$$

$$=\frac{75}{150}(0.014-0.004)+0.005=0.01$$

对第二股吸收剂加入口以下部分，有

$$S=\frac{mG}{(L_1+L_2)}=\frac{0.5\times 150}{75+75}=0.5$$

$$N_{OG}=\frac{1}{1-S}\ln\left[(1-S)\frac{y_b-mx_{a2}}{y_{a2}-mx_{a2}}+S\right] \quad (2)$$

$$=\frac{1}{1-0.5}\ln\left[(1-0.5)\times\frac{0.05-0.5\times 0.014}{0.01-0.5\times 0.014}+0.5\right]$$

$$=4.07$$

$$h=H_{OG}\cdot N_{OG}=1\times 4.07=4.07\text{m}$$

此即第二股煤油加入的位置。

由于 L_2 的加入位置刚好与塔内液体浓度相同，所以式(2)成立。否则式(2)不成立，请思考此时 N_{OG} 如何计算？

(3) 第一方案（两股吸收剂从不同的位置加入）：

由于塔的下部和塔的上部吸收剂的流量不同，而气体的流量相同，因此整个塔的操作线也不是一条直线。塔的下部，操作线斜率为 $(L_1+L_2)/G=1$；塔的上部，操作线斜率为 $L_1/G=0.5$；两段操作线在第二股吸收剂加入处相交。见图 9－8 中折线 ACB，其中 AC 段斜率＝0.5，CB 段斜率＝1。

第二方案（两股吸收剂混合一齐由塔顶加入）：

由于流经全塔的吸收剂流量相等，因此此时的操作线为一条直线，直线的斜率为 $(L_1+L_2)/G=1$。若做全塔的物料衡算则与式(1)相同，可知此时吸收剂的出塔浓度与上一种进料情况相同，只是吸收剂的进塔浓度要增大（两股溶液混合）。由此可知此时塔下部的操作线与上一种情况相同，只是在塔的上部稍有不同。见图 9－8 中直线 A′CB。

“吸收剂混合后再进塔吸收”其效果不好。

由图可见，两种方案在塔的下部操作状况都相同（两操作线都有相同的 CB 段），不同之处在于塔的上部。从图中不难发现，第一种方案的操作线（AC 段）明显比第二方案的操作线远离平衡线，Δy_{a1} 相对较大而 Δy_{a2} 不变，因此吸收平均推动力 Δy_m 相对较大，由公式 $N_{OG}=\frac{y_{b2}-y_a}{\Delta y_m}$ 知，在完成吸收分离任务的条件下，第一种方案所需填料层较低。

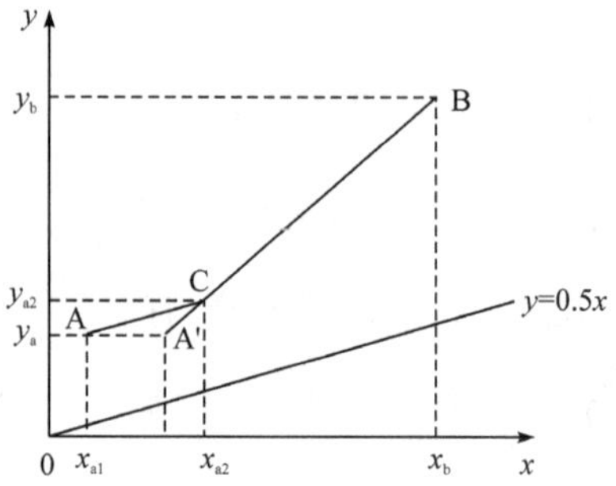

图 9-8 多股吸收时的操作线示意图

吸收塔操作型问题计算

【例 9-11】 在填料层高为 8m 的填料塔中,用纯溶剂逆流吸收空气-H_2S 混合气中的 H_2S,以净化空气。已知入塔气中含H_2S 2.8%(体积分率),回收率为 95%,塔在 0.1MPa、15℃下操作,此时平衡关系为 $y=2x$,出塔溶液中含 H_2S 0.0126(摩尔分率),混合气体通过塔截面的摩尔流率为 100kmol/(m² · h)。试求:

(1) 单位塔截面上吸收剂用量;

(2) 气相总传质单元数;

(3) 气相体积总传质系数。

【解】 属低浓气体吸收。

(1) $y_a = y_b(1-\eta) = 2.8\% \times (1-95\%) = 0.0014$

$$L = \frac{y_b - y_a}{x_b - x_a}G = \frac{2.8\% - 0.0014}{0.0126 - 0} \times 100$$

$$= 211.1\text{kmol/(m}^2 \cdot \text{h)}$$

(2) $$S = \frac{mG}{L} = \frac{2 \times 100}{211.1} = 0.947$$

$$N_{OG} = \frac{1}{1-S}\ln\left[(1-S)\frac{y_b - mx_a}{y_a - mx_a} + S\right]$$

$$= \frac{1}{1-0.947}\ln\left[(1-0.947)\times\frac{2.8\% - 0}{0.0014 - 0} + 0.947\right]$$

$$= 13.14$$

(3) $$K_y a = \frac{GN_{OG}}{h} = \frac{100 \times 13.14}{8} = 164.25\text{kmol/(m}^3 \cdot \text{h)}$$

双塔串联吸收

【例 9-12】 某厂使用填料塔,以清水逆流吸收某混合气体中的有害组分 A。已知填料层高度为 8m,操作中测得进塔混合气组成为 0.06(组分 A 的摩尔分率,以下同),出塔尾气中组成为 0.008,出塔水溶液组成为 0.02。操作条件下的平衡关系为 $y=2.5x$。试求:

(1) 该塔的气相总传质单元高度;

(2) 该厂为降低最终的尾气排放浓度,准备另加一个与原塔塔径相同的填料塔。若两塔串联操作(如图 9-9 所示),气液流量和初始组成均不变,要求最终的尾气排放浓度降至 0.005,求新加塔的填料层高度。

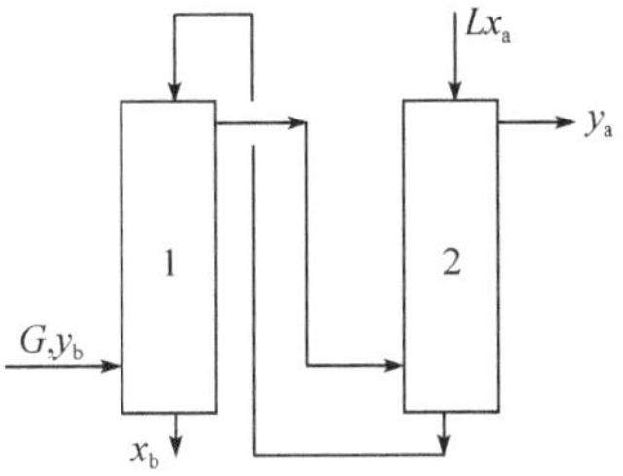

图 9-9　两塔串联吸收

【解】 本题属低浓气体吸收。

(1) $$\frac{L}{G}=\frac{y_b-y_a}{x_b-x_a}=\frac{0.06-0.008}{0.02-0}=2.6$$

$$S=\frac{m}{L/G}=\frac{2.5}{2.6}=0.961$$

$$N_{OG}=\frac{1}{1-S}\ln\left[(1-S)\frac{y_b-0}{y_a-0}+S\right]$$

$$=\frac{1}{1-0.961}\ln\left[(1-0.961)\times\frac{0.06}{0.008}+0.961\right]$$

$$=5.79$$

$$H_{OG}=\frac{h}{N_{OG}}=\frac{8}{5.79}=1.38\text{m}$$

(2) S 不变,而 $y_a'=0.005$,于是

$$N_{OG}'=\frac{1}{1-S}\ln\left[(1-S)\frac{y_b-0}{y_a'-0}+S\right]$$

$$=\frac{1}{1-0.961}\ln\left[(1-0.961)\times\frac{0.06}{0.005}+0.961\right]$$

$$=9.15$$

两塔串联操作时的效果与单塔类似,先求出单塔所需的塔高 h'。

此时总塔高　$h'=H_{OG}N_{OG}'=1.38\times9.15=12.63\text{m}$

新的塔高　$h''=h'-h=12.63-8=4.63\text{m}$

操作型问题计算

【例 9-13】 已知某填料吸收塔直径为 1m,填料层高度 4m。用清水逆流吸收空气混合物中某可溶组分,该组分进口浓度为 8%,出口为 1%(均为摩尔分率),混合气流率为 30kmol/h,操作液气比为 2,相平衡关系为 $y=2x$。试求:

(1) 气相总体积传质系数 K_ya;

(2) 塔高为 2m 处气相浓度;

(3) 若塔高不受限制,最大吸收率为多少?

【解】 (1) 先求出单位塔截面积上混合气体的流率

$$G=\frac{30}{\frac{\pi}{4}\times 1^2}=38.22\text{kmol/(m}^2\cdot\text{h)}$$

$$S=\frac{m}{L/G}=\frac{2}{2}=1$$

根据例题 9-4 的结论,有

当 $S=1$ 时,$N_{OG}=\frac{y_b-mx_a}{y_a-mx_a}-1$

$$N_{OG}=\frac{y_b}{y_a}-1=\frac{8\%}{1\%}-1=7$$

则传质单元高度为 $H_{OG}=\frac{h}{N_{OG}}=\frac{4}{7}=0.571\text{m}$

气相总体积传质系数

$$K_ya=\frac{G}{H_{OG}}=\frac{38.22}{0.571}=66.9\text{kmol/(m}^3\cdot\text{h)}$$

(2) 2m 塔高所对应的传质单元数 N'_{OG} 为

$$N'_{OG}=\frac{2}{H_{OG}}=\frac{2}{0.571}=3.50$$

联合利用传质单元数和物料衡算求解

设 2m 处气液相浓度分别为 y、x,则

$$N'_{OG}=\frac{y_b-mx}{y-mx}-1$$

即

$$3.5=\frac{0.08-2x}{y-2x}-1 \tag{1}$$

又由物料衡算可知

$$y_a=y+\frac{L}{G}(x_a-x)$$

$$1\%=y+2(0-x)$$

$$y=2x+0.01 \tag{2}$$

联合求解方程(1)、(2)得

$$y=0.045$$

$$x=0.0175$$

(3) 若塔高不受限制，又 $S=1$，则操作线落在平衡线上，当 $x_a=0$ 时，y_a必等于 0。故吸收率

$$\eta = 1-\frac{y_a}{y_b} = 100\%$$

【例 9-14】 操作中的吸收塔，若吸收剂入塔浓度 x_a降低，其他操作条件不变，试定性分析气体出塔浓度 y_a、液体出塔浓度 x_b 的变化趋势，并请在 x-y 图上示意画出变化前后的操作线和平衡线。

操作型问题分析，x_a下降对吸收的影响

【解】 由于气液两相的流动状态不变(L、G 不变)，且压力及温度不变，所以 m、k_xa、k_ya 不变，从而吸收过程的体积传质系数 K_ya 不变；而由 $H_{OG}=\dfrac{G}{K_ya}$知 H_{OG}不变；再由 $N_{OG}=\dfrac{h}{H_{OG}}$得 N_{OG} 也不变；又由于 m 不变，可知脱吸因数 $S=mG/L$ 也不变。由吸收因数法(趋势图 9-2)可知$\dfrac{y_b-mx_a}{y_a-mx_a}$不变，从而 $y_a\downarrow$。

吸收因数法

至于 x_b的变化，根据 $x_b=x_a+\dfrac{G}{L}(y_b-y_a)$，由于式中 x_a下降、y_a下降，无法直接判断出 x_b的变化情况，此时可用排除法加以判断：

(1) 假设 x_b不变，由于 y_b、L/G 不变，因此新的操作线必与原操作线相重合，且又由于气体出口浓度 y_a下降，则绘出新操作线与原操作线相比向下延长[如图 9-10(a)中虚线所示]，则吸收平均推动力 Δy_m 下降，由公式 $N_{OG}=\dfrac{y_b-y_a}{\Delta y_m}$可知 N_{OG}将上升(由于 y_a下降)，与 N_{OG}不变相矛盾。则 X_b 不变不成立.

排除法

(2) 假设 x_b变大，新的操作线必与原操作线相平行，且又由于 y_a下降，则绘出新操作线与原操作线相比向下平移[如图 9-10(b)中虚线所示]，仍有 Δy_m 下降及 N_{OG}上升的结论，同样与 N_{OG}不变相矛盾。则 x_b变大也不成立。

因此，通过排除法，只剩下一个结论，即 x_b必变小，新、旧状况下的操作线如图 9-10(c)所示。

【讨论】 x_b的判断也可采用下述近似法：对实际情况，$y_a\ll y_b$ 成立，则有

近似法

$$x_b = x_a+\frac{G}{L}(y_b-y_a)\approx x_a+\frac{G}{L}y_b$$

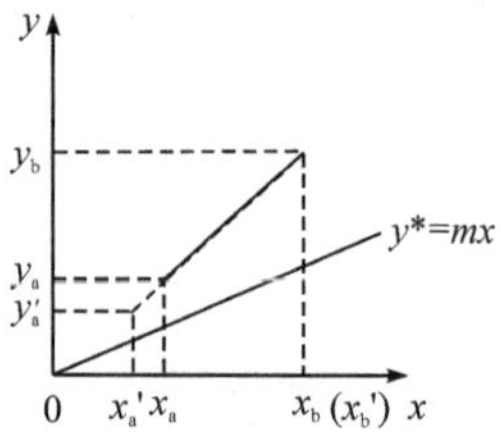

(a)

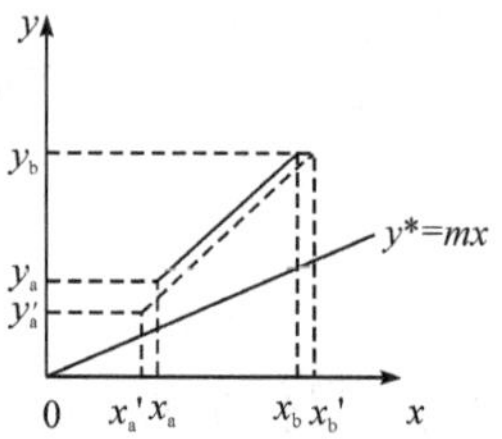

(b)

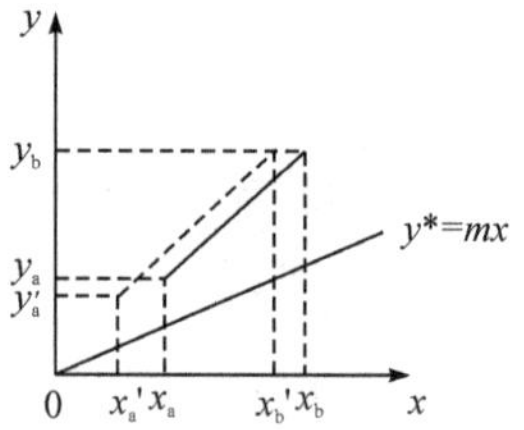

(c)

图 9－10　不同情况下操作线改变示意图

成立，所以由 x_a 下降推知 x_b 必变小。

操作型问题定性分析

【例 9－15】 在一个低浓逆流吸收塔操作中，若其他操作条件不变，而液量与气量成比例增加，试定性分析气体出塔浓度 y_a、液体出塔浓度 x_b 的变化趋势，并请在 x-y 图上示意画出变化前后的操作线和平衡线。

假设体系为气膜控制。

【解】 对气膜控制体系，传质阻力主要集中在气相($K_ya \approx k_ya$)，液量 L 的增加对传质过程基本无影响；但由于 $k_ya \propto G^{0.7}$，知随气相流率 G 的增加，体积传质系数 K_ya 也增大且 $K_ya \propto G^{0.7}$；与之相对应，由 $H_{OG}=\dfrac{G}{K_ya} \propto G^{0.3}$ 知 H_{OG} 将变大；再由 $N_{OG}=\dfrac{h}{H_{OG}}$ 知 N_{OG} 将变小。

由于压力及温度不变，所以 m 不变；同时液量与气量同比例增加(即吸收过程操作线的斜率 L/G 不变)，可导出脱吸因数 $S=mG/L$ 也不变。

吸收因数法

根据吸收因数法(趋势图 9－2)可知，$\dfrac{y_b-mx_a}{y_a-mx_a}$ 变小，由此可知气相的出塔浓度 y_a 增加。再由全塔物料衡算 $x_b=x_a+$

$\frac{G}{L}(y_b-y_a)$知，液相的出塔浓度 x_b 下降。变化前后的操作线和平衡线如图 9－11 所示。

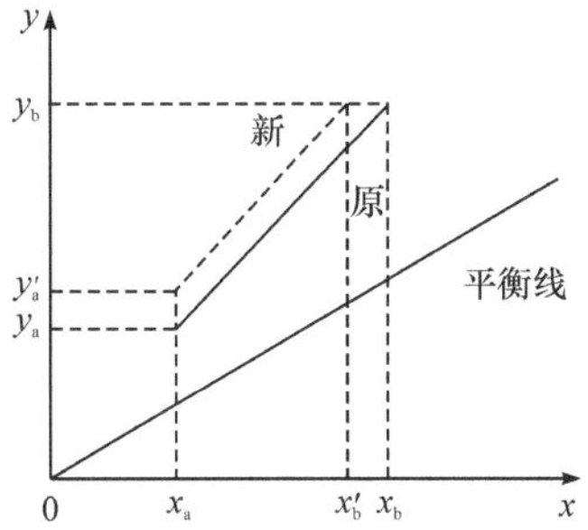

图 9－11　操作条件改变前后操作线示意图

【例 9－16】　在解吸填料塔操作中，如果液体的进口浓度 x_a 增加，其他操作条件不变，试分析气液出口浓度 y_a、x_b 的变化情况。假设气液均在低浓区，流程图见图 9－12。　解吸问题定性分析

图 9－12　解吸塔操作图

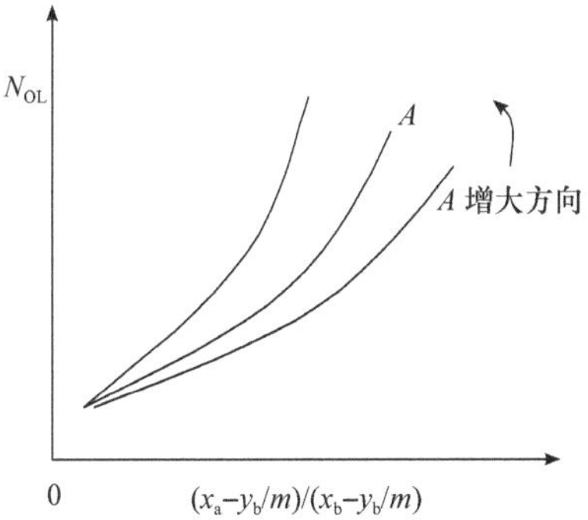

图 9－13　解吸塔 N_{OL}-A-$(x_a-y_b/m)/(x_b-y_b/m)$间趋势图

【解】　解吸过程的定性分析类似于吸收过程，可采用平均推动力法和吸收因数法，通常吸收因数法比较简单，由解吸传质单元数公式 $N_{OL}=\frac{1}{1-A}\ln\left[(1-A)\frac{x_a-y_b/m}{x_b-y_b/m}+A\right]$，与吸收相比较，从而可以得到类似于图 9－2 的趋势图，如图 9－13 所示。　吸收因数法

根据题意 T、P、G、L 不变，所以 m、k_xa、k_ya 不变，从而 K_xa 也不变。

因为 $H_{OL}=L/K_x a$，所以 H_{OL}不变，且 $N_{OL}=h/H_{OL}$也不变。又 $A=L/mG$不变，从而根据图 9-13 知$\frac{x_a-y_b/m}{x_b-y_b/m}$不变。

因为 y_b不变，x_a增大，所以 x_b增大。由物料衡算知

物料衡算
注意$y_a>y_b$
$x_a>x_b$

$$y_a=y_b+\frac{L}{G}(x_a-x_b)$$

$$=y_b+\frac{L}{G}\left(\frac{x_a-y_b/m}{x_b-y_b/m}-1\right)(x_b-y_b/m)$$

式中 L、G、m、y_b、$\frac{x_a-y_b/m}{x_b-y_b/m}$不变，$x_b$增大，所以 y_a增大。

结果：y_a增大，x_b增大。

【讨论】 解吸的分析方法与吸收基本相同，要注意此时塔底为稀端，因此全塔的物料衡算宜写成为 $G(y_a-y_b)=L(x_a-x_b)$。若写成吸收过程的算式 $G(y_b-y_a)=L(x_b-x_a)$，由于等式两边都是负值，因此分析变化趋势时容易搞错。

液体流量增大对吸收的影响计算

【例 9-17】 在填料塔中用纯吸收剂逆流吸收某气体混合物中的可溶组分 A，已知气体混合物中溶质 A 的初始组成为 0.05，通过吸收后气体的出口组成为 0.02，吸收后溶液的出口组成为 0.098(均为摩尔分率)，操作条件下的气液平衡关系为 $y=0.5x$，并已知此吸收过程为气膜控制，试求

(1) 气相总传质系数 N_{OG}；

(2)当液体流量增加一倍时，在气量和气液进口组成不变的情况下，溶质 A 被吸收的量变为原来的多少倍？

【解】 (1) 属低浓气体吸收。

$$\frac{L}{G}=\frac{y_b-y_a}{x_b-0}=\frac{0.05-0.02}{0.098-0}=0.306$$

$$S=\frac{m}{L/G}=\frac{0.5}{0.306}=1.63$$

$$N_{OG}=\frac{1}{1-S}\ln\left[(1-S)\frac{y_b-mx_a}{y_a-mx_a}+S\right]$$

$$=\frac{1}{1-1.63}\ln\left[(1-1.63)\times\frac{0.05}{0.02}+1.63\right]=4.6$$

气膜控制时 $K_y a\approx k_y a\propto G^{0.7}$ 与 L 无关。

(2) L 增大一倍时，因吸收过程为气膜控制，传质阻力主要集中在气相，$K_y a\approx k_y a\propto G^{0.7}$，液量 L 的增加对 $K_y a$ 基本无影响，故 $K_y a$ 不变，由于 G 不变，所以 H_{OG}不变，从而 N_{OG}也不变。而

$$S'=\frac{mG}{2L}=\frac{1.63}{2}=0.815$$

则 $$4.6=\frac{1}{1-S'}\ln\left[(1-S')\frac{y_b-mx_a}{y_a'-mx_a}+S'\right]$$

$$=\frac{1}{1-0.815}\ln\left[(1-0.815)\frac{0.05}{y_a'}+0.815\right]$$

L 增加使 y_a 减小。

所以 $y_a'=0.00606$

L 增大一倍后，溶质 A 被吸收的量 $=G(y_b-y_a')$，而原状况下溶质 A 被吸收的量 $=G(y_b-y_a)$。

所以 $$\frac{G(y_b-y_a')}{G(y_b-y_a)}=\frac{y_b-y_a'}{y_b-y_a}=\frac{0.05-0.00606}{0.05-0.02}=1.46\text{ 倍}$$

【讨论】 L 增大后，尽管 K_ya 基本不变，但出口液体浓度降低，使全塔平均推动力增大，故吸收量仍增大。

【例 9-18】 某逆流吸收塔，用纯溶剂吸收混合气体中可溶组分。气体入塔浓度 $y_b=0.01$（摩尔分率），回收率 $\eta=0.9$。平衡关系 $y=2x$，且知 $L/G=1.2(L/G)_{\min}$，$H_{OG}=0.9\text{m}$。试求

吸收剂浓度增加对吸收的影响

(1) 所需塔的填料层高度；

(2) 若该塔操作时，因解吸不良导致入塔 $x_a'=0.0005$，其他入塔条件不变，则回收率又为多少？

(3) 在 y-x 图上定性画出原工况及新工况（解吸不良）下的操作线与平衡线示意图。

【解】 (1) 属低浓气体吸收。

$$y_a=y_b(1-\eta)=0.01\times(1-90\%)=0.001$$

$$\left(\frac{L}{G}\right)_{\min}=\frac{y_b-y_a}{\dfrac{y_b}{m}-x_a}=\frac{0.01-0.001}{\dfrac{0.01}{2}}=1.8$$

$$\frac{L}{G}=1.2\left(\frac{L}{G}\right)_{\min}=1.2\times1.8=2.16$$

$$S=\frac{m}{L/G}=\frac{2}{2.16}=0.926$$

$$N_{OG}=\frac{1}{1-S}\ln\left[(1-S)\frac{y_b-mx_a}{y_a-mx_a}+S\right] \qquad (1)$$

$$N_{OG}=\frac{1}{1-0.926}\ln\left[(1-0.926)\times\frac{0.01}{0.001}+0.926\right]=6.90$$

$$h=H_{OG}\cdot N_{OG}=0.9\times6.90=6.21\text{m}$$

(2) x_a 增大为 $x_a'=0.0005$ 后，S 不变，H_{OG} 不变，所以 N_{OG}

进口浓度的变化对 $\frac{y_b-mx_a}{y_a-mx_a}$ 无影响

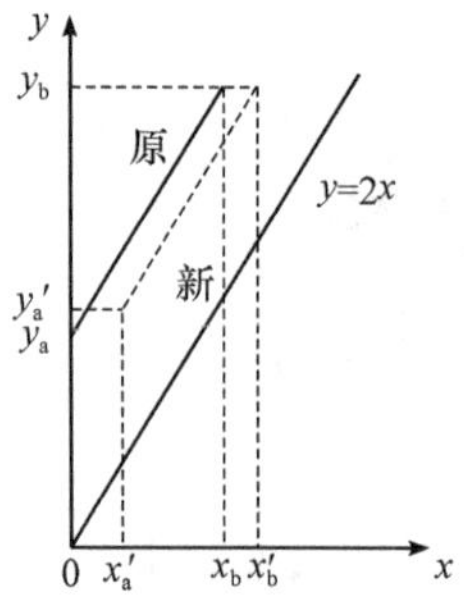

图 9-14　吸收剂浓度变化影响示意图

不变，根据式(1)可得 $\frac{y_b-mx_a}{y_a-mx_a}$ 不变，即

$$\frac{y_b-mx_a}{y_a-mx_a}=\frac{y_b-mx_a'}{y_a'-mx_a'} \tag{2}$$

$$\frac{0.01-0}{0.001-0}=\frac{0.01-2\times0.0005}{y_a'-2\times0.0005}$$

解之得

$$y_a'=0.00190$$

回收率

$$\eta'=1-\frac{y_a'}{y_b}=1-\frac{0.00190}{0.01}=81.0\%$$

(3) 参见图 9-14。

【讨论】 式(2)的解题思路很简单。如果吸收塔操作时仅仅浓度发生变化，则应用式(2)可马上求出新工况下的吸收结果。请注意其灵活应用。

吸收-解吸联合操作

【例 9-19】 一逆流吸收—解吸联合操作系统，流程如图所示。两塔填料层高度相同。操作条件下吸收系统平衡关系为 $y=1.25x$，液气比为 1.6，气相总传质单元高度 $H_{OG}=0.5$m。解吸系统用过热蒸汽吹脱，其平衡关系为 $y=3.16x$，气液比为 0.365。

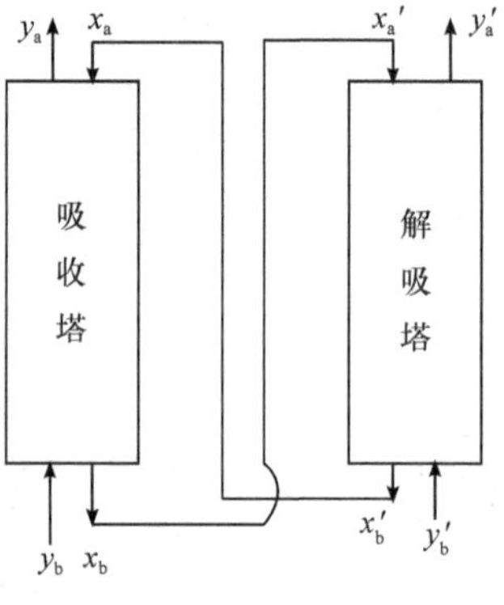

图 9-15　吸收-解吸操作示意图

已知吸收塔入塔的气体组成为 0.02(摩尔分率，下同)，入塔液体组成为 0.00075，回收率为 95%。试求：

(1) 吸收塔出塔液体组成、填料层高度；

(2) 解吸塔的气相总传质单元高度。

【解】 (1) 吸收塔：属低浓系统。

$$y_a=y_b(1-\eta)=0.02\times(1-95\%)=0.001$$

$$x_b=\frac{y_b-y_a}{L/G}+x_a=\frac{0.02-0.001}{1.6}+0.00075=0.0126$$

$$S=\frac{m}{L/G}=\frac{1.25}{1.6}=0.781$$

$$N_{OG}=\frac{1}{1-S}\ln\left[(1-S)\frac{y_b-mx_a}{y_a-mx_a}+S\right]$$
$$=\frac{1}{1-0.781}\ln\left[(1-0.781)\times\frac{0.02-1.25\times0.00075}{0.001-1.25\times0.00075}+0.781\right]$$
$$=19.2$$
$$h=H_{OG}\cdot N_{OG}=0.5\times19.2=9.6\text{m}$$

(2) 解吸塔

先求出 H_{OL}，再求 H_{OG}

$$x_a'=x_b=0.0126,$$
$$x_b'=x_a=0.00075,$$
$$A'=\frac{L'}{m'G'}=\frac{1}{3.16\times0.365}=0.867$$
$$N_{OL}'=\frac{1}{1-A'}\ln\left[(1-A')\frac{x_a'-y_b'/m}{x_b'-y_b'/m}+A'\right]$$
$$=\frac{1}{1-0.867}\ln\left[(1-0.867)\times\frac{0.0126}{0.00075}+0.867\right]$$
$$=8.51$$
$$H_{OL}'=\frac{h'}{N_{OL}'}=\frac{9.6}{8.51}=1.13\text{m}$$
$$H_{OG}'=S'H_{OL}'=\frac{1.13}{0.867}=1.30\text{m}$$

【例 9-20】 在填料塔用清水逆流吸收混合气中有害组分 A。已知入塔气体中 A 组分 $y_b=0.05$(摩尔分率，下同)，要求回收率为 90%，平衡关系为 $y=2x$，$H_{OG}=0.8\text{m}$。采用液气比为最小液气比的 1.5 倍。试求：

吸收所需塔板数的计算

(1) 出塔液体浓度；

(2) 填料层高度；

(3) 若入塔气体中 A 组分浓度 $y_b'=0.1$，其他设计条件(S、η)不变。现改用板式塔，问理论板数为多少？

【解】 (1) 属低浓气体吸收。

$$y_a=y_b(1-\eta)=0.05\times(1-90\%)=0.005$$
$$\left(\frac{L}{G}\right)_{min}=\frac{y_b-y_a}{y_b/m-0}=\frac{0.05-0.005}{0.05/2}=1.8$$
$$\frac{L}{G}=1.5\left(\frac{L}{G}\right)_{min}=1.5\times1.8=2.7$$

出塔液体中 A 的浓度为

由物料衡算得到

$$x_b = \frac{y_b - y_a}{L/G} + x_a = \frac{0.05 - 0.005}{2.7} + 0 = 0.0167$$

(2) 填料层的高度计算可采用吸收因数法

$$S = \frac{m}{L/G} = \frac{2}{2.7} = 0.741$$

$$N_{OG} = \frac{1}{1-S}\ln\left[(1-S)\frac{y_b - mx_a}{y_a - mx_a} + S\right]$$

$$= \frac{1}{1-0.741}\ln\left[(1-0.741)\times\frac{0.05}{0.005} + 0.741\right] = 4.65$$

$$H = H_{OG} \cdot N_{OG} = 0.8 \times 4.65 = 3.72\text{m}$$

(3) $y'_b = 0.1$ 时，S 不变，回收率不变，所以

$$y'_a = y'_b(1-\eta) = 0.1\times(1-90\%) = 0.01$$

$$N'_{OG} = \frac{1}{1-S}\ln\left[(1-S)\frac{y'_b}{y'_a} + S\right]$$

理论板数 N 与传质单元数 N_{OG} 间的关系

$$= \frac{1}{1-0.741}\ln\left[(1-0.741)\times\frac{0.1}{0.01} + 0.741\right] = 4.65$$

$$N = \frac{S-1}{\ln S}N'_{OG} = \frac{0.741-1}{\ln 0.741}\times 4.65 = 4.0(\text{块})$$

本章主要符号说明

符　号	意　义	单　位
A	吸收因数 $A=L/mG$	
a	单位体积填料层所提供的有效传质面积	m^2/m^3
C	总物质的量浓度	$kmol/m^3$
c_i	液相界面上溶质的物质的量浓度	$kmol/m^3$
c_L	液相主体中溶质的物质的量浓度	$kmol/m^3$
E_0	总板效率	
G	混合气体通过塔截面的气相流率	$kmol/(m^2 \cdot s)$
H	溶解度系数	$kmol/(m^3 \cdot Pa)$
h	填料层高度	m
H_{OG}	气相总传质单元高度	m
H_{OL}	液相总传质单元高度	m
K_G	以气相分压差为推动力的总传质系数	$kmol/(m^2 \cdot s \cdot Pa)$
k_G	以气相分压差为推动力的分传质系数	$kmol/(m^2 \cdot s \cdot Pa)$
K_L	以液相物质的量浓度差为推动力的总传质系数	m/s
k_L	以液相物质的量浓度差为推动力的分传质系数	m/s

K_x	以液相摩尔分率差为推动力的总传质系数	$kmol/(m^2 \cdot s \cdot \Delta x)$
k_x	以液相摩尔分率差为推动力的分传质系数	$kmol/(m^2 \cdot s \cdot \Delta x)$
K_xa	液相总体积传质系数	$kmol/(m^3 \cdot s)$
k_xa	液相分体积传质系数	$kmol/(m^3 \cdot s)$
K_y	以气相摩尔分率差为推动力的总传质系数	$kmol/(m^2 \cdot s \cdot \Delta y)$
k_y	以气相摩尔分率差为推动力的分传质系数	$kmol/(m^2 \cdot s \cdot \Delta y)$
K_ya	气相总体积传质系数	$kmol/(m^3 \cdot s)$
k_ya	气相分体积传质系数	$kmol/(m^3 \cdot s)$
L	液体通过塔截面的液相流率	$kmol/(m^2 \cdot s)$
$(L_S)_{min}$	最小吸收剂用量	$kmol/(m^2 \cdot s)$
m	相平衡常数	
N	理论塔板数	
N_{OG}	气相总传质单元数	
N_{OL}	液相总传质单元数	
P	总压	Pa
p	分压	Pa
p_G	气相主体中的溶质分压	Pa
S	脱吸因数 $S=mG/L$	
X	溶液中溶质与溶剂的摩尔比	
x	液相中溶质的摩尔分率	
Y	混合气体中溶质与惰性组分的摩尔比	
y	混合气体中溶质的摩尔分率	m^2
Ω	填料塔的横截面积	
η	吸收率	
Δy_m	平均传质推动力	
上标		
*	平衡状态	
下标		
a	塔顶	
B	惰性气体	
b	塔底	
G	气相	
i	气液界面	
L	液相	
S	溶剂	

参考文献

1 何潮洪，冯霄. 化工原理. 北京：科学出版社，2001

2 陈维杻. 传递过程与单元操作. 下册. 杭州：浙江大学出版社，1994

3 谭天恩等.化工原理.下册.第二版.北京:化学工业出版社,1998
4 陈敏恒等.化工原理.下册.第二版.北京:化学工业出版社,1999
5 大连理工大学化工原理教研室.化工原理.下册.大连:大连理工大学出版社,1993
6 蒋维钧等.化工原理.下册.北京:清华大学出版社,1992
7 何潮洪等.化工原理操作性问题的分析.北京:化学工业出版社,1998

习 题

1. 只要组分在气相中心的分压__________液相中该组分的平衡分压,吸收就会继续进行,直至达到一个新的平衡为止。
(A)大于 (B)小于 (C)等于 (D)不等于
2. 对低浓度溶质的气液传质系统 A、B,在同样条件下,A 系统中的溶质溶解度较 B 系统中的溶质溶解度高,则 A 系统的溶解度系数 H_A__________ H_B,相平衡常数 m_A__________ m_B。
(A)大于 (B)等于 (C)小于 (D)以上都有可能
3. 对低浓度溶质的气液平衡系统,当温度和压力不变,而液相总浓度增加时,其溶解度系数 H 将__________,亨利系数 E 将__________。
(A)变大 (B)变小 (C)不变 (D)不确定
4. 对含低浓度溶质的气体与溶液的平衡系统,溶质在气相中的物质的量浓度与其在液相中物质的量浓度的差值是__________。
(A)正值 (B)负值 (C)等于零 (D)不定
5. 在吸收塔设计中,当吸收剂用量趋于最小用量时,____________________。
(A)回收率趋向最高 (B)吸收推动力趋向最大
(C)操作最为经济 (D)填料层高度趋向无穷大
6. 设计中,最大吸收率 η_{max} 与____无关。
(A)液气比 (B) 液体入塔浓度 x_2
(C)相平衡常数 m (D) 吸收塔型式
7. 对解吸因数 $S=0.6$ 的系统进行逆流吸收,$y^*=mx$,当塔高为无穷大时,若系统压力减小一倍,而气液摩尔流量与进口组成均不变,则此时气体入口组成 y_b 将__________ y_b^*。
(A)大于 (B)小于 (C)等于 (D)不确定
8. 在常压下用水逆流吸收空气中的 CO_2,若将用水量增加,则出塔气体中的 CO_2 含量将__________,出塔液体中 CO_2 浓度将__________。
(A)变大 (B)变小 (C)不变 (D)不确定
9. 正常操作下的逆流吸收塔,若因某种原因使液体量减少以致液气比小于原定的最小液气比时,下列哪些情况将发生?

(A)出塔液体浓度 x_b增加、回收率增加

(B)出塔气体浓度增加,但 x_b不变

(C)出塔气体浓度与出塔液体浓度均增加

(D)在塔下部发生解吸现象

10. 若某气体在水中的亨利系数 E 很大,说明该气体为__________溶气体。

11. 30℃时,某理想气体混合物中组分 A 的分压为 30kPa,则组分 A 在平衡水溶液中的物质的量浓度 $c_A{}^* =$__________ kmol/m³。已知溶解度系数 $H=3.97\times 10^{-4}$kmol/(m³ · kPa)。

12. 若 S_1、S_2、S_3分别为难溶、中等溶解度、易溶气体在吸收过程中的脱吸因数,吸收过程中操作条件相同,则应有 S_1________ S_2________ S_3(>,=,<)。

13. 解吸时溶质由__________向__________传递。

14. 压力__________,温度__________,将有利于解吸的进行。

15. 对低浓溶质的气液平衡系统,当系统温度增加时,其溶解度系数 H 将__________。而当系统中液相总浓度增加时,其平衡常数 m 将__________。

16. 由于吸收过程气相中的溶质分压总是__________液相中溶质的平衡分压,所以吸收操作线总是在平衡线的__________。

17. 吸收塔设计中,增加吸收剂的用量,操作线的斜率__________,吸收过程推动力($y - y*$)________。

18. 吸收因数 A 可表示为__________,它在 Y-X 图上的几何意义是____。

19. 概括地说,传质单元高度是下列 4 个方面的函数,即____________________、____________________、____________________、____________________。

20. 低浓气体吸收与高浓气体吸收比较,其特点是____。

21. 如一个低浓气体的吸收塔的气相总传质单元数 $N_{OG}=1$,这意味着此塔的气相进出口浓度差将等于____。

22. 在气体流量、气相进出、口组成和液相进口组成不变时,若减小吸收剂用量,则传质推动力将__________,操作线将__________平衡线,设备费用将__________。

23. 吸收因数 $A=$__________。当 $A<1$ 时,若填料层高度 $H=\infty$,则对于逆流吸收塔,气液两相将于塔__________达到平衡。

24. 对水吸收 CO_2的低浓系统,如在水中加碱,则此系统的 k_G__________,K_G__________。

25. 对一定操作条件下的填料吸收塔,如将填料层增高一些,则该塔的 H_{OG}将

__________,N_{OG}将__________。

26. 某操作中的吸收塔,用清水逆流吸收气体混合物中 A 组分。若进塔气体浓度 y_b下降,其余操作条件不变,则回收率将__________。

27. 对非液膜控制的系统,气体流量越大,则气相总传质系数 K_y__________,气相总传质单元高度 H_{OG}__________。

28. 在填料塔中用清水逆流吸收混合气中 CO_2,当水泵发生故障使水量减少时,气相总传质单元数 N_{OG}将______________。

29. 提高吸收剂用量对吸收是有利的。当系统为气膜控制时,K_ya 值如何变化? __________;当系统为液膜控制时,K_ya 值又如何变化? __________。

30. 常压 25℃下,气相溶质 A 的分压为 5.47kPa 的混合气体与溶质 A 浓度为 0.003kmol/m^3的水溶液接触,求溶质 A 在两相间的转移方向。

    若将总压增至 5 大气压,气相溶质的摩尔分率保持原来数值,则 A 的传质方向又如何?

    已知:工作条件下,体系符合亨利定律,亨利常数 $E=1.52\times10^5$kPa。

31. 有一逆流填料吸收塔,塔径为 0.5m,用纯溶剂吸收混合气中的溶质。入塔气体量为 100kmol/h,溶质浓度为 0.01(摩尔分率),回收率要求达到 90%,液气比为 1.5,平衡关系为 $y=x$。试求:

    (1) 液体出塔浓度;

    (2) 测得气相总体积传质系数 $K_ya=0.10$kmol/(m^3 · s),问该塔填料层高度为多少?

32. 在常压逆流操作的填料塔内,用纯溶剂 S 吸收混合气体中的可溶组分 A。入塔气体中 A 的摩尔分率 $y_b=0.03$,要求其回收率 $\phi=95\%$。已知操作条件下脱吸因数 $S=0.8$(m 可取作常数),平衡关系为 $y=x$,试计算:

    (1) 操作液气比为最小液气比的倍数;

    (2) 吸收液的浓度 x_b;

    (3) 完成上述分离任务所需的气相总传质单元数 N_{OG}。

33. 常压下,用煤油从苯蒸气和空气混合物中吸收苯,吸收率为 99%,混合气量为 53kmol/h。入塔气中含苯 2%(体积分率),入塔煤油中含苯 0.02%(摩尔分率)。溶剂用量为最小用量的 1.5 倍,在操作温度 50℃下,相平衡关系为 $y^*=0.36x$,总传质系数 $K_ya=0.015$ kmol/(m^3 · s),塔径为 1.1m。试求所需填料层高度。

34. 拟设计一填料塔,在常温常压下用清水吸收空气-丙酮混合气中的丙酮,混合气入塔流率为 80 kmol/h,含丙酮 5%(体积分率),要求吸收率达到 95%。已知塔径 0.8m,操作条件下的相平衡关系可用 $y=2.0x$ 表示,气相总体积传质系数 $K_ya=150$kmol/(m^3 · h),而出塔溶液中丙酮的浓度为饱和浓度的 70%。

试求：

（1）所需水量；

（2）所需填料层高度（单位为 m）；

（3）用水量是最小用水量的倍数。

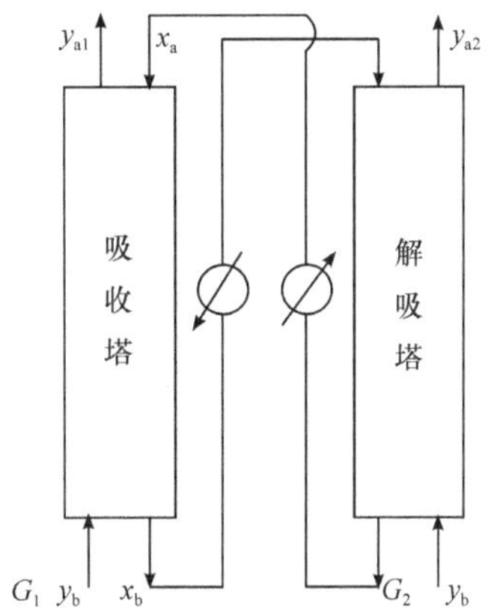

图 9-16 题 34 附图

35. 今拟在某一直径为 0.5m 的填料塔中，在 20℃、101.3kPa 下用清水对空气一氨混和气进行逆流吸收，每小时向塔内送入含氨 1.5%（摩尔分率）的混合气 480m^3（操作态），要求氨的回收率为 98%。已知 20℃ 的平衡关系为 $y=0.75x$（x、y 均为摩尔分率），出塔溶液中氨的浓度为平衡浓度的 80%。试求：

（1）出塔溶液中氨的浓度（分别用摩尔分率和 kmol/m^3表示）；

（2）用水量（单位为 kg/h）；

（3）已知气相总体积传质系数 $K_ya=0.09\text{kmol}/(\text{m}^3\cdot\text{s}\cdot\Delta y)$，计算所需填料层高度（单位为 m）。

36. 在填料层高为 5m 的塔内用纯溶剂逆流吸收某气体混合物中的可溶组分（溶质）。混合气入塔流量为 600kmol/(m^2·h)，溶质的体积含量为 5%。操作条件下平衡关系为 $y=0.8x$，体积传质系数 K_ya 可认为与溶剂量无关，为 150kmol/(m^3·s)。若要求溶质的吸收率不低于 90%，所需的溶剂量至少是多少？

37. 用过热水蒸气解吸煤油中的苯，解吸塔的填料高度为 15m。混合液入塔流量为 0.029kmol/(m^2·s)，含苯 5%（摩尔分率）；过热水蒸气用量为 0.026kmol/(m^2·s)。操作条件下平衡关系为 $y=1.25x$，总体积传质系数 $K_xa=0.013\text{kmol}/(\text{m}^3\cdot\text{s})$。求出口煤油中苯的含量。若因故使入塔混合液中苯的含量变为 8%，则结果又如何？

38. 某操作中的吸收塔，用清水逆流吸收气体混合物中 A 组分。若进塔气体浓度 y_b下降，其余操作条件不变，试定性分析回收率的变化趋势，并请在 x-y 图上示意画出变化前后的操作线和平衡线。

39. 实验室用水逆流吸收空气中的 CO_2，若用水量和空气量一定，增加入塔气体 CO_2浓度后，试分析出塔气体浓度和出塔液体浓度将如何变化？

40. 试分析说明在逆流操作的吸收塔中，若系统温度增加而其他操作条件不变，则气体出塔浓度 y_a、液体出塔浓度 x_b将如何变化？并请在 x-y 图上画出新、原状况下的操作线及平衡线，（忽略温度对体系物性的影响）。

41. 图 9-16 为吸收、解吸联合操作的操作线及流程。试分析在下述新的操作条件下(其余操作条件不变)，y_{a1}、y_{a2}、x_a、x_b的变化,假设气液均在低浓度区。(1)吸收塔气体处理量 G_1 增大;(2)解吸塔气体处理量 G_2 增大。

42. 图 9-17 为双塔吸收的浓度气体流程。试分析在下述新的操作条件下(其余操作条件不变),出口气液组成 y_a、x_{b1}、x_{b2}的变化:(1)气体处理量 G 增大;(2)气体入口浓度 y_b增大;(3)吸收计量 L 增大;(4)吸收剂的入口浓度 x_a增大。

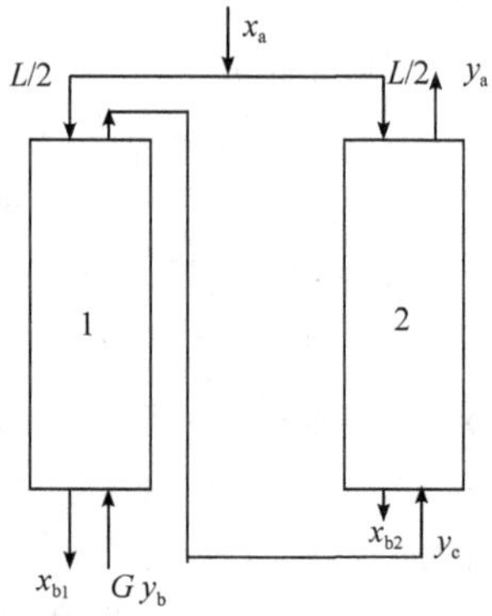

图 9-17　题 42 附图

第10章 蒸　　馏[1~6]

基本内容

利用各组分挥发度的差异将液体混合物加以分离的单元操作称为蒸馏。蒸馏分类法有很多种，按操作方式可分为简单蒸馏、平衡蒸馏、精馏、特殊精馏等；按原料组分数目则可分为双组分蒸馏、多组分蒸馏；按操作过程是否连续，可分为连续精馏、间歇精馏。本章重点是双组分混合液的连续精馏。

精馏过程的数学模型中主要包括相平衡关系、物料衡算、热量衡算和传质速率模型。其中，对传质速率模型的处理，则引进了平衡级（即理论板）的概念以使复杂的工程问题简单化。

10.1 气液相平衡关系

气液相平衡是蒸馏过程的热力学基础，它能判断过程进行的可能性。

对于二元物系，在一定温度下其气液相平衡式具有以下形式：

$$p_A = f(x_A) \qquad p_B = f(x_B) \qquad P = f(x_A) \tag{10-1}$$

在一定的压力下其气液相平衡式具有以下几种形式：

$$t = f(x) \qquad t = g(y) \tag{10-2}$$

或

$$y = f(x) \tag{10-3}$$

1. 理想物系

对由理想气体和理想溶液构成的理想物系，因其满足理想气体状态方程、道尔顿分压定律和拉乌尔(Raoult)定律，因此，式(10－1)的具体表达形式为

$$\begin{aligned} p_A &= p_A^0 x_A \\ p_B &= p_B^0 x_B \end{aligned} \tag{10-4}$$

式(10－2)的具体表达形式为

$$x = \frac{P - p_B^0}{p_A^0 - p_B^0} \qquad y = \frac{p_A}{P} = \frac{p_A^0 x}{P} \tag{10-5}$$

式中，纯液体的饱和蒸汽压 p_A^0、p_B^0 仅与温度 t 有关，可采用实测数据或用如下的安托因(Antoine)方程进行推算：

$$\ln p^0 = A - \frac{B}{T + C} \tag{10-6}$$

式中,A、B、C 均为安托因常数,可从有关数据手册中查取。

式(10－3)的具体表达形式为

$$y=\frac{\alpha x}{1+(\alpha-1)x} \tag{10-7}$$

其中,$\alpha=\frac{\nu_A}{\nu_B}=\frac{p_A/x_A}{p_B/x_B}=\frac{p_A^0}{p_B^0}$为相对挥发度,无因次。

α 表示 A、B 组分挥发能力的差异。$\alpha\neq1$,表明 A、B 可以分离,此时 α 越大,表示越易分离,所需理论板数越少。$\alpha=1$,由 $y=\frac{\alpha x}{1+(\alpha-1)x}$知,$y=x$,表明经蒸馏分离后组成与原来一样,组分 A、B 无挥发能力的差异,因此不能用普通蒸馏方法分离。

理想物系的相对挥发度随温度的变化不是太大,一般可视为常数。这是因为虽然 p_A^0、p_B^0 随温度升高而变大,但其比值却随温度变化不大。

当总压变化不大时(如小于 30%),α 一般为常数;当总压变化较大时,通常压力变大,α 变小。

2. 非理想物系

对由理想气体和非理想溶液、非理想气体和理想溶液、非理想气体和非理想溶液构成的非理想物系,式(10－1)～(10－3)的具体表达形式比理想物系的复杂,且相对挥发度 α 也不再是常数。

本章主要涉及理想物系的相平衡关系。

10.2 物料衡算

对二元物系,物料衡算关系共有两个独立的衡算方程:总物料衡算方程、组分 A 或 B 的衡算方程。

将相平衡关系和物料衡算结合起来,可以解决工程上常见的简单蒸馏、平衡蒸馏、精馏过程的工艺计算。

10.3 简单蒸馏

特点:①间歇、不稳定;②分离程度不高,仅适用于相对挥发度大而分离要求不高的场合,常作为初加工,如原油、煤油的初馏、发酵醪液的粗分等。

将 t-x-y 相图应用于简单蒸馏中,可以很直观地描述该过程,如图 10－1 所示。在简单蒸馏过程中,釜液组成沿 t-x 线变化,汽相组成沿 t-y 线变化,这是一个微分动态变化过程。

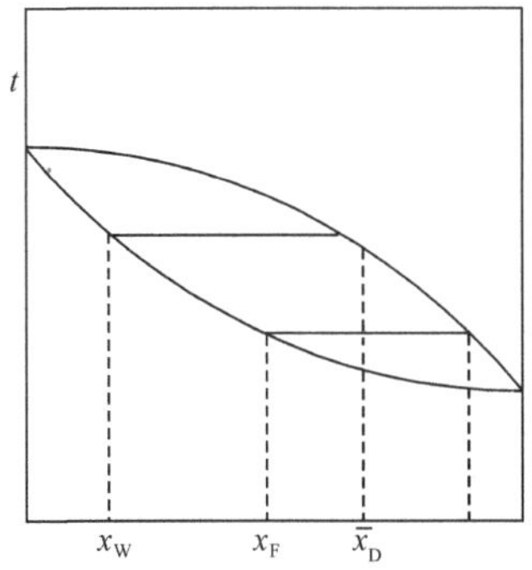

图 10-1　简单蒸馏

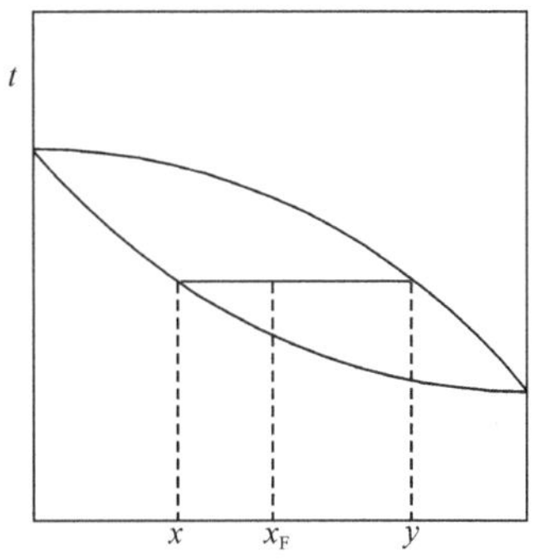

图 10-2　平衡蒸馏

1. 宏观物料衡算

$$\begin{cases} W_1 = W_2 + W_D \\ W_1 x_1 = W_2 x_2 + W_D \overline{x_D} \end{cases} \tag{10-8}$$

式中，W_1、x_1 为初始料液量和组成；W_2、x_2 为最终残液量和组成；W_D、$\overline{x_D}$ 为馏出液量和馏出液平均浓度。

2. 微分物料衡算

$$\frac{dW}{W} = \frac{dx}{y - x} \tag{10-9}$$

对理想物系，将相平衡关系 $y=\frac{\alpha x}{1+(\alpha-1)x}$ 代入上式，积分得

$$\ln \frac{W_1 x_1}{W_2 x_2} = \alpha \ln \frac{W_1(1-x_1)}{W_2(1-x_2)} \tag{10-10}$$

由式(10-8)、(10-10)联立可以求解三个变量。

对非理想物系，可采用数值积分或图解积分求解式(10-9)。

10.4 平衡蒸馏

特点：①连续、稳定，②分离程度不高。

将 t-x-y 相图应用于平衡蒸馏中，如图 10-2 所示。在平衡蒸馏过程中，x、y 保持不变。

1. 物料衡算

$$\begin{cases} F = L + V \\ F x_F = L x + V y \end{cases} \tag{10-11}$$

2. 相平衡关系

$$y=\frac{\alpha x}{1+(\alpha-1)x} \tag{10-12}$$

由式(10-11)、(10-12)联立可以求解三个变量。

10.5 精馏

简单蒸馏和平衡蒸馏只能使混合物达到有限程度的分离,要想实现高纯度分离,必须采用精馏,即利用回流手段、经过多次平衡级的传质操作。

1. 全塔物料衡算

$$\begin{cases}F=D+W\\ Fx_F=Dx_D+Wx_W\end{cases} \tag{10-13}$$

2. 精馏段物料衡算

精馏段操作线方程为

$$\begin{aligned}y_{n+1}&=\frac{L}{V}x_n+\frac{D}{V}x_D\\ &=\frac{R}{R+1}x_n+\frac{x_D}{R+1}\end{aligned} \tag{10-14}$$

式中,$R=\frac{L}{D}$为回流比,$L=RD$,$V=(R+1)D$。

式(10-14)表示精馏段内某处下降液流浓度和上升气流浓度之间的关系,它是一条过点 a(x_D、x_D)、斜率小于 1 的直线。其斜率决定了精馏段的分离能力,斜率越大,操作线越远离平衡线,精馏段内塔板的分离能力越高。

式(10-14)中的回流比 R 是精馏塔重要操作参数之一,其大小直接关系到精馏过程的经济性。适宜的回流比 R_{opt} 通常根据经验选取,其范围为

$$R_{opt}=(1.1\sim 2)R_{min} \tag{10-15}$$

其中,R_{min}是为完成某一分离要求,所需理论塔板数为无穷大时对应的回流比,称为最小回流比。最小回流比与设计条件有关,因此它仅对设计型问题有意义。其值可用下式计算:

$$\frac{R_{min}}{R_{min}+1}=\frac{x_D-y_e}{x_D-x_e} \tag{10-16}$$

或

$$R_{min}=\frac{x_D-y_e}{y_e-x_e} \tag{10-17}$$

式中，x_e，y_e是恒浓点 e(交点或切点)的坐标。

3. 提馏段物料衡算

提馏段操作线方程：

$$y_{m+1}=\frac{L'}{V'}x_m-\frac{Wx_W}{V'} \tag{10-18}$$

式中，$L'=L+qF$，$V'=V+(q-1)F$，而 q 为进料热状况参数，其定义为

$$q=\frac{h_V-h_F}{h_V-h_L}=\frac{每千摩尔进料从进料状态变为饱和蒸气所需热量}{进料的千摩尔气化潜热} \tag{10-19}$$

式(10-18)表示提馏段内某处下降液流浓度和上升气流浓度之间的关系，它是一条过点 b(x_W、x_W)、斜率大于 1 的直线，其斜率决定了提馏段的分离能力，斜率越小，操作线越远离平衡线，提馏段内塔板的分离能力越高。

4. 进料线方程(q 线方程)

$$y=\frac{q}{q-1}x-\frac{x_F}{q-1} \tag{10-20}$$

式(10-20)是精馏段操作线和提馏段操作线交点 d 的轨迹方程，它是一条过点 f (x_F、x_F)、斜率为 $q/(q-1)$的直线。该直线仅与 q、x_F有关，所以称之为进料线方程，简称为 q 线方程。

x_F、x_D、x_W和 R 一定时，精馏段操作线确定，q 值的大小将直接影响到点 d 的位置，从而影响到提馏段操作线的斜率。进料预热得愈多，q 愈小，提馏段操作线斜率愈大，与平衡线愈靠近，理论板的分离能力就愈低，为完成规定的分离要求所需的理论板数愈多。故从分离角度来看，应尽可能降低进料温度，即 q 值取大一些可使理论塔板数少一些。但是，q 愈大时，再沸器提供的上升蒸气量 V'愈大，即再沸器负荷也愈大。通常料液预热至泡点附近最为常见，除综合考虑上述因素外，泡点进料还有一个好处：可以避免由于季节变化引起的料液温度变化而导致精馏塔操作的不稳定。

5. 理论板数 *N* 的计算

二元连续精馏塔理论板数的求取方法主要有逐板法、图解法和捷算法。

(1) 逐板法

从塔顶(也可从塔底)开始进行逐板计算，即从 y_1 开始交替运用相平衡方程和操作线方程，求出各板上气液两相的组成。当 $x_{N_1+1}\leqslant x_d$ 时，精馏段计算结束，数一数所用的相平衡关系次数，即为精馏段板数 N_1块。然后改用提馏段方程和相平

衡方程计算,当 $x_N \leqslant x_W$ 时,表明已经能够满足分离要求,整个精馏塔所需的总理论塔板数为 $N-1$ 块(因第 N 块为塔釜,所以要扣除)。提馏段板数$=(N-1-N_1)$块。具体步骤如下:

$$x_D = y_1 \xrightarrow{\text{相平衡}} x_1 \xrightarrow{\text{精馏段操作线}} y_2 \xrightarrow{\text{相平衡}} x_2 \xrightarrow{\text{精馏段操作线}} \cdots \xrightarrow{\text{相平衡}} x_{N_1+1} \leqslant x_d$$

$$x_{N_1+1} \xrightarrow{\text{提馏段操作线}} y_{N_1+2} \xrightarrow{\text{相平衡}} \cdots \xrightarrow{\text{相平衡}} x_{N-1} \xrightarrow{\text{提馏段操作线}} y_N \xrightarrow{\text{相平衡}} x_N \leqslant x_W$$

逐板计算方法比较繁琐,但得到的结果较为准确,且能获得各板上气液两相的组成,当塔板数很多时可采用计算机求解。

(2) 图解法

图解法又称麦卡勃-蒂列(McCabe-Thiele)法,简称 M-T 法,其原理与逐板计算法完全相同,只是将逐板计算过程通过作图来实现。作图时,将跨过三线(精馏段、提馏段操作线和 q 线)交点 d 的梯级定为加料板。这种进料方法叫做最佳位置进料。

(3) 捷算法

捷算法是利用吉利兰关联图,由横坐标 $X=\dfrac{R-R_{min}}{R+1}$ 查图(或通过关联式)求得纵坐标 $Y=\dfrac{N-N_{min}}{N+1}$,从而求出理论板数 N。其中 R_{min} 为最小回流比;N_{min} 为最小理论板数,即全回流时的理论板数,其求取方法有逐板法和图解法。

对理想物系,通过逐板法可推得

$$N_{min_1}=\frac{\lg\left[\left(\frac{x_A}{x_B}\right)_D\left(\frac{x_B}{x_A}\right)_F\right]}{\lg \overline{\alpha_1}} \tag{10-21}$$

$$N_{min}=\frac{\lg\left[\left(\frac{x_A}{x_B}\right)_D\left(\frac{x_B}{x_A}\right)_W\right]}{\lg \bar{\alpha}} \quad \text{(包括塔釜)} \tag{10-22}$$

式(10-22)称为芬斯克(Fenske)方程,该式适用于多组分物系。式中,$\overline{\alpha_1}=\sqrt{\alpha_D\alpha_F}$,$\bar{\alpha}=\sqrt{\alpha_D\alpha_W}$。$N_{min_1}$ 为精馏段所需的最少理论板数。

捷算法快捷,但精确性较差,一般常用于设计时的初估。

全回流:其特点是操作线与对角线重合,精馏段、提馏段操作线均可写成 $y=x$。由于全回流没有产品的采出,所以不具备生产意义,常在精馏塔的开停工、调试和实验室研究时采用。

6. 塔板效率与实际塔板数

塔板效率是用来描述实际塔板的分离能力与理论板的差异。塔板效率主要有两种定义。

(1) 单板效率 E_{mV}、E_{mL}

也称默弗里(Murphree)板效。其定义为

$$\text{气相默弗里板效 } E_{\mathrm{mV}}(n)=\frac{y_n-y_{n+1}}{y_n^*-y_{n+1}}=\frac{\text{经过第 }n\text{ 块塔板后汽相的实际增浓程度}}{\text{经过第 }n\text{ 块塔板后汽相的理论增浓程度}} \tag{10-23}$$

$$\text{液相默弗里板效 } E_{\mathrm{mL}}(n)=\frac{x_{n-1}-x_n}{x_{n-1}-x_n^*}=\frac{\text{经过第 }n\text{ 块塔板后液相的实际减浓程度}}{\text{经过第 }n\text{ 块塔板后液相的理论减浓程度}} \tag{10-24}$$

显然，$E_{\mathrm{mV}}(n)$和 $E_{\mathrm{mL}}(n)$不会相等，且由于沿塔气液相组成、气速等均有变化，各板的单板效率也各不相同。一般情况单板效率小于 1，特殊情况下它们会大于 1（通常出现在塔径较大的精馏塔中）。

单板效率主要反映了一层塔板上传质的优劣，根据单板效率的大小可考察不同板型的传质效果，以便为塔板的选型提供依据。

(2) 全塔效率

全塔效率或总板效率 E_0 的定义为

$$E_0=\frac{N}{N_{\mathrm{e}}}. \tag{10-25}$$

式中，N 为理论板数，N_{e} 为实际板数。

利用式(10-25)，可在全塔理论板数和总板效率确定的前提下，求取精馏塔的实际塔板数。

总板效率反映了整座塔传质效果的好坏，其值一定小于 1，多数在 0.5～0.7 之间。获取总板效率的目的是为了得到实际板数，以便为精馏塔的设计提供依据。

塔板效率实际上反映了精馏塔内传质速率的快慢，这一物理量包含了所有影响传质过程的动力学因素，因此塔板效率对板式塔的设计和操作都很重要。设计中通常采用实测数据或经验数据，当缺乏这些数据时也可根据某些经验关系进行估算。

7. 二元连续精馏的其他流程

(1) 塔顶设有分凝器

若离开分凝器的两相达到气液相平衡，则分凝器可看成是一块理论板，与带有全凝器的流程相比，全塔多了一块理论板。故全塔理论板数为

$$N=\text{梯级数}-2$$

(2) 冷液回流

冷液回流时回流入塔的液体量 L_0（称外回流量）与塔内下降的液体量 L（称内回流）不相等。内回流比 R 与外回流比 R_0 也不相等。设回流液温度为 t_0，塔内第一块板上的温度为 t_1，则

$$R=\left[1+\frac{c_p(t_1-t_0)}{r}\right]R_0 \tag{10-26}$$

式中,c_p 为回流液比热,kJ/mol·℃;r 为回流液化器潜热,kJ/kmol。

冷液回流与饱和液体回流相比,计算过程不变,不过,操作线方程中应采用内回流比 R。

冷回流时塔内操作回流比较大,因此冷回流对精馏过程是有利的。但冷回流操作由于塔顶移取的热量多,相应地需要再沸器提供的热量也多,所以冷回流给精馏带来的好处是以增加能耗为代价的。

(3) 直接蒸汽加热流程

直接蒸汽加热流程适用于水溶液,且水是难挥发组分,如甲醇-水、乙醇-水等。水蒸气起到加热剂的作用。

与间接蒸汽加热流程相比有:

① 全塔物料衡算方程不同。

全塔物料衡算: $\begin{cases}F+S=D+W^*\\ Fx_F+S\times 0=Dx_D+W^*x_W^*\end{cases}$

式中,S 为塔釜直接通入的加热蒸汽摩尔流率,W^*、x_W^* 为排出的釜液量和组成。

与间接蒸汽加热时全塔物料衡算对照可知:

$$W^*=W+S$$
$$W^*x_W^*=Wx_W$$

② 在相同条件下(F、x_F、q、D、x_D、R 相同),釜液排出量 $W_{直}>W_{间}$,排出组成 $x_{W直}^*<x_{W间}$。

③ 精馏段、提馏段操作线、q 线形式相同。在相同条件(F、x_F、q、D、x_D、R 相同)下,直接蒸汽加热时塔内的操作线方程与间接蒸汽加热时的完全一致,只不过 $b(x_W,x_W)$点下移至 $b'(x_W^*,0)$点,因此,理论板数略有增加。

直接蒸汽加热流程可以用结构简单的塔釜鼓泡器代替造价昂贵的再沸器,且需要的加热蒸汽压力较低;但需要的理论板数略有增多、塔釜排出的废液更多。

(4) 多股加料和侧线出料流程

多股加料流程与单股进料相比:精馏段、提馏段操作线方程不变,两股进料之间的操作线方程则另需物料衡算得到,如对两股加料流程,两进料口间的操作线方程为

$$y=\frac{L'}{V'}x+\frac{Dx_D-F_1x_{F1}}{V'} \tag{10-27}$$

塔内从上至下各段的 L'气液负荷之间满足:

$$\begin{cases}L'=L+q_1F_1\\ V'=V-(1-q_1)F_1\end{cases}\qquad\begin{cases}L''=L'+q_2F_2\\ V''=V'-(1-q_2)F_2\end{cases} \tag{10-28}$$

侧线出料流程与多股加料流程处理方法类似。

(5) 回收塔流程

只有提馏段没有精馏段的精馏塔称为回收塔。分为无回流和有回流两种情况。其解算方法与普通精馏塔类似。

8. 精馏塔的热量衡算

再沸器的热负荷

$$Q_B \approx V'r_W \tag{10-29}$$

冷凝器的热负荷

$$Q_C \approx Vr_D \tag{10-30}$$

全塔热量衡算

$$Q_B \approx Q_C + Q_l$$

若 Q_l 忽略,则

$$Q_B \approx Q_C \tag{10-31}$$

可见,精馏过程中塔釜提供的热量几乎全部由塔顶移走,这就是说,精馏过程能耗是很大的。

10.6 操作型问题定性分析方法

所谓操作型问题是指设备给定条件下,计算或分析某操作条件改变后分离效果的变化,或者提出为获得合格产品需采用的调节措施等。

操作型问题定性分析时,为使分析过程简单化,通常忽略塔板效率的变化,按理论板数不变进行分析,这是操作型问题的定性分析的前提。

操作型问题的定性分析方法是:

(1) 首先判断出精馏段、提馏段操作线斜率的变化。精馏段操作线斜率越大,操作线越远离平衡线,精馏段内塔板的分离能力越高;提馏段操作线斜率越小,操作线越远离平衡线,提馏段内塔板的分离能力越高。反之亦然。或者,在 y-x 相图中画出新旧操作线,并用 M-T 法作出梯级,并与理论板数不变这一前提相比较,最终确定馏出液和釜液浓度的变化趋势。

(2) 在精馏操作型问题的定量计算中可先假设馏出液和釜液组成中的一个,采用逐板计算或 M-T 图得出另一个,最后用全塔物料衡算关系来校验。

详细分析请见本章的精选题及解答部分。

重点与难点

本章重点和难点是:

1. 熟练运用双组分理想物系的气液相平衡关系及相图;

2. 能够进行双组分连续精馏的物料衡算和理论板数的计算;

3. 能够定性分析双组分连续精馏的操作型问题;

4. 对其他二元精馏流程,注意与普通流程(塔顶全凝器、泡点回流、单股进料、间接蒸汽加热流程)的对比,掌握它们的计算。

精选题及解答

理想物系的气液相平衡解析计算

【例 10-1】 如图 10-3 所示为一闪蒸塔,现将组成 $x_F=0.5$ 的苯-甲苯饱和液体进行闪蒸分离,已知闪蒸塔内压力为常压,温度为 94℃,进料管线 FE 总压力降为 50kPa,求

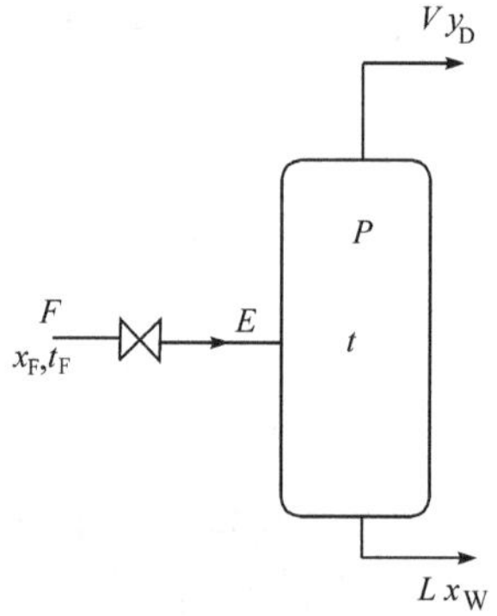

图 10-3 例 10-1 附图

(1) 气相馏出物组成 y_D、液相产品组成 x_W;

(2) 料液温度 t_F。

附:苯(A)和甲苯(B)的安托因方程分别为

$$\lg p_A^0 = 6.8974 - \frac{1206.35}{t+220.237}$$

$$\lg p_B^0 = 6.953 - \frac{1343.94}{t+219.58}$$

式中,p^0 单位为 mmHg[1);t 单位为℃。

【解】 苯-甲苯体系可视为理想物系。

(1) 将 $t=94$℃代入安托因方程中解得

$$p_A^0 = 1144.0\text{mmHg} \qquad p_B^0 = 464.7\text{mmHg}$$

对理想物系,有

1) mmHg 为非法定单位,1mmHg=1.333×10²Pa。

$$p_A = p_A^0 x_W$$
$$p_B = p_B^0 (1 - x_W)$$
$$p_A + p_B = 760$$

整理得　$$p_A^0 x_W + p_B^0 (1 - x_W) = 760$$

即　$$1144.0 x_W + 464.7(1 - x_W) = 760$$

解之得　$$x_W = 0.43$$

$x_W = 0.43$

$y_D = 0.65$

而　$$y_D = \frac{p_A}{P} = \frac{p_A^0 x_W}{760} = \frac{1144.0 \times 0.43}{760} = 0.65$$

y_D也可采用下式求解。

理想物系　$$\alpha = \frac{p_A^0}{p_B^0} = \frac{1144.0}{464.7} = 2.46$$

将 $x_W = 0.43, \alpha = 2.46$ 代入下式得

$$y_D = \frac{\alpha x_W}{1 + (\alpha - 1) x_W} = \frac{2.46 \times 0.43}{1 + 1.46 \times 0.43} = 0.65$$

可见与前面的计算结果完全相同。

(2) F处的压力为

$$P_F = 760 + \frac{50}{101.3} \times 760 = 1135.1\text{mmHg}$$

对理想气体　$$p_{AF}^0 x_F + p_{BF}^0 (1 - x_F) = P_F$$

即　$$0.5 p_{AF}^0 + p_{BF}^0 (1 - 0.5) = 1135.1$$

化简得　$$p_{AF}^0 + p_{BF}^0 = 2270.2 \quad (1)$$

又

$$\lg p_{AF}^0 = 6.8974 - \frac{1206.35}{t_F + 220.237}$$
$$\lg p_{BF}^0 = 6.953 - \frac{1343.94}{t_F + 219.58} \quad (2)$$

用试差法解式(1)、(2)得

$t_F = 106.3℃$

$$t_F = 106.3℃$$

t_F也可用如下方法求得。

由 $\alpha = 2.46, x_F = 0.5$ 得

$$y_F = \frac{\alpha x_F}{1 + (\alpha - 1) x_F} = \frac{2.46 \times 0.5}{1 + 1.46 \times 0.5} = 0.71$$

又　$$y_F = \frac{p_{AF}^0 x_F}{P_F}$$

于是　$$p_{AF}^0 = \frac{y_F P_F}{x_F} = \frac{0.71 \times 1135.1}{0.5} = 1611.8$$

又　　$\lg p_{AF}^0 = 6.8974 - \dfrac{1206.35}{t_F + 220.237}$

解之得　　$t_F = 106.7℃$

可见与前一种解法的结果相近。

【讨论】 本题属理想物系气液相平衡关系的解析计算。

(1) 对理想物系，拉乌尔定律($p_A = p_A^0 x_A$，$p_B = p_B^0 x_B$)、道尔顿分压定律($y_A = \dfrac{p_A}{P}$，$y_B = \dfrac{p_B}{P}$)以及安托因方程 $\lg p^\circ = A - B/(C+T)$ 是解决气液相平衡问题解析计算的主要公式，由这几个方程，可计算呈平衡的气液两相浓度和泡点温度或露点温度。

(2) 对理想物系，也可用方程组$\begin{cases} y = \dfrac{\alpha x}{1+(\alpha-1)x} \\ \lg p^\circ = A - B/(C+T) \end{cases}$计算呈平衡的气液两相浓度和泡点温度或露点温度。式中 $\alpha = \dfrac{p_A^0}{p_B^0}$。

气液平衡相图的应用

【例 10-2】 如图 10-4 所示，一分离某二元物系的精馏塔，塔顶冷凝方式有以下三种，图(a)为全凝器，图(b)、(c)为分凝器。三种冷凝方式下，塔顶第一块板上升气体量及组成均相同。试比较回流液温度 t_1、t_2、t_3，回流液浓度 x_{L1}、x_{L2}、x_{L3}，塔顶产品浓度 x_{D1}、x_{D2}、x_{D3} 的大小，并说明理由。

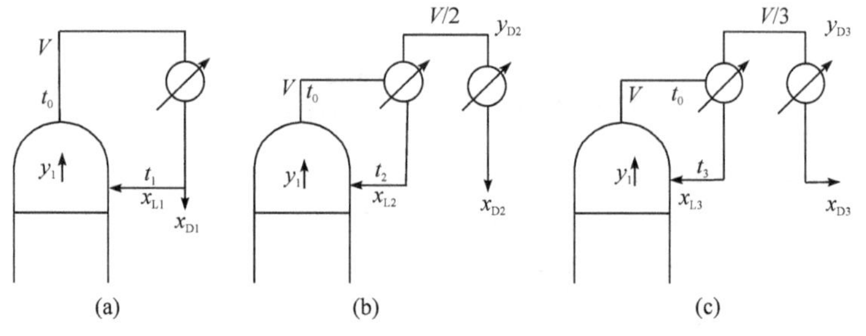

图 10-4　例 10-2 附图

【解】 图 10-4(a)所示的过程：为全凝器，故有 $y_1 = x_{D1} = x_{L1}$，其冷凝过程在 t-x-y 相图中(见图 10-5)可用 VL 表示。

图 10-4(b)所示的过程：为分凝器，故有 $y_{D2} = x_{D2}$，且 y_{D2} 与 x_{L2} 呈相平衡关系。对分凝器进行物料衡算，得

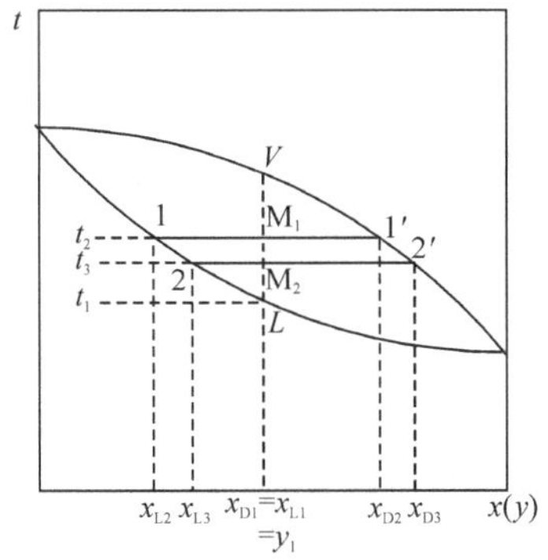

图 10－5　例 10－2 题解附图

$$Vy_1=\frac{V}{2}x_{D2}+\frac{V}{2}x_{L2}$$

改写为

$$\frac{V}{2}(y_1-x_{L2})=\frac{V}{2}(x_{D2}-y_1)$$

对照图 10－5 可见，上式可写成

$$\frac{V}{2}\cdot\overline{1M_1}=\frac{V}{2}\cdot\overline{M_1 1'}\qquad(1)$$

即

$$\overline{1M_1}=\overline{M_1 1'}$$

故图 10－4(b)所示的过程在 t-x-y 相图中(见图 10－5)可用线段$\overline{11'}$表示，且线段$\overline{11'}$被线段$\overline{VL}$等分。式(1)称为杠杆原理。

在相图中，物料衡算关系与杠杆原理等价。

图 10－4(c)所示的过程：与图 10－4(b)所示的过程类似，根据冷凝下来的液相量与未冷凝的气相量之比为 2∶1 以及杠杆原理，可在图 10－5 中画出其冷凝过程为 22′，且线段$\overline{M_2 2'}=2\cdot\overline{2M_2}$。

由图 10－5 显见，

$$x_{L2}<x_{L3}<x_{L1}$$
$$x_{D1}<x_{D2}<x_{D3}$$
$$t_1<t_3<t_2$$

$x_{L2}<x_{L3}<x_{L1}$
$x_{D1}<x_{D2}<x_{D3}$
$t_1<t_3<t_2$

【讨论】 (1) 无论是理想物系还是非理想物系，只要相图已知(常用的有 t-x-y 图、p-x(y)图、x-y 图)，均可通过图解法求解呈平衡的气液两相浓度和泡点温度或露点温度。有时这种方法要比解析法简便、快捷。尤其适用于定性分析。

(2) 气液相图中的杠杆原理，本质上就是质量守恒定律，应学会灵活地运用杠杆原理。在今后几章中，大家还会看到与此类似的杠杆原理的应用。

惰性气体对相平衡关系的影响

【例 10-3】 环己酮(A)-环己醇(B)溶液在真空度 88.73kPa、温度 90℃下达到相平衡状态。

(1) 求气液两相的组成、相对挥发度及气相中组分 A、B 的摩尔数之比。

(2) 若总压不变,而气相中含 5%空气,求 90℃时气液两相组成及相对挥发度。此时气相中组分 A、B 的摩尔数之比有何变化?

环己酮(A)-环己醇(B)混合液可视为理想溶液。环己酮和环己醇的安托因方程为

$$\lg p_A^0 = 6.10133 - \frac{1494.166}{t+209.399}$$

$$\lg p_B^0 = 5.34182 - \frac{894.818}{t+106.791}$$

式中,p^0 单位为 kPa;t 单位为℃。

【解】 (1) 将 $t=90$℃代入安托因方程中解得

$$p_A^0 = 12.906\text{kPa} \qquad p_B^0 = 6.234\text{kPa}$$

而 $P=101.3-88.73=12.57$kPa,设气液两相组成分别为 y、x,则

$$p_A^0 x + p_B^0(1-x) = P$$

即 $$12.906x + 6.234(1-x) = 12.57$$

$x=0.950$

解之得 $$x=0.950$$

而 $$y=\frac{p_A}{P}=\frac{p_A^0 x}{P}=\frac{12.906\times 0.950}{12.57}=0.975$$

$y=0.975$

$\alpha=2.05$

$$\alpha=\frac{y/x}{(1-y)/(1-x)}=\frac{0.975/0.950}{(1-0.975)/(1-0.950)}=2.05$$

对二元理想物系,也可用下式求 α:

$$\alpha=\frac{p_A^0}{p_B^0}=\frac{12.906}{6.234}=2.07$$

气相中组分 A、B 的摩尔数之比为 39。

故气相中组分 A、B 的摩尔数之比$=\dfrac{y}{1-y}=\dfrac{0.975}{1-0.975}=39$

(2) 空气分压为

$$p_{空气} = P\times 5\% = 12.57\times 5\% = 0.6285\text{kPa}$$

故 $$p_A'+p_B'=p_A^0 x'+p_B^0(1-x')=P-p_{空气}$$

即 $$p_A^0 x'+p_B^0(1-x')=12.57-0.6285=11.942\text{kPa} \qquad (1)$$

将 $p_A^0=12.906\text{kPa}$，$p_B^0=6.234\text{kPa}$ 代入式(1)，并解之得

$$x'=0.856$$

$$y'=\frac{p_A^0x'}{P}=\frac{12.906\times0.856}{12.57}=0.879$$

$$\alpha'=\frac{y'/x'}{(1-y')/(1-x')}=\frac{0.879/0.856}{(1-0.879)/(1-0.856)}=1.22$$

气相中组分 A、B 的摩尔数之比 $=\dfrac{0.879}{1-0.879-0.05}=12.38$

$x'=0.856$
$y'=0.879$
$\alpha'=1.22$

气相中组分 A、B 的摩尔数之比为 12.38。

【讨论】 由本题的计算结果可知，惰性气体对相平衡关系有影响。惰性气体的存在，使得相对挥发度变小。这是因为，惰性气体的存在，使得 (p_A+p_B) 变小，即 $p_A^0x+p_B^0(1-x)$ 变小。故在 x 不变条件下，p_A^0 和 p_B^0 均变小。又由 $y=\dfrac{p_A^0x}{P}$ 可知，y 将减小。因此，在 x 不变条件下，$\alpha=\dfrac{y/x}{(1-y)/(1-x)}$ 将减小。

惰性气体的存在，将使体系的相对挥发度变小。

【例 10-4】 如图 10-6 所示，对某双组分混合液，分别采用简单蒸馏和平衡蒸馏方法进行分离，操作压力、原料液的量 F、组成 x_F 均相同。

简单蒸馏和平衡蒸馏的比较（定性分析）

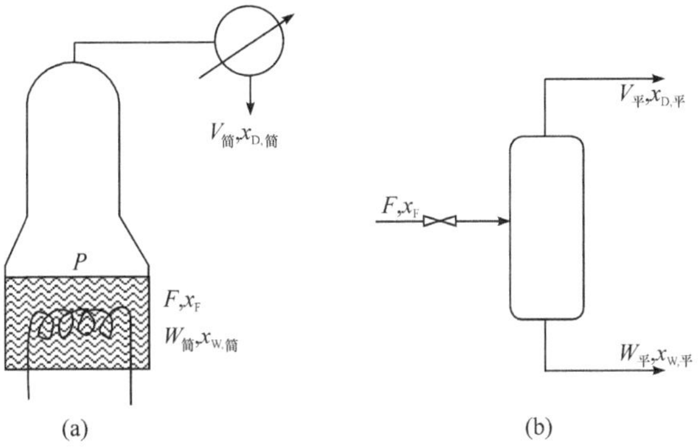

图 10-6 例 10-4 题解附图
(a) 简单蒸馏；(b) 平衡蒸馏

(1) 若气相馏出物浓度（或平均浓度）相同，即 $\overline{x_{D,简}}=x_{D,平}$，试比较残液（或液相产品）浓度 $x_{W,简}$、$x_{W,平}$，气相馏出物量 $V_{简}$、$V_{平}$。

(2) 若气相馏出物量相同，即 $V_{简}=V_{平}$，试比较残液（或液

相产品)浓度 $x_{W,简}$、$x_{W,平}$，气相馏出物浓度(或平均浓度)$\overline{x_{D,简}}$、$x_{D,平}$及残液(或液相产品)量。

【解】 (1) 如图 10－7 所示，简单蒸馏和平衡蒸馏过程在 t-x-y 相图中可分别表示如下。

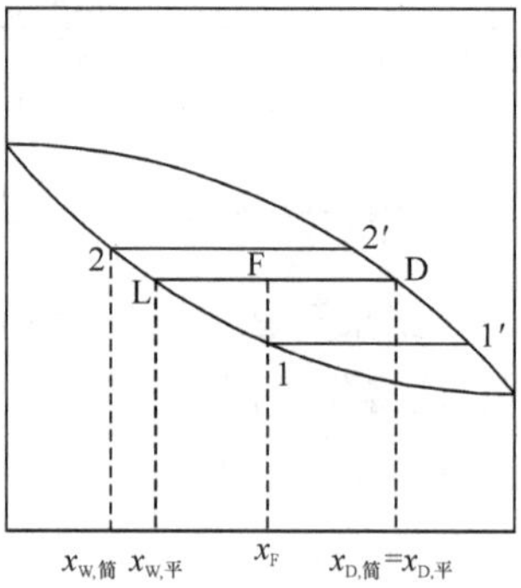

图 10－7　例 10－4 题解附图

图 10－7 中，121′2′代表简单蒸馏。

简单蒸馏过程：用 121′2′表示，1′代表第一个气泡组成，2′代表最后一个气泡的组成，2 代表残液组成 $x_{W,简}$。在简单蒸馏过程中，蒸出的气相浓度逐渐由 1′点降低到 2′点，故气相馏出物平均浓度$\overline{x_{D,简}}$必在 1′2′之间，这里用点 D 示意表示。

图 10－7 中，LD 代表平衡蒸馏。

平衡蒸馏过程：因为 $\overline{x_{D,简}}=x_{D,平}$，又平衡蒸馏中的气相与液相成平衡关系，所以，平衡蒸馏过程可用水平线$\overline{LD}$表示，L 对应的浓度即为 $x_{W,平}$。

当气相馏出物浓度(或平均浓度)相同时，有 $x_{W,简}<x_{W,平}$

由图 10－7 可见，

$$x_{W,简}<x_{W,平}$$

下面分析气相馏出物量的大小。

对简单蒸馏作总的物料衡算得

$$\begin{cases}F=V_{简}+W_{简}\\ Fx_F=V_{简}\overline{x_{D,简}}+W_{简}\ x_{W,简}\end{cases}\tag{1}$$

由式(1)得

$$V_{简}=\frac{x_F-x_{W,简}}{\overline{x_{D,简}}-x_{W,简}}F\tag{2}$$

对平衡蒸馏作总的物料衡算得

$$\begin{cases}F=V_{平}+W_{平}\\ Fx_F=V_{平}\ x_{D,平}+W_{平}\ x_{W,平}\end{cases}\tag{3}$$

由式(3)得

$$V_{平}=\frac{x_F-x_{W,平}}{x_{D,平}-x_{W,平}}F\tag{4}$$

考虑到$\overline{x_{D,简}}=x_{D,平}$，$x_{W,简}<x_{W,平}$，将式(2)、(4)相减，并整理得

$$V_{简}-V_{平}=\frac{(x_{D,平}-x_F)(x_{W,平}-x_{W,简})}{(\overline{x_{D,简}}-x_{W,简})(x_{D,平}-x_{W,平})}F>0$$

故　　$V_{简}>V_{平}$

$V_{简}>V_{平}$

(2) 因为$V_{简}=V_{平}$，故由式(1)、(3)的第一式可知$W_{简}=W_{平}$。

将式(1)、(3)的第二式相减得

$$V_{平}(x_{D,平}-\overline{x_{D,简}})=W_{平}(x_{W,简}-x_{W,平}) \tag{5}$$

由式(5)尚难以断定$x_{W,简}$、$x_{W,平}$的相对大小，现采用反证法(排除法)。

反证法(排除法)

假设$x_{W,简}\geqslant x_{W,平}$，根据式(5)可知，则必有$x_{D,平}\geqslant\overline{x_{D,简}}$。另一方面，由图 10 - 7 作图可知，若$x_{W,简}\geqslant x_{W,平}$，则必有$x_{D,平}<\overline{x_{D,简}}$。

由此可见，产生了相互矛盾的结果，故$x_{W,简}\geqslant x_{W,平}$不成立，这就是说，必有$x_{W,简}<x_{W,平}$。代入式(5)可得，$\overline{x_{D,简}}>x_{D,平}$。

当气相馏出物量相同时，有
$x_{W,简}<x_{W,平}$
$\overline{x_{D,简}}>x_{D,平}$

【讨论】　由本题定性分析结果可见：

(1) 在相同的气相馏出物浓度(或平均浓度)下，简单蒸馏的气相馏出物产量大于平衡蒸馏的气相馏出物产量。

在相同条件下，简单蒸馏总是优于平衡蒸馏。

(2) 在相同的气相馏出物量下，简单蒸馏的气相馏出物浓度大于平衡蒸馏的气相馏出物浓度。

这就是说，在相同条件下，简单蒸馏总是优于平衡蒸馏，其根本原因是，平衡蒸馏所得到的馏出物与塔釜残液成平衡，而简单蒸馏属微分蒸馏，其馏出物绝大部分与浓度较高的液相成平衡。

(3) 由本题可见，将 t-x-y 相图应用在平衡蒸馏与简单蒸馏中，可以很直观地描述该过程。

【例 10 - 5】　常压下将组分 A、B 混合物进行蒸馏分离。原料组成$x_F=0.6$，(含 A 的摩尔分率，下同)，该体系$\alpha=2.43$。现用以下两种方式进行分离。

简单蒸馏和平衡蒸馏的比较(定量计算)

平衡蒸馏，进料流量 $F=100$kmol/h；

简单蒸馏，料液量 $F=100$kmol。

(1) 若要求得到含 A 摩尔分率为 0.7 的气相产品，试求气相、液相(釜液)产量各为多少？

(2) 若要求得到 50kmol/h 或 50kmol 的汽相产品，试求气

相、液相(釜液)产品组成各为多少?

【解】 (1) 对平衡蒸馏:

总物料衡算:

$$F=V+L$$

$$Fx_F=Vy_D+Lx_W$$

相平衡关系: $y_D=\dfrac{\alpha x_W}{1+(\alpha-1)x_W}$

将 $F=100\text{kmol/h}, x_F=0.6, y_D=0.7, \alpha=2.43$ 代入以上各式得

$$\left.\begin{aligned}100&=V+L\\100\times0.6&=0.7V+Lx_W\end{aligned}\right\}\qquad(1)$$

$$0.7=\frac{2.43x_W}{1+1.43x_W}\qquad(2)$$

平衡蒸馏的气相产量为52.4kmol/h、液相产量为47.6kmol/h。

由式(2)解得　$x_W=0.49$

代入式(1)并解之得

$$L=47.6\text{kmol/h}\qquad V=52.4\text{kmol/h}$$

对简单蒸馏:

总物料衡算:

$$F=W_D+W_2$$

$$Fx_F=W_D\overline{x_D}+W_2x_2$$

又有　$\ln\dfrac{Fx_F}{W_2x_2}=\alpha\ln\dfrac{F(1-x_F)}{W_2(1-x_2)}$

将 $F=100\text{kmol/h}, x_F=0.6, \overline{x_D}=0.7, \alpha=2.43$ 代入以上各式并整理得

$$\left.\begin{aligned}W_2&=100-W_D\\W_2x_2&=60-0.7W_D\end{aligned}\right\}\qquad(3)$$

$$\ln\frac{60}{W_2x_2}=2.43\ln\frac{40}{W_2-W_2x_2}\qquad(4)$$

将式(3)代入式(4),得

$$\ln\frac{60}{60-0.7W_D}=2.43\ln\frac{40}{40-0.3W_D}$$

简单蒸馏的气相产量为73.5kmol/h、液相产量为26.5kmol/h。

试差解得　$W_D=73.5\text{kmol}$

代入式(3),得

$$W_2=26.5\text{kmol}\qquad x_2=0.32$$

(2) 对平衡蒸馏:总物料衡算及相平衡关系为

$$\begin{cases}100 = 50 + L \\ 100 \times 0.6 = 50 y_D + L x_W \\ y_D = \dfrac{2.43 x_W}{1 + 1.43 x_W}\end{cases}$$

解之得

$$L = 50\text{kmol/h} \qquad x_W = 0.50 \qquad y_D = 0.70$$

平衡蒸馏的气相产品组成为 0.70、液相产品组成为 0.50。

对简单蒸馏：

物料衡算式
$$\begin{cases}100 = 50 + W_2 \\ 100 \times 0.6 = 50\,\overline{x_D} + W_2 x_2 \\ \ln \dfrac{100 \times 0.6}{W_2 x_2} = 2.43 \ln \dfrac{100 \times (1-0.6)}{W_2 (1-x_2)}\end{cases}$$

由以上方程组第一式得

$$W_2 = 50\text{kmol}$$

代入方程组第二、三式试差得

$$x_2 = 0.46 \qquad \overline{x_D} = 0.74$$

简单蒸馏的气相产品组成为 0.74、液相产品组成为 0.46。

【讨论】 由本题定量计算结果可见：

(1) 在相同的气相馏出物浓度(或平均浓度)下，简单蒸馏的气相馏出物产量大于平衡蒸馏的产量。

(2) 在相同的气相馏出物量下，简单蒸馏的气相馏出物浓度大于平衡蒸馏的浓度。

这就是说，在相同条件下，简单蒸馏总是优于平衡蒸馏。这与例 10-4 定性分析结论相一致。

例 10-4 结论：在相同条件下，简单蒸馏总是优于平衡蒸馏。

【例 10-6】 拟设计一分离苯、甲苯的常压精馏塔，进料流率 $F = 157\text{kmol/h}$，饱和液体进料，料液中含苯 $x_F = 0.3$(摩尔分率，下同)，要求塔顶产品浓度为 0.95，塔顶苯的回收率不低于 99%，回流比取其最小值的 1.5 倍。测得再沸器内压力为 $P = 131.7\text{kPa}$，传热面积为 50m^2，总传热系数 $K = 6000\text{kJ/(m}^2 \cdot \text{h} \cdot ℃)$。求：

(1) 塔底产品浓度 x_W；

(2) 再沸器的加热蒸气温度。

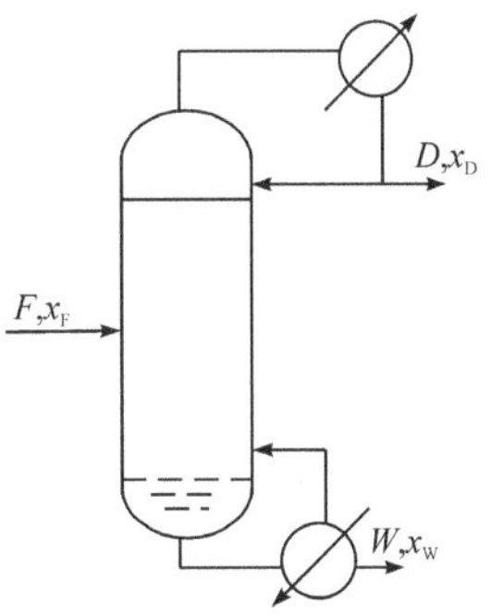

图 10-8 例 10-6 附图

精馏塔的物料衡算和热量衡算

有关的物性数据为：溶液的平均气化潜热 $r=30400$ kJ/kmol，相对挥发度 $\alpha=2.46$，甲苯的饱和蒸汽压与温度 t 的关系为

$$\lg p_B^0=6.078-\frac{1343.94}{t+219.58}$$

式中，p^0 单位为 kPa；t 单位为℃。

【解】 (1) 全塔物料衡算：

$$\begin{cases}F=D+W\\Fx_F=Dx_D+Wx_W\end{cases}$$

又回收率

$$\eta=\frac{Dx_D}{Fx_F}$$

将已知数据代入得

$$\begin{cases}157=D+W\\157\times0.3=0.95D+Wx_W\\\dfrac{0.95D}{0.3\times157}=0.99\end{cases}$$

解之得

$$D=49.1\text{kmol/h}$$

$$W=107.9\text{kmol/h}$$

$x_W=0.0042$

$$x_W=0.0042$$

(2) 首先求再沸器内溶液的沸点。

由 x_W 数值大小可见，釜液中苯的浓度很小，故可将釜液近似视为纯甲苯溶液，于是

$$p_B^0=P=131.7\text{kPa}$$

代入甲苯的饱和蒸气压与温度 t 的关系式，得

$$\lg131.7=6.078-\frac{1343.94}{t_W+219.58}$$

解之得

$t_W=119.9$℃

$$t_W=119.9℃$$

再求所需的塔釜上升蒸气量

$$y_F^*=\frac{2.46\times0.3}{1+1.46\times0.3}=0.513$$

$$R_{min}=\frac{x_D-y_F^*}{y_F^*-x_F}=\frac{0.95-0.513}{0.513-0.3}=2.05$$

$$R=1.5R_{min}=3.075$$

所以 $V' = (R+1)D + (q-1)F = (R+1)D$
$= 4.075 \times 49.1 = 200.08\text{kmol/h}$

$R = 3.075$
$V' = 200.08\text{kmol/h}$

又由总的传热速率方程可知

$$Q = KA\Delta t_m = KA(T_s - t_W)$$

根据精馏的热量衡算得

$$Q = V'r$$

代入上式得

$$V'r = KA(T_s - t_W)$$

于是

$$T_s = \frac{V'r}{KA} + t_W$$

将 r=30400kJ/kmol，K=6000kJ/(m^2·h·℃)，A=50m^2，t_W=119.9℃，V'=200.08kmol/h 代入上式得

$$T_s = \frac{200.08 \times 30400}{6000 \times 50} + 119.9 = 140.2℃$$

T_s=140.2℃

【讨论】 精馏塔的物料衡算、热量衡算以及塔板数计算是设计型问题的基本计算内容。

【例 10-7】 在设计连续精馏塔时，料液进料状况(F、x_F、q)、回流比 R 不变，塔顶、塔底产品浓度 x_D、x_W 要求不变，如果进料位置从原来的最佳位置上移或下移几块，试定性判断所需的理论板数有何变化？

进料位置对理论塔板数的影响

【解】 最佳进料位置是指跨越两操作线交点 d 的进料情形[见图 10-9(a)]。设进料板为第 n 块，最佳进料位置实际上是指当 $x_n \leqslant x_d \leqslant x_{n-1}$ 时的进料。否则，就是非最佳位置进料。

进料位置从原来的最佳位置上移或下移几块的情形分别如图 10-9(b)、(c)所示，这两种情形的操作线与图 10-9(a)的完全相同。

将图 10-9(b)与(a)对比可见，除进料板附近，其余部位的梯级跨度和梯级数基本相同。而进料板附近，由于 gd 段斜率比精馏段操作线斜率大，更靠近平衡线，故图 10-9(b)中 gd 段内梯级数比图 10-9(a)中 gd 段的多，从而使总的梯级数变多。

同理，将图 10-9(c)与(a)对比可见，由于 hd 段斜率比提馏段操作线斜率小，更靠近平衡线，故图 10-9(c)中 hd 段内梯级数比图 10-9(a)中 gd 段的多，从而，总的梯级数变多。

最佳位置进料时，理论板数最少。

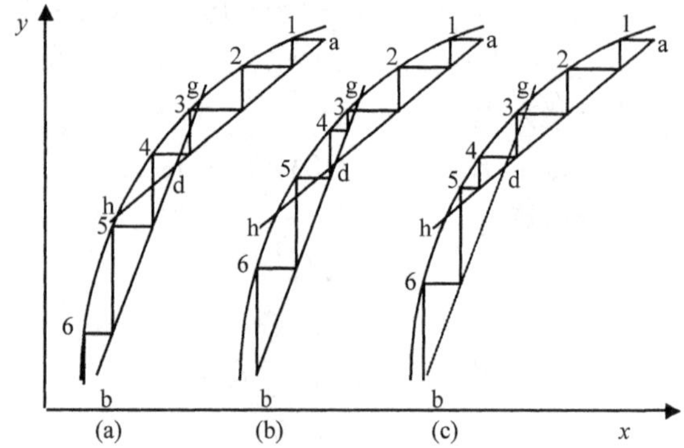

图 10-9　例 10-7 附图

【讨论】 由本题分析结果可见，最佳位置进料时，总理论板数最少，故均按最佳进料位置设计精馏塔。

设计参数对精馏塔设计的影响

【例 10-8】 在设计连续精馏塔时，试定性判断以下四种情况下所需的理论板数、冷凝器与再沸器热负荷将如何变化。

(1)若进料量 F、浓度 x_F、热状况参数 q、塔顶、塔底馏出液组成 x_D、x_W、回流比 R 一定，而将饱和液体回流变为冷液回流；

(2)若进料量 F、浓度 x_F、热状况参数 q、塔顶、塔底馏出液组成 x_D、x_W、回流比 R 一定，而将操作压力提高；

(3)若进料量 F、浓度 x_F、塔顶、塔底馏出液组成 x_D、x_W、回流比 R 一定，而将进料温度提高；

(4)若进料浓度 x_F、热状况参数 q、塔顶、塔底馏出液组成 x_D、x_W、回流比 R 一定，而将进料量适当增大。

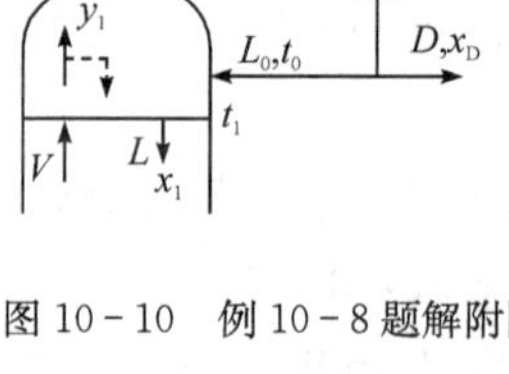

图 10-10　例 10-8 题解附图 a

【解】 (1) 饱和液体回流变为冷液回流：

冷液回流时，回流液将在第一块塔板处吸热升温，使第一块板上升气相部分冷凝(见图 10-10)。假设无热损失，则冷凝的气相$(V-V_0)$放出的潜热刚好等于冷回流液 L_0 升温至第一块板的泡点时所需的显热，即

$$(V-V_0)r = L_0 c_p (t_1 - t_0)$$

又由第一块板物料衡算可知

$$V-V_0 = L-L_0$$

代入上式并整理得

$$L = L_0\left[1+\frac{c_p(t_1-t_0)}{r}\right]$$

上式两边分别除以 D，得冷液回流时的塔内回流比$\dfrac{L}{D}=R_{内}$与外回流比$\dfrac{L_0}{D}=R$的关系为

$$R_{内} = R\left[1+\frac{c_p(t_1-t_0)}{r}\right] \tag{1}$$

由式(1)可见，$R_{内}>R$，即饱和液体回流变为冷液回流时，塔内回流比变大。又由题意知，q 线不变，x_D、x_W 不变，故精馏段、提馏段操作线必如图 10－11 虚线所示，由此可知，理论板数将减少。

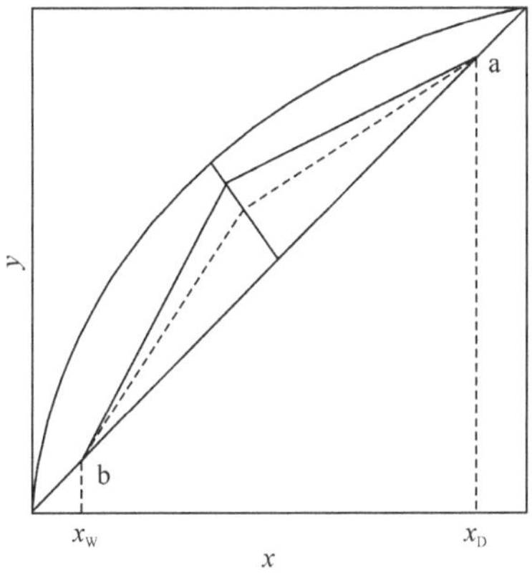

图 10－11　例 10－8 题解附图 b

因为 F、x_F、x_D、x_W 不变，由全塔物料衡算可知，D、W 也不变，又由题意可知，外回流比 R 不变，故 $V_0=(R+1)D$ 不变，即冷凝器热负荷也不变(近似忽略显热的影响)。

对饱和液体回流，$V'=(R+1)D+(q-1)F$。而对冷液回流，$V'=(R_{内}+1)D+(q-1)F$，因 $R_{内}>R$，故冷液回流时，再沸器热负荷变大。

设计精馏塔时，在相同回流比 R 和塔顶产量 D 条件下，将饱和液体回流变为冷液回流，则所需理论板数将变少、冷凝器热负荷不变，再沸器热负荷将变大。

(2) 提高操作压力 P

$P\uparrow$，则 $\alpha\downarrow$，故平衡线向操作线靠近，此时，两操作线不变，见图 10－12。故理论板数变多，由 F、x_F、x_D、x_W 不变，可得 D、W 也不变，又 R 不变，故 V、V' 不变，即冷凝器、再沸器热负荷

设计精馏塔时,在相同回流比 R 和塔顶产量 D 条件下,将操作压力提高,则理论板数变多,冷凝器、再沸器热负荷不变。

不变。

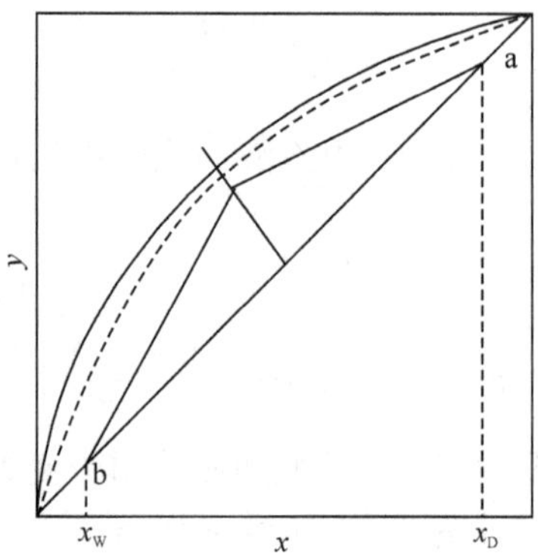

图 10-12　例 10-8 题解附图 c

(3) 提高进料温度

设计精馏塔时,在相同回流比 R 和塔顶产量 D 条件下,将进料温度提高,则理论板数将增多,冷凝器热负荷不变,再沸器热负荷将变小。

提高进料温度,进料焓 i_F 增大,由 $q=\frac{i_V-i_F}{i_V-i_L}$ 可知 $q\downarrow$。在相同的 R、x_D、x_W 下,操作线如图 10-13 虚线所示,故理论板数将增多。因为 F、x_F、x_D、x_W 不变,由全塔物料衡算可知,D、W 不变。故 $V=(R+1)D$ 不变,即冷凝器热负荷将不变;而 $V'=(R+1)D+(q-1)F$,可见 V' 将随 q 减小而减小,即再沸器热负荷将变小。

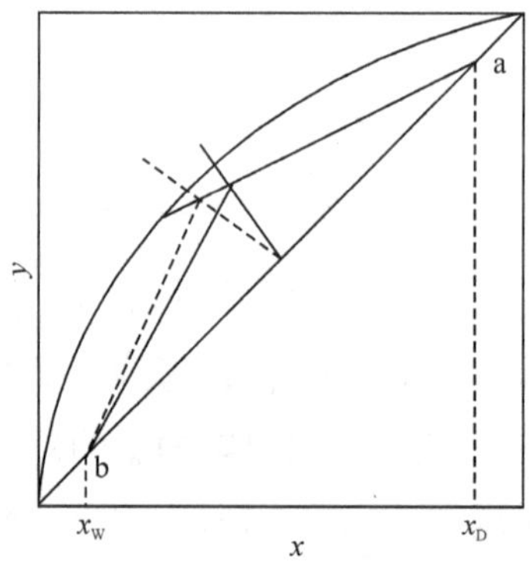

图 10-13　例 10-8 题解附图 d

设计精馏塔时,在相同回流比 R 下,将进料量适当增大,则理论板数不变,冷凝器热负荷变大再沸器热负荷变化趋势不确定。

(4) 适当增大进料量

F 增大,而 x_F、q、x_D、x_W、R 不变,两操作线、平衡线不变,故理论板数不变。

因 F 增大,D 也增大,故 $V=(R+1)D$ 增大,即冷凝器热负荷将变大。而 $V'=(R+1)D+(q-1)F$ 随 F、D 增大如何变

化，则与 q 值大小有关，这里无法给出再沸器热负荷变化趋势的肯定答案。

【讨论】 由本题(1)分析可知，将饱和液体回流变为冷液回流时，塔内回流比增大，这将有利于分离，故在设计精馏塔时，塔板数将变少。

由本题(2)分析可知，提高操作压力对精馏分离不利，故对较难分离或沸点较高的体系，可采用减压或真空精馏以达到分离目的。

由本题(3)分析可知，提高进料温度，虽可减轻再沸器热负荷，但对精馏分离不利，理论板数增多，因此，精馏塔设计或操作中，热量应尽量从塔底加入，冷量尽量从塔顶加入。

由本题(4)分析可知，适当增大进料量对精馏过程传质无影响，但冷凝器热负荷、塔径等却相应增大。

进料热状况对精馏塔设计的影响

【例 10-9】 拟设计一常压连续精馏塔分离甲醇—水溶液，进料流率为 200kmol/h，含甲醇 0.45(摩尔分率，以下同)。要求塔顶产品浓度为 0.9，塔底产品浓度为 0.1。塔顶设有全凝器，液体在泡点下进行回流，回流比取其最小值的 1.4 倍。已知在操作条件下，甲醇-水溶液的气液相平衡关系如图 10-14 所示。

(1) 试分别计算原料于泡点状态和露点状态加入塔内时，为完成分离任务所需的理论板数、全凝器的冷凝量和再沸器的气化量。

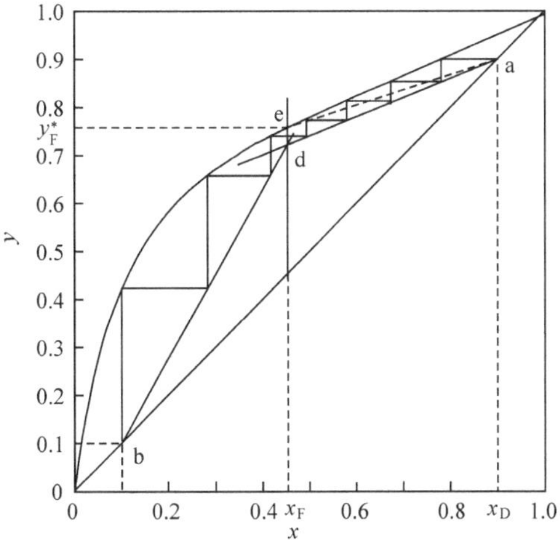

图 10-14 例 10-9 附图 a

(2) 考虑进料预热所需能量，试比较以上两种进料状态下精馏塔的总能耗哪个大？假设全塔的汽化潜热、比热可视为常数。

【解】 (1) 原料于泡点状态加入塔内时，$q=1$。

全塔物料衡算：

$$\begin{cases} F = D + W \\ Fx_F = Dx_D + Wx_W \end{cases}$$

将 $F=200\text{kmol/h}, x_F=0.45, x_D=0.9, x_W=0.1$ 代入得

$$\begin{cases} 200 = D + W \\ 200 \times 0.45 = 0.9D + 0.1W \end{cases}$$

泡点进料时，$D=87.5\text{kmol/h}$　$W=112.5\text{kmol/h}$

解之得

$$D = 87.5\text{kmol/h} \qquad W = 112.5\text{kmol/h}$$

由 $x_F=0.45$ 查图 10-14 得 $y_F^*=0.76$，则

$R=0.63$

$$R_{\min} = \frac{x_D - y_F}{y_F - x_F^*} = \frac{0.9 - 0.76}{0.76 - 0.45} = 0.45$$

$$R = 1.4R_{\min} = 0.63$$

精馏段操作线方程为

$$y = \frac{R}{R+1}x + \frac{x_D}{R+1} = \frac{0.63}{1.63}x + \frac{0.9}{1.63}$$

即

$$y = 0.39x + 0.55$$

理论板数为 6 块。

在 x-y 相图中作 q 线、精馏段操作线（见图 10-14），其交点为点 d。连接点 d 与 b(0.1,0.1)，得提馏段操作线。从 a 点开始作梯级，得梯级数为 7，故理论板数为 6 块（不包括塔釜在内）。

全凝器的冷凝量

$$V = (R+1)D = (0.63+1) \times 87.5 = 142.6\text{kmol/h}$$

$V' = V = 142.6\text{kmol/h}$

再沸器的气化量

$$V' = V + (q-1)F = V = 142.6\text{kmol/h}$$

当原料于露点状态加入塔内时，$q=0$。全塔物料衡算与问(1)相同，故仍有

露点进料时，仍有 $D=87.5\text{kmol/h}$　$W=112.5\text{kmol/h}$

$$D = 87.5\text{kmol/h} \qquad W = 112.5\text{kmol/h}$$

由 $y_F=0.45$ 查相图得（见图 10-15）：

$$x_F^* = 0.12$$

则

$$R_{\min} = \frac{x_D - y_F}{y_F - x_F^*} = \frac{0.9 - 0.45}{0.45 - 0.12} = 1.36$$

$$R = 1.4R_{\min} = 1.90$$　　$R = 1.90$

精馏段操作线方程为

$$y = \frac{1.90}{2.90}x + \frac{0.9}{2.90} = 0.655x + 0.31$$

与问(1)类似作图(见图 10－15)得

$$N_{理} = 3.56 \text{ 块(不包括塔釜在内)}$$

理论板数为 3.56 块。

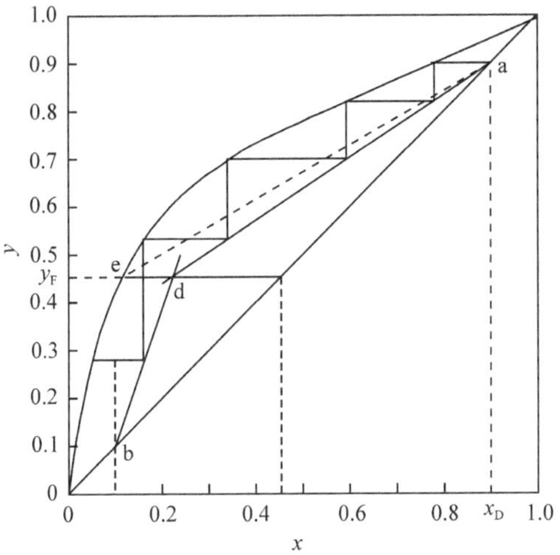

图 10－15　例 10－9 附图 b

全凝器的冷凝量

$$V = (R+1)D = 2.90 \times 87.5 = 253.75\text{kmol/h}$$　　$V=253.75\text{kmol/h}$

再沸器的气化量

$$V' = V + (q-1)F = 253.75 + (0-1)\times 200 = 53.75\text{kmol/h}$$　　$V'=53.75\text{kmol/h}$

(2) 若考虑进料预热所需能量,则

当 $q=1$ 时,精馏塔总能耗

$$Q = V'|_{q=1} r + Fc_p t_b$$

$$= V|_{q=1} r + Fc_p t_b \qquad (1)$$

当 $q=0$ 时,精馏塔总能耗

$$Q' = V'|_{q=0} r + Fc_p t_b + Fr \qquad (2)$$

式中,t_b为料液的泡点温度。

将$V'|_{q=0} = V|_{q=0} + (q-1)F = V|_{q=0} - F$ 代入式(2)得

$$Q' = V|_{q=0} r + Fc_p t_b$$

于是　　$$Q' - Q = (V|_{q=0} - V|_{q=1})r$$

由前面的计算结果可知

$$V|_{q=0} = 253.75\text{kmol/h} > V|_{q=1} = 142.6\text{kmol/h}$$

在本题条件下，饱和蒸气进料时的精馏塔总能耗大于饱和液体进料时的总能耗。

故 $$Q' > Q$$

这就是说，饱和蒸气进料时的精馏塔总能耗大于饱和液体进料时的总能耗。

将本题计算结果列于表 10-1。

表 10-1　例 10-9 计算结果汇总

	R	V /(kmol/h)	V' /(kmol/h)	$N_{理}$ /块	总能耗
饱和液体进料	0.63	142.6	142.6	6	小
饱和蒸气进料	1.9	253.75	53.75	3.56	大

请思考：若设计时采用相同的 R，本题结论是否成立？

【讨论】 由表 10-1 可见，对精馏塔的设计而言，当回流比取其最小值的同样倍数时，进料温度越高，则精馏塔总能耗越大，冷凝器热负荷也越大，即精馏塔加入、移走的热量越多，这是不利的一面。另一方面，进料温度越高，理论板数越少，再沸器热负荷越小，这是有利的一面。

回收塔设计型问题

【例 10-10】 拟用回收塔回收苯-甲苯混合液中的苯，回收塔顶设一全凝器，料液中含苯 0.44(摩尔分率，下同)，于 30℃下加入塔顶。要求塔顶馏出液和釜液中含苯浓度分别为 0.57 和 0.05，在操作条件下，物系的相对挥发度为 2.47。已知第一块板上液体温度 t_1=96.5℃，物系的平均比热容 c_p=140kJ/(kmol·℃)，平均摩尔气化潜热 r=30725kJ/kmol。

(1) 若按无回流回收塔流程设计；

(2) 若按有回流的回收塔流程设计，并将 2/3 的冷凝液在泡点下回流入塔；

则所需要的理论板数为多少？并比较两流程的塔径、塔顶冷凝器与再沸器的热负荷。

【解】 (1) 无回流时，流程图如图 10-16 所示。

全塔物料衡算：

$$\begin{cases} F = D + W \\ F \times 0.44 = D \times 0.57 + W \times 0.05 \end{cases}$$

$\dfrac{D}{F}=0.75$，$\dfrac{W}{F}=0.25$

解之得：

$$\frac{D}{F}=0.75 \qquad \frac{W}{F}=0.25 \tag{1}$$

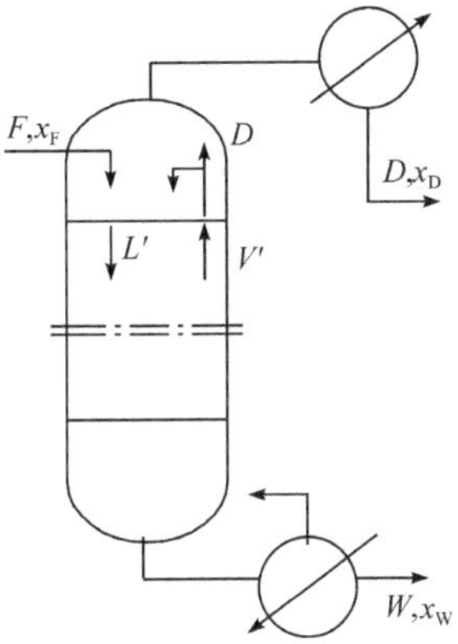

图 10-16 例 10-10 附图 a

$$q=\frac{i_V-i_F}{i_V-i_L}=1+\frac{i_L-i_F}{i_V-i_L}$$

$$\approx 1+\frac{c_p(t_1-t_F)}{r}$$

$$=1+\frac{140\times(96.5-30)}{30725}$$

$$=1.30$$

$q=1.30$

$$L'=L+qF=qF=1.30F \quad (2)$$

$$V'=(R+1)D+(q-1)F=D+(q-1)F$$

$$=0.75F+0.30F=1.05F \quad (3)$$

于是提馏段操作线方程为

$$y=\frac{L'}{V'}x-\frac{Wx_W}{V'}=\frac{1.30}{1.05}x-\frac{0.25\times0.05}{1.05}$$

$$=1.24x-0.0119 \quad (4)$$

相平衡关系为

$$y=\frac{2.47x}{1+1.47x} \quad 或 \quad x=\frac{y}{2.47-1.47y} \quad (5)$$

用逐板法求解理论板数。 $x_1=0.35$

由第一块板开始，$y_1=x_D=0.57$，代入式(5)得

$$x_1=\frac{0.57}{2.47-1.47\times0.57}=0.35$$

$y_2=0.42$

代入式 4 得

$$y_2=1.24x_1-0.0119=0.42$$

$x_2=0.23$

第二块塔板：

将 y_2 代入式(5) 得 $x_2=0.23$ $y_3=0.27$

代入式(4)得

$$y_3 = 1.24x_2 - 0.0119 = 0.27$$

……,如此反复。将逐板计算结果列于表 10-2。

表 10-2　无回流时逐板计算结果

板号	离开塔板的液相组成 x_i	离开塔板的气相组成 y_i
1	0.35	0.57
2	0.23	0.42
3	0.13	0.27
4	0.067	0.15
5	0.03	0.071

无回流时,$N=4$(不包括塔釜)

由表 10-2 可见,$x_5=0.03<x_W$,故所需理论板数共计 4 块(不包括塔釜)。

(2) 有回流时,流程如图 10-17 所示。

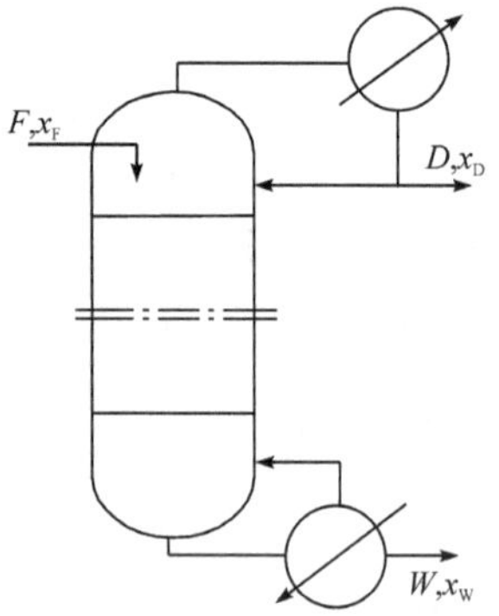

图 10-17　例 10-10 附图 b

由于 F、x_F、x_D、x_W不变,故 D、W 不变,仍有 $D=0.75F$,$W=0.25F$。

又由题意知,$R=2$,q 不变,故

$$L'=RD+qF=2\times0.75F+1.30F=2.8F$$

$$V'=(R+1)D+(q-1)F=3\times0.75F+0.3F=2.55F$$

于是,提馏段操作线方程为

$$y=\frac{2.8}{2.55}x-\frac{0.25\times0.05}{2.55}=1.10x-0.0049 \tag{6}$$

类似于问(1),由第一块板 $y_1=x_D=0.57$ 开始,逐板应用式(5)和式(6)求解,结果列于表 10-3。

表 10-3 有回流时逐板计算结果

板号	离开塔板的液相组成 x_i	离开塔板的气相组成 y_i
1	0.35	0.57
2	0.20	0.38
3	0.10	0.215
4	0.045	0.105

由表 10-3 可见，$x_4=0.045<x_W$，故所需理论板数共计 3 块(不包括塔釜)。

有回流时，$N=3$(不包括塔釜)

根据塔径与塔内$\sqrt{V'}$近似成正比，得

$$\frac{R=2\text{ 时的塔径}}{\text{无回流时的塔径}}=\sqrt{\frac{2.55F}{1.05F}}=1.6\text{ 倍}$$

而塔顶冷凝器热负荷与 V 成正比，即

$$\frac{R=2\text{ 时的冷凝器热负荷}}{\text{无回流时的冷凝器热负荷}}=\frac{(R+1)D}{D}=3\text{ 倍}$$

而塔底再沸器热负荷与 V' 成正比，即

$$\frac{R=2\text{ 时的再沸器热负荷}}{\text{无回流时的再沸器热负荷}}=\frac{2.55F}{1.05F}=2.4\text{ 倍}$$

$R=2$ 时与无回流时相比，塔径之比为 1.6，冷凝器热负荷之比为 3，再沸器热负荷之比为 2.4。

【讨论】 回收塔(即提馏塔)常用于物系的初步分离。

由以上结果可见，有回流和无回流相比，虽然理论板数有所减少，但塔径、热负荷均增大许多，故总费用反而增大。因此，回收塔设计或操作时，常取很小的回流比或不进行回流。

【例 10-11】 设计一常压精馏塔分离某混合液，料液进料状况(F、x_F、q)、塔顶产品浓度 x_D、塔顶采出率 D/F 均为定值，按以下两种供热方式设计，取相同的回流比，试分别比较残液量、残液组成、所需理论板数的相对大小。

塔釜直接与间接蒸汽加热的精馏塔设计的比较

(1) 间接蒸汽加热；

(2) 直接蒸汽加热。

【解】 全塔物料衡算：

间接蒸汽加热时
$$\begin{cases}F=D+W\\ Fx_F=Dx_D+Wx_W\end{cases}\qquad(1)$$

直接蒸汽加热时
$$\begin{cases}F+S=D+W^*\\ Fx_F=Dx_D+W^*x_W^*\end{cases}\qquad(2)$$

式中，S 为塔釜直接通入的加热蒸汽摩尔流率，W^*、x_W^* 为排出釜液量和组成。

对照方程组(1)、(2)知

$$Wx_W = W^* x_W^* \tag{3}$$

由题意知,R 相同,故间接蒸汽加热与直接蒸汽加热时的精馏段操作线方程相同;此外,q 线方程也相同。

提馏段操作线方程:

间接蒸汽加热时　$$y=\frac{L'}{V'}x-\frac{Wx_W}{V'} \tag{4}$$

直接蒸汽加热时　$$y=\frac{L'}{V'}x-\frac{W^* x_W^*}{V'} \tag{5}$$

由题意知,R、q、F、D 相同,故式(4)、(5)的斜率 $\frac{L'}{V'}=\frac{RD+qF}{(R+1)D+(q-1)F}$ 相同。又由式(3)可知,式(4)、(5)的截距也相同。这就是说,式(4)、(5)的形式完全相同。

根据恒摩尔流假定得 $L'=W^*$,于是从式(5)知,直接蒸汽加热的提馏段操作线过点(x_W^*,0),即提馏段操作线与 x 轴相交(见图 10-18),因此,$x_W>x_W^*$。

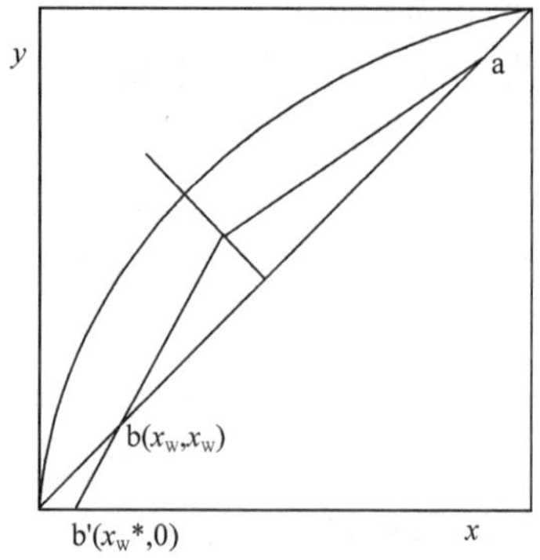

图 10-18　例 10-11 题解附图

直接蒸汽加热的残液浓度比间接蒸汽加热的小,而残液量大。

对比方程组(1)、(2)的第一式可见,$W=W^*-S$,故 $W<W^*$。再由式(3)可得 $x_W>x_W^*$。可见,与上述分析结果一致。

在 $y-x$ 相图中作梯级可见,$N_{T,间}<N_{T,直}$。

【讨论】 (1) 直接蒸汽加热只能用于水溶液体系,且水为难挥发组分;

直接蒸汽加热与间接蒸汽加热相比,理论板数稍多。

(2) 直接蒸汽加热与间接蒸汽加热相比,所需理论板数稍多,残液量也多,这是直接蒸汽加热的缺点;而直接蒸汽加热的优点在于,可以利用压力较低的蒸汽作加热源,且省去再沸器。

【例10-12】 某二元混合物采用如图10-19所示精馏塔进行分离。泡点回流，塔釜间接蒸汽加热，第一股进料流率 $F_1=0.1\text{kmol/s}$，料液中易挥发组分浓度 $x_{F1}=0.5$(摩尔分率，下同)，饱和液体进料。第二股进料流率 $F_2=0.2\text{kmol/s}$，进料中易挥发组分浓度 $x_{F2}=0.4$，饱和蒸汽进料，要求塔顶馏出液浓度 $x_D=0.95$，塔釜残液浓度 $x_W=0.03$。

多股进料流程的计算

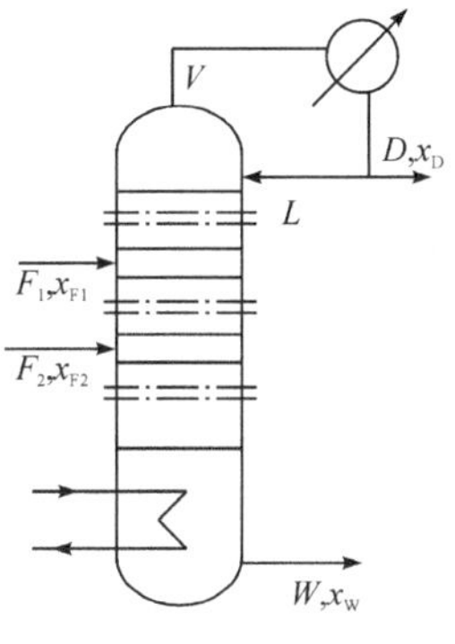

图10-19　例10-12附图

设物系相对挥发度 $\alpha=3$，取回流比 $R=3$，试求各段操作线斜率及最小回流比 R_{min}。

【解】 全塔物料衡算：

$$\begin{cases} F_1+F_2=D+W \\ F_1x_{F1}+F_2x_{F2}=Dx_D+Wx_W \end{cases}$$

将有关数据代入得

$$\begin{cases} 0.1+0.2=D+W \\ 0.1\times0.5+0.2\times0.4=0.95D+0.03W \end{cases}$$

解得

$$D=0.132\text{kmol/s} \qquad W=0.168\text{kmol/s}$$

$D=0.132\text{kmol/s}$
$W=0.168\text{kmol/s}$

因回流比 $R=3$，故精馏段操作线斜率为

$$\frac{R}{R+1}=0.75$$

精馏段操作线斜率为0.75

两股进料之间的塔段的操作线方程可通过物料衡算求得。

如图10-20所示，在两股进料之间的任一塔板与塔顶这一范围内作物料衡算，得

$$yV'+F_1x_{F1}=L'x+Dx_D$$

即

$$y=\frac{L'}{V'}x+\frac{Dx_D-F_1x_{F1}}{V'}$$

这就是两股进料间的操作线方程，其斜率为

$$\frac{L'}{V'}=\frac{RD+q_1F_1}{(R+1)D+(q_1-1)F_1}$$

将 $R=3$，$D=0.132\text{kmol/s}$，$q_1=1$，$F_1=0.1\text{kmol/s}$ 代入得

$$\frac{L'}{V'}=\frac{3\times0.132+1\times0.1}{4\times0.132+0}=0.94$$

两股进料间的塔段操作线斜率为0.94，比精馏段的大。

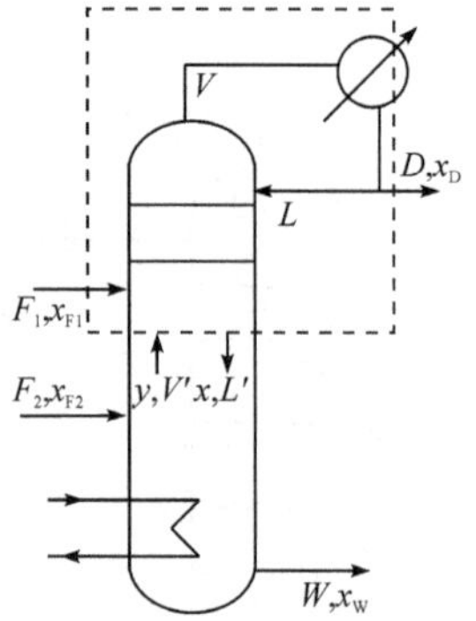

图 10-20　例 10-12 题解附图 a

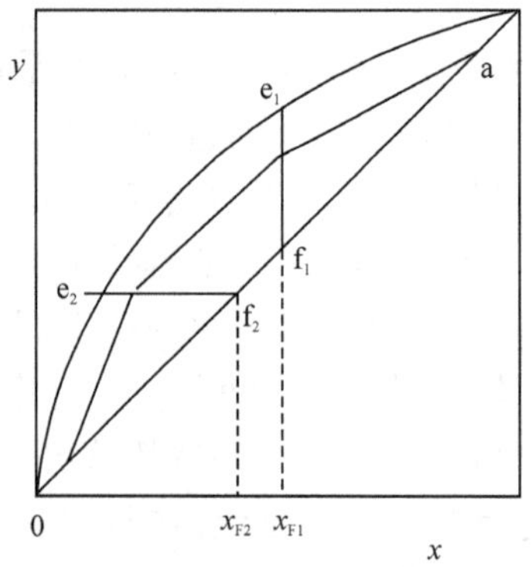

图 10-21　例 10-12 题解附图 b

提馏段(即第二股进料以下段)操作线斜率为

$$\frac{L''}{V''}=\frac{L'+q_2F_2}{V'+(q_2-1)F_2}=\frac{RD+q_1F_1+q_2F_2}{(R+1)D+(q_1-1)F_1+(q_2-1)F_2}$$

提馏段操作线斜率为 1.51，斜率最大。

将 $R=3$，$D=0.132\text{kmol/s}$，$q_1=1$，$F_1=0.1\text{kmol/s}$，$q_2=0$，$F_2=0.2\text{kmol/s}$ 代入得

$$\frac{L''}{V''}=\frac{3\times0.132+1\times0.1+0}{4\times0.132+0-0.2}=1.51$$

多股进料时，最小回流比应取所有恒浓点所对应的回流比中最大的。

在分离要求一定下，当 $R=R_{\min}$ 时，$N_T=\infty$，此时，操作线与平衡线必相交。对理想物系，交点可能是进料线 q_1 线与平衡线的交点 e_1，也可能是进料线 q_2 线与平衡线的交点 e_2(见图 10-21)。设其对应的回流比分别为 $R_{\min1}$、$R_{\min2}$，则最小回流比 $R_{\min}$ 应取二者中较大者。

对交点 e_1 情形：由 $x_{e1}=x_{F1}=0.5$ 可得

$$y_{e1}=\frac{3\times0.5}{1+2\times0.5}=0.75$$

恒浓点 e_1 对应的 $R_{\min1}=0.8$

于是
$$R_{\min1}=\frac{x_D-y_{e1}}{y_{e1}-x_{e1}}=\frac{0.95-0.75}{0.75-0.5}=0.8$$

对交点 e_2 情形：由 $y_{e2}=x_{F2}=0.4$ 得

$$x_{e2}=\frac{y_{e2}}{\alpha-(\alpha-1)y_{e2}}=\frac{0.4}{3-2\times0.4}=0.18$$

于是
$$\frac{L''}{V''}=\frac{y_{e2}-x_W}{x_{e2}-x_W}=\frac{0.4-0.03}{0.18-0.03}=2.47$$

又
$$\frac{L''}{V''}=\frac{R_{\min2}D+q_1F_1+q_2F_2}{(R_{\min2}+1)D+(q_1-1)F_1+(q_2-1)F_2}$$

$$=\frac{R_{\min2}\times0.132+1\times0.1+0}{(R_{\min2}+1)\times0.132+0-0.2}$$

$$=\frac{0.132R_{min2}+0.1}{0.132R_{min2}-0.068}$$

由以上两式可得

$$\frac{0.132R_{min2}+0.1}{0.132R_{min2}-0.068}=2.47$$

解之得

$$R_{min2}=1.38$$

恒浓点 e_2 对应的 $R_{min2}=1.38$

比较 R_{min1}、R_{min2}，并取其中较大者，即

$$R_{min}=R_{min2}=1.38$$

取 $R_{min}=R_{min2}=1.38$

【讨论】 (1) 由本题计算结果可见，多股进料与单股进料类似，各段操作线必首尾相接。

(2) 多股进料与单股进料相比，最小回流比的求取要复杂一些。因为有几股进料就有几个进料线，与平衡线就有几个交点（恒浓点），最小回流比应从各恒浓点所对应的回流比中选取最大者。

只有精馏段的精馏塔计算

【例 10－13】 如图 10－22 所示，组成为 0.4 的料液（摩尔分率，下同），以饱和蒸气状态自精馏塔底部加入，塔底不设再沸器。要求塔顶馏出物浓度 $x_D=0.93$，塔底残液浓度 $x_W=0.21$，相对挥发度 $\alpha=2.7$。试求操作线方程。

若理论板数可增至无穷，且 F，x_F，q、D/F 不变，则此时塔顶、塔底产品浓度的比为多大？

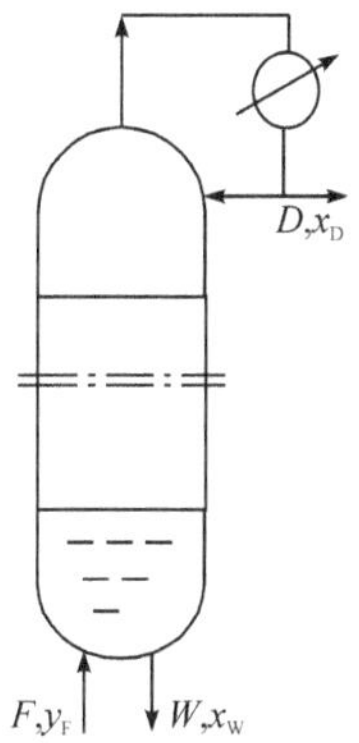

图 10－22　例 10－13 附图

【解】 (1) 全塔物料衡算：

$$\begin{cases}F=D+W\\Fy_F=Dx_D+Wx_W\end{cases}$$

即

$$\begin{cases}F=D+W\\F\times0.4=D\times0.93+W\times0.21\end{cases}$$

解之得

$$\frac{D}{F}=0.264\qquad\frac{W}{F}=0.736$$

$\frac{D}{F}=0.264$

$\frac{W}{F}=0.736$

根据恒摩尔流假定，$V=F$，$L=W$，所以

$$\frac{L}{V}=\frac{W}{F}=0.736\qquad\frac{D}{V}=\frac{D}{F}=0.264\qquad(1)$$

操作线方程为 $y=0.736x+0.246$

全塔只有精馏段,无提馏段。精馏段操作线方程为

$$y=\frac{L}{V}x+\frac{Dx_D}{V}=0.736x+0.264\times0.93 \tag{2}$$
$$=0.736x+0.246$$

(2) D/F 不变,则 D/V 不变,即 $1/(R+1)$ 不变,也就是 R 不变,故操作线斜率 $R/(R+1)$ 不变。若理论板数可增至无穷多,则操作线必平行上移,与平衡线相交。交点(恒浓点)可能在塔顶点 a(1,1)处([见图 10-23(a)],也可能在进料线与平衡线交点 e 处[见图 10-23(b)]。

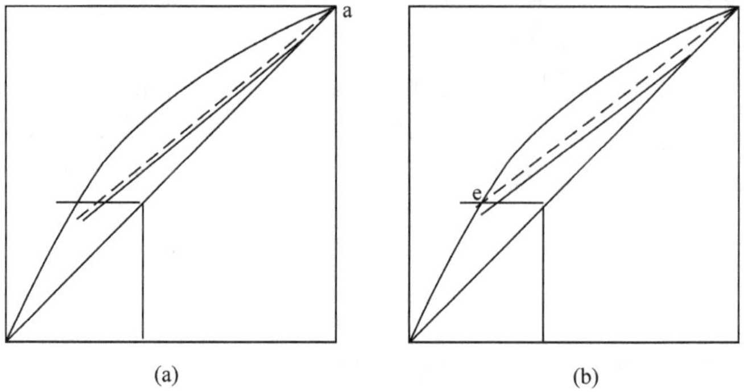

图 10-23 例 10-13 题解附图

假设恒浓点在塔顶,则 $x_D=1$,再根据全塔物料衡算,得

$$x_W=\frac{y_F-\frac{D}{F}x_D}{W/F}=\frac{0.4-0.264\times1}{0.736}=0.185$$

而与进料成平衡的液相浓度为

$$x_F^*=\frac{y_F}{\alpha-(\alpha-1)y_F}=\frac{0.4}{2.7-1.7\times0.4}=0.198$$

式中,x_F^* 是塔釜残液可能的最低浓度,但由以上计算结果可见,$x_W<x_F^*$,这表明恒浓点在塔顶的假设不成立。

恒浓点只能在点 e 处,在本题中就是塔底处,则

$$x_W=x_F^*=0.198$$

$x_W=0.198$ 又根据全塔物料衡算得

$x_D=0.963$

$$x_D=\frac{y_F-\frac{W}{F}x_W}{D/F}=\frac{0.4-0.736\times0.198}{0.264}=0.963$$

【讨论】 本题讨论关于恒浓点问题。

(1) 当理论板数无穷多时，一定有恒浓点。若物系的相平衡关系曲线为凸形，则恒浓点可能出现的部位有三个：塔顶处 a(1,1)，塔底处 b(0,0)和进料处 e(q 线与平衡线的交点)。要想从中确定一处，则必须再利用全塔物料衡算关系才行。

(2) 本题所求得的塔顶浓度 $x_D=0.963$、塔底浓度 $x_W=0.198$，实际上是在 F、x_F、q、D/F 不变条件下塔顶、塔底可能达到的最高和最低浓度值。

【例 10－14】 分离某二元体系的精馏塔共有一块塔板、一个再沸器和一个全凝器。料液以饱和液体状态连续向塔釜进料(见图 10－24)，进料流率 $F=80\text{kmol/h}$，组成 $x_F=0.45$(摩尔分率，下同)，二元体系相对挥发度 $\alpha=4$，塔顶、底产品组成分别为 $x_D=0.65$、$x_W=0.2$，回流比 $R=1$。试求该塔板的气相单板效率 E_{mV}、液相单板效率 E_{mL}、冷凝器冷凝液流率和再沸器气化流率。

单板效率

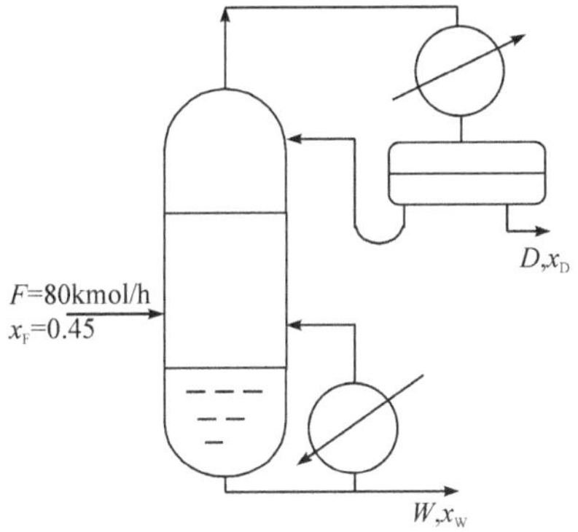

图 10－24　例 10－14 附图

【解】 全塔物料衡算：

$$\begin{cases} F = D + W \\ Fx_F = Dx_D + Wx_W \end{cases}$$

即

$$\begin{cases} 80=D+W \\ 80\times0.45=0.65D+0.2W \end{cases} \tag{1}$$

解之得

$$W = 35.6\text{kmol/h} \qquad D = 44.4\text{kmol/h}$$

$D=44.4\text{kmol/h}$
$W=35.6\text{kmol/h}$

由气相单板效率的定义及图10－25可得

$$E_{mV} = \frac{y_1 - y_W}{y_1^* - y_W} \tag{2}$$

$y_W=0.5$

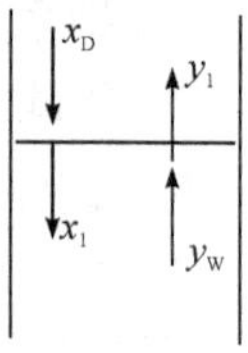

图 10-25　例 10-14 题解附图

式中，$y_1=x_D=0.65$

$$y_W=\frac{\alpha x_W}{1+(\alpha-1)x_W}=\frac{4\times0.2}{1+3\times0.2}=0.5$$

$$y_1^*=\frac{\alpha x_1}{1+(\alpha-1)x_1}=\frac{4x_1}{1+3x_1} \tag{3}$$

而 x_1、y_W满足精馏段操作线方程：

$$y_W=\frac{R}{R+1}x_1+\frac{x_D}{R+1}=\frac{1}{2}x_1+\frac{0.65}{2}=0.5x_1+0.325$$

$x_1=0.35$

将 $y_W=0.5$ 代入得

$$x_1=0.35$$

代入式(2)得

$$y_1^*=\frac{4\times0.35}{1+3\times0.35}=0.683$$

$E_{mV}=0.82$

故
$$E_{mV}=\frac{y_1-y_W}{y_1^*-y_W}=\frac{0.65-0.5}{0.683-0.5}=0.82$$

由液相单板效率的定义及图 10-25 可得

$$E_{mL}=\frac{x_D-x_1}{x_D-x_1^*} \tag{4}$$

式中，$x_D=0.65$，$x_1=0.35$，$x_1^*=\frac{y_1}{4-3y_1}=\frac{0.65}{4-3\times0.65}=0.317$，

$E_{mL}=0.90$

代入式(3)得

$$E_{mL}=\frac{0.65-0.35}{0.65-0.317}=0.90$$

冷凝器冷凝液流率 $V=(R+1)D=2\times44.4=88.8\text{kmol/h}$

$V'=V=88.8\text{kmol/h}$

再沸器气化流率 $V'=V+(q-1)F=V=88.8\text{kmol/h}$

【讨论】 一般 E_{mV}和 E_{mL}数值上不相等，且小于 1，特殊情况下它们会大于 1，这通常出现在塔径较大的精馏塔中。

单板效率主要反映了一层塔板上传质的优劣，根据单板效率的大小可考察不同板型的传质效果，以便为塔板的选型提供依据。

R 增大对操作中的精馏塔的影响。

【例 10-15】 将例 10-14 中回流比增大为原来的 3 倍，而保持进料状况(F、x_F、q)和塔顶产品流率 D 不变，试求塔顶、底的组成，并与例 10-14 的结果对比。假设液相单板效率不变。

一般地，对操作中的精馏塔，若保持 F、x_F、q、D 不变，而使

回流比 R 增大，试定性分析 x_D、x_W如何变化。

附例 10-14 的数据及结果：$x_W=0.2$，$x_D=0.65$，$D=44.4\text{kmol/h}$，$W=35.6\text{kmol/h}$，$V'=V=88.8\text{kmol/h}$

【解】 由已知条件可知

$$R'=3R=3\times 1=3$$
$$D=44.4\text{kmol/h}$$
$$W=35.6\text{kmol/h}$$

全塔物料衡算：

$$Fx_F=Dx_D+Wx_W$$
$$80\times 0.45=44.4x_D+35.6x_W$$

简化得 $$x_D=0.81-0.80x_W \quad (1)$$

对第一块理论板，应用相平衡关系，得

$$x_1^*=\frac{x_D}{4-3x_D} \quad (2)$$

又由例 10-14 可知

$$E_{mL}=\frac{x_D-x_1}{x_D-x_1^*}=0.90$$

由此得

$$x_1=0.1x_D+0.90x_1^* \quad (3)$$

精馏段操作线方程为

$$y_W=\frac{R'}{R'+1}x_1+\frac{x_D}{R'+1}=\frac{3}{4}x_1+\frac{x_D}{4} \quad (4)$$

又 y_W与 x_W满足相平衡关系，即

$$x_W=\frac{y_W}{4-3y_W} \quad (5)$$

假设 x_W初始值，利用式(1～5)试差求解新的 x_W值，直至前后两个 x_W的差值小于允许值为止。最后试差结果为

$$x_D=0.675 \qquad x_W=0.169$$

x_D 增大为 0.675，x_W减小为 0.169。$V'=V=177.6\text{ kmol/h}$

冷凝器冷凝液流率 $V=(R'+1)D=4\times 44.4=177.6\text{kmol/h}$

再沸器气化流率 $V'=V=177.6\text{kmol/h}$

与例 10-14 计算结果相比，$x_D\uparrow$，$x_W\downarrow$，V、V'均增大。

x_D增大的幅度为$\dfrac{0.675-0.65}{0.65}\times 100\%=3.8\%$

x_W减小的幅度为$\left|\dfrac{0.169-0.2}{0.2}\right|\times 100\%=15.5\%$

V 和 V'增大的幅度为$\dfrac{177.6-88.8}{88.8}\times 100\%=100\%$

一般地，对操作中的精馏塔，若保持 F、x_F、q、D 不变，而使

R 增大,精馏段分离能力增大。

回流比 R 增大,则精馏段操作线斜率$\frac{R}{R+1}$↑,精馏段操作线将远离平衡线,精馏段分离能力增大,故 x_D将变大。

保持 F、x_F、q、D 不变,若 R↑,则 x_D↑,x_W↓。

至于 x_W的变化,则可由全塔物料衡算式 $Fx_F=Dx_D+Wx_W$可知,若保持 F、x_F、D 不变,随着 x_D的增大,x_W将变小。

【讨论】 由本题定量计算和定性分析可知:

(1) 对操作中的精馏塔,若保持 F、x_F、q、D 不变,而使回流比 R 增大,则 x_D将变大,x_W将变小。

(2) 由本题计算结果可知,随着 R 的增大,x_D变大的幅度很小,但 V、V'增大的幅度却很大,远远超过 x_D随 R 增大幅度。这表明,对操作中的精馏塔,采用增大回流比的方法改进产品质量,付出的代价是冷凝器和再沸器经济费用的大幅度增加。

(3) 对操作型问题,产品浓度受全塔物料衡算关系的制约,同时又受到塔的分离能力的制约,而塔的分离能力与塔板数及回流比有关。通过以上两个制约关系,可以求解任何操作中精馏塔的计算问题。如本题中,式(1)体现了全塔物料衡算关系,而式(2~5)则体现了塔的分离能力。

x_F减小对精馏塔操作的影响

【例 10-16】 如图 10-26 所示,用一连续精馏塔分离某双组分混合液。原先设计时,共需 3 块理论塔板(包括塔釜),加料板为第二块(最佳位置进料),处理量 F 为 10kmol/h, $x_F=0.60$(易挥发组分的摩尔分率,下同),进料为饱和液体,塔顶馏出物浓度 $x_D=0.95$、塔底馏出物浓度 $x_W=0.38$,回流比选用 2。体系的相对挥发度为 4.2。现由于原料来源变化,x_F减小为 0.40,若保持 F、q、R 和塔顶产品流率 D 不变,试求塔顶、塔底产物组成。

若 x_F减小到 0.2,则增大回流比,能否得到指定的合格产品?

一般地,对操作中的精馏塔,若保持 F、q、R、D 不变,而使 x_F减小,试定性分析 x_D、x_W如何变化。

【解】 先求 $x_F=0.60$ 时的 D、W。

全塔物料衡算:

$$\begin{cases}F=D+W\\Fx_F=Dx_D+Wx_W\end{cases}$$

$x_F=0.60$,$x_D=0.95$,$x_W=0.38$ 时 $D=3.86$kmol/h $W=6.14$kmol/h

将已知条件代入得

$$\begin{cases}10=D+W\\10\times0.60=0.95D+0.38W\end{cases}$$

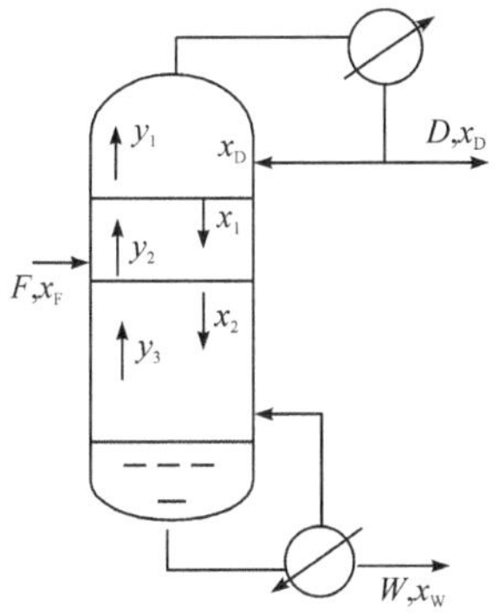

图 10-26 例 10-16 附图

解之得

$$D = 3.86\text{kmol/h} \qquad W = 6.14\text{kmol/h}$$

当 $x_F = 0.4$ 时，D、W 不变，于是物料衡算为

$$10 \times 0.40 = 3.86x_D + 6.14x_W \tag{1}$$

下面，需从逐板计算中再寻找方程式，以便与式(1)联立求解 x_D、x_W。

相平衡关系为

$$x_n = \frac{y_n}{4.2 - 3.2y_n} \tag{2}$$

精馏段操作线方程为

$$y_n = \frac{2}{3}x_{n-1} + \frac{x_D}{3} \tag{3}$$

又 $\dfrac{L'}{V'} = \dfrac{RD + qF}{(R+1)D + (q-1)F} = \dfrac{2\times3.86 + 1\times10}{3\times3.86 + 0} = 1.53$

$\dfrac{W}{V'} = \dfrac{6.14}{3\times3.86} = 0.53$

于是，提馏段操作线方程为

$$y_m = \frac{L'}{V'}x_{m-1} - \frac{Wx_W}{V'} = 1.53x_{m-1} - 0.53x_W \tag{4}$$

由塔顶开始，假设一 x_D 初始值，且注意 $x_D = y_1$，利用式(1～4)逐板计算，求解新的 x_D 值，直至前后两个 x_D 差值小于允许值为止。下面以第一轮试差计算为例：

当 $x_F = 0.4$ 时，需试差求解 x_D、x_W。

假设 $x_D = 0.90$，由式(1)得 $x_W = 0.0857$，由式(2)得 $x_1 = 0.682$，由式(3)得 $y_2 = 0.755$，由式(2)得 $x_2 = 0.423$，由式(4)得 $y_3 = 0.602$，由式(2)得 $x'_W = 0.265$，可见 x'_W 与 x_W 相差很大，需

$x_F = 0.40$ 时，
$x_D = 0.832$
$x_W = 0.129$

重新假设 x_D。最后试差结果为

$$x_D = 0.832 \qquad x_W = 0.129$$

$x_F=0.20$ 时，不管 R 取多大，也无法得到指定的合格产品。

若 x_F减小到 0.2，则 $Fx_F=10\times0.2=2\text{kmol/h}$。而设计要求 $Dx_D=3.9\times0.95=3.705\text{kmol/h}$。

显然，$Fx_F<Dx_D$，违背了物料衡算关系，因此，即使再增大回流比也无法得到指定的合格产品。

若保持 F、q、R、D 不变，$x_F\downarrow$，则 $x_D\downarrow$、$x_W\downarrow$。

一般地，对操作中的精馏塔，若保持 F、q、R、D 不变，而使 x_F减小，则精馏段、提馏段操作线斜率不变，因此，其分离能力均不变，但 $x_F\downarrow$，故 $x_D\downarrow$、$x_W\downarrow$。

【讨论】 (1) 由本题定量计算和定性分析可知：对操作中的精馏塔，若保持 F、q、R、D 不变，而使 $x_F\downarrow$，则 $x_D\downarrow$、$x_W\downarrow$。

(2) 由本题 $x_F=0.2$ 情形可见，对操作型问题，全塔物料衡算关系和塔的分离能力对计算过程的制约关系缺一不可。若物料衡算关系不满足，而去讨论分离程度问题，只能是空谈。

加料口位置改变对精馏塔操作的影响

【例 10-17】 操作中的精馏塔，将加料口由原来的最佳位置进料向下移动几块塔板，其余操作条件均不变(包括 F、x_F、q、D、R)，此时塔顶产品浓度 x_D、塔底产品浓度 x_W将如何变化？

注意：尽管精馏段理论板数增加，但 x_D 仍下降。

【解】 加料口下移几块塔板后，由原来的最佳位置进料变成了非最佳位置进料。根据最佳位置进料的性质可知，在相同的 F、x_F、q、D、R 条件下，要达到同样的分离要求 x_D、x_W，非最佳位置进料时需更多的理论板，也就是说，同样数量的理论板不可能达到原来的分离要求。故本题的结论是加料口下移几块塔板后，$x_D\downarrow$。

若保持 F、x_F、q、R、D 不变，加料口下移几块塔板，则 $x_D\downarrow$、$x_W\uparrow$。

至于 x_W的变化，则由全塔物料衡算式 $Fx_F=Dx_D+Wx_W$ 可知，当 F、x_F、D 不变时，若 x_D变小，则 x_W变大。

这种分析方法称为排除法。

本题还可用下述方法分析。

由 F、x_F、q、D、R 不变可知，精馏段、提馏段操作线斜率均不变，假设 x_D不变或变大，由物料衡算可知 x_W不变或变小，在 y-x 相图中作出新旧操作线和梯级，则当进料位置从最佳变成了非最佳时梯级数即理论板数变多，这与操作中的塔板数一定相矛盾，故 x_D只能变小。x_W变化分析同上。

【讨论】 在例 10-7 中，对设计中的精馏塔，当加料口上移几层塔板时，若要保证 x_D、x_W不变，所需的理论板数将增多。这表明，改变加料口的位置，原理论塔的全塔平均分离能力下降，因此，为达到指定的分离要求，只能增加理论板数。

对本题，操作中的精馏塔，理论板数一定，当加料口下移几层塔板时，x_D变小、x_W变大。这表明，改变加料口的位置后，原理论塔的全塔平均分离能力下降。

由此可见，本题与例 10－7 本质上是一致的，只不过一个是设计型问题，一个是操作型问题。

【例 10－18】 操作中的精馏塔，保持 F、x_F、q、D 不变，而使 V' 减小，此时塔顶产品浓度 x_D、塔底产品浓度 x_W将如何变化？

V'减小对精馏塔操作的影响

【解】 由 $V'=(R+1)D+(q-1)F$ 可知，当 $V'\downarrow$ 时，则 $R\downarrow$，于是，精馏段操作线斜率$\downarrow$，这就是说精馏段操作线将靠近平衡线，使精馏段分离能力下降，而板数一定，故 x_D将下降。

至于 x_W的变化，则由全塔物料衡算式 $Fx_F=Dx_D+Wx_W$ 可知，当 F、x_F、D 不变时，若 x_D变小，则 x_W变大。

若保持 F、x_F、q、D 不变，而 $V'\downarrow$，则 $x_D\downarrow$、$x_W\downarrow$。

x_W的变化分析也可用如下方法：

提馏段操作线斜率$\dfrac{L'}{V'}=\dfrac{V'+W}{V'}=1+\dfrac{W}{V'}$随 V'减小而增大，即提馏段操作线将靠近平衡线，对分离不利，使其分离能力下降，而板数一定，故 x_W将增大。

【讨论】 (1) 从例 10－15～10－18 可见，对操作中的精馏塔，若操作条件，如 R、x_F、进料位置、V'变化，则产品浓度 x_D、x_W必将变化。

(2) 从例 10－15～10－18 的分析过程可见，若要分析 x_D、x_W的变化趋势，总的来说，方法如下：

首先，将精馏段、提馏段操作线斜率的变化趋势判断出来，这样便可知其与平衡线之间的梯级跨度的变化情况，于是，可得到 x_D、x_W的变化趋势。

例 10－15～例 10－18 的定性分析方法小结

有时，按上一步只能判断出 x_D、x_W中之一的变化情况，另一个浓度的变化则可根据全塔物料衡算关系判断，如例 10－15、例 10－17、例 10－18。

若由全塔物料衡算关系无法判断出另一个浓度的变化情况，或出现精馏段、提馏段操作线斜率和 x_F均不变的情况，这时则需采用例 10－17 以及后面的例 10－20 所示的排除法。

V'减小对精馏塔操作的影响的定量计算

【例 10－19】 设一连续精馏塔，塔板数无穷多，塔釜间接蒸汽加热，塔顶全凝器，泡点回流。进料中含易挥发组分 0.41(摩尔分率，下同)，进料量为 100kmol/h，以饱和蒸气状态进入塔中部某适当部位。塔顶馏出液量为 40kmol/h，浓度 $x_D=0.95$，体系的相对挥发度为 2.5。

(1) 试求塔底残液的浓度、回流比；

(2) 若塔釜停止供应蒸汽，保持 F、x_F、q、D 不变，塔顶馏出液及塔底残液的浓度为多少？

【解】 (1) 全塔物料衡算：

$$\begin{cases} F = D + W \\ Fx_F = Dx_D + Wx_W \end{cases}$$

将已知条件代入得

$$\begin{cases} 100 = 40 + W \\ 100 \times 0.41 = 40 \times 0.95 + Wx_W \end{cases}$$

解之得

$x_W = 0.05$

$$W = 60\text{kmol/h} \qquad x_W = 0.05$$

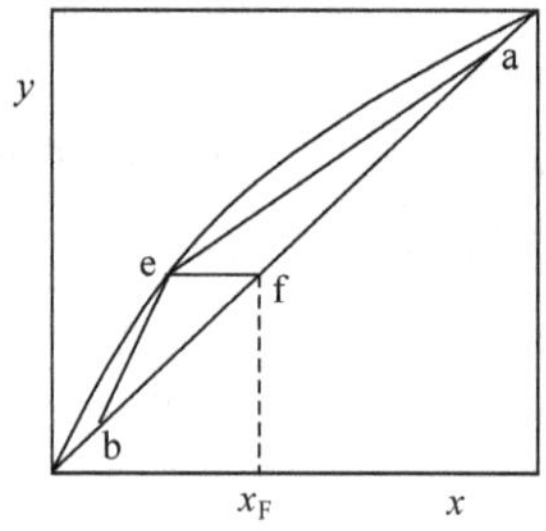

图 10-27　例 10-19 附图

由题意知，当 $N_T=\infty$ 时，$R=R_{min}$，且必有夹紧点，设其为 e(见图 10-27)，则

$$y_e = x_F = 0.41$$

$$x_e = \frac{y_e}{2.5 - 1.5y_e} = 0.218$$

$R=R_{min}=2.81$

于是 $$R = R_{min} = \frac{x_D - y_e}{y_e - x_e} = \frac{0.95 - 0.41}{0.41 - 0.218} = 2.81$$

(2) 若塔釜停止供应蒸汽，则 $V'=0$，即

$$V' = V + (q-1)F = V - F = 0$$

于是 $$V = F$$

即 $$(R'+1)D = F$$

将 $F=100$kmol/h，$D=40$kmol/h 代入上式得

$$R' = \frac{100}{40} - 1 = 1.5$$

塔釜停止供应蒸汽,回流比减小为1.5。

塔釜停止供应蒸汽,则只有精馏段,无提馏段,又因 $N_T = \infty$,故必有恒浓区,恒浓点可能出现的部位有两处,一是进料处;二是塔顶。

假设恒浓点在塔顶处,则 $x_D = 1$。这就意味着 x_D变大了,而由上述计算可知 $R\downarrow$,因此精馏塔分离能力必下降,x_D不可能变大,即恒浓点不可能在塔顶处。

恒浓点不可能在塔顶处

因此,恒浓点只能在进料处,于是,$x_W = x_e = 0.218$,再将 $D = 40\text{kmol/h}$,$W = 60\text{kmol/h}$ 代入下式:

$$Fx_F = Dx_D + Wx_W$$

得

$$x_D = \frac{Fx_F - Wx_W}{D} = \frac{100 \times 0.41 - 60 \times 0.218}{40} = 0.698$$

恒浓点在进料处,$x_W = 0.218$,$x_D = 0.698$

x_D也可按下式计算:

$$R' = R_{min} = \frac{x'_D - y_e}{y_e - x_e} = \frac{x'_D - 0.41}{0.41 - 0.218} = 1.5$$

解之得

$$x'_D = 0.698$$

【讨论】 由本题计算结果可知,塔釜停止供应蒸汽后,$x_D\downarrow$、$x_W\uparrow$,这与例 10-18 的结论一致。

附例 10-18 结论:若保持 F、x_F、q、D 不变,而 $V'\downarrow$,则 $x_D\downarrow$、$x_W\uparrow$。

【例 10-20】 用常压精馏塔分离某双组分混合液,料液流率为 70kmol/h,其热状况参数 $q=1.5$,该塔的精馏段和提馏段方程分别为 $y=0.75x+0.24$ 和 $y'=1.2x'-0.01$,试求 x_D、x_W。

V'减小对精馏塔操作的影响

若将 V'变为 130kmol/h,保持 F、q、x_F、R 不变,试求新的提馏段操作线的斜率。

一般地,对操作中的精馏塔,若保持 F、x_F、q、R 不变,而使 V'减小,此时塔顶产品浓度 x_D、塔底产品浓度 x_W将如何变化?

【解】 求 x_D、x_W。

由精馏段操作线方程 $y=0.75x+0.24$ 知

$$\frac{R}{R+1} = 0.75 \qquad \frac{x_D}{R+1} = 0.24$$

解之得

$$R = 3 \qquad x_D = 0.96$$

$R=3$,$x_D=0.96$

又由提馏段操作线方程 $y'=1.2x'-0.01$ 得

$$\begin{cases}\dfrac{L'}{V'}=\dfrac{RD+qF}{(R+1)D+(q-1)F}=1.2\\[2mm]\dfrac{Wx_W}{V'}=\dfrac{(F-D)x_W}{(R+1)D+(q-1)F}=0.01\end{cases}$$

将 $R=3,q=1.5,F=70\text{kmol/h}$ 代入得

$$\begin{cases}\dfrac{3D+1.5\times 70}{4D+0.5\times 70}=1.2\\[2mm]\dfrac{(70-D)x_W}{4D+0.5\times 70}=0.01\end{cases}$$

$D=35\text{kmol/h}$

$x_W=0.05$

解之得

$$D=35\text{kmol/h}\qquad x_W=0.05$$

于是 $W=F-D=70-35=35\text{kmol/h}$

$$x_F=\frac{Dx_D+Wx_W}{F}=\frac{35\times 0.96+35\times 0.05}{70}=0.505$$

$$V'=(R+1)D+(q-1)F$$

$V'=175\text{kmol/h}$

$$=4\times 35+0.5\times 70=175\text{kmol/h}$$

若将 V' 降为 130kmol/h，而保持 F、q、x_F、R 不变，则

$$V'=130=(R+1)D'+(q-1)F$$
$$=4D'+0.5\times 70$$

解之得

$D'=23.75\text{kmol/h}$

$$D'=23.75\text{kmol/h}$$

于是 $W'=F-D'=70-23.75=46.25\text{kmol/h}$

$$L'=V'+W'=130+46.25=176.25\text{kmol/h}$$

$\dfrac{L'}{V'}=1.36$，变大

$$\frac{L'}{V'}=\frac{176.25}{130}=1.36$$

一般地，对操作中的精馏塔，若保持 F、x_F、q、R 不变，而使 V' 减小，则由 $V'=(R+1)D+(q-1)F$ 可知 $D\downarrow$，$W=(F-D)$ 将变大，$\dfrac{L'}{V'}=\dfrac{V'+W}{V'}=1+\dfrac{W}{V'}$ 将随 V' 减小、W 增大而增大，提馏段操作线将靠近平衡线，故该段分离能力将变小，由于 x_F 不变，从而 x_W 变大。

排除法：x_D 的变化情况有三种，不变、变大和变小，排除掉两种，则结果就得到了，故称之为排除法。

至于 x_D 的变化情况，由全塔物料衡算 $Fx_F=Dx_D+Wx_W$ 和 R 不变仍无法判断。下面采用排除法。

假设 x_D 不变，再由 R 不变、x_W 变大和 $\dfrac{L'}{V'}$ 变大可知，精馏段操作线不变，提馏段操作线将远离相平衡曲线[见图 10－28(a)]，故理论板数将变少，这与操作中的塔理论板数为定值这一

前提相矛盾，故假设不成立。

假设 x_D变小，再由 R 不变和 x_W变大、$\frac{L'}{V'}$变大可知，精馏段操作线平行下移，提馏段操作线远离相平衡曲线[见图 10－28(b)]，故理论板数将变得更少，这与操作中的塔理论板数为定值这一前提相矛盾，故假设不成立。

若保持 F、x_F、q、R 不变，而 $V'\downarrow$，则 $x_D\uparrow$、$x_W\uparrow$。

由上分析可知，x_D只能变大，如图 10－28(c)所示。

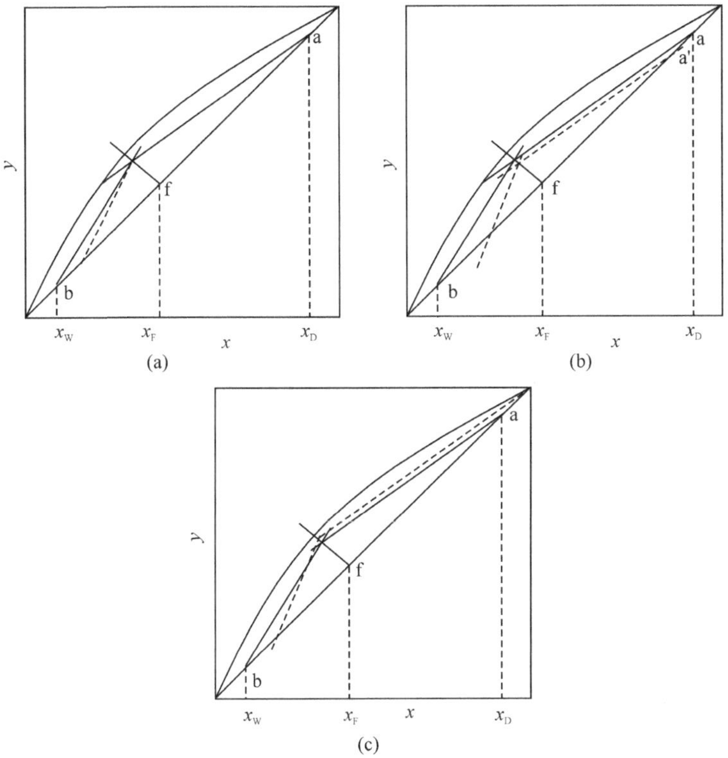

图 10－28　例 10－20 附图

【讨论】 (1) 由本题分析结果可见，对操作中的精馏塔，若保持 F、x_F、q、R 不变，而使 V'减小，则 x_D变大，x_W变大。

(2) 本题分析方法即排除法与例 10－15～10－18 的分析方法一样，也是操作型问题定性分析的一种分析方法。虽然此法较为繁琐，但可用于任何操作型问题的定性分析，适用范围要较例 10－15～10－18 的方法更广。读者不妨用本题的排除法分析一下例 10－15～10－18。

F 增大对精馏塔操作的影响

【例 10-21】 在一常压精馏塔中分离某二元混合物,已知相对挥发度 $\alpha=3$,进料量 $F=1000\text{kmol/h}$,饱和蒸气进料,进料浓度为 50%,塔顶产品浓度为 90%(以上浓度均为易挥发组分的摩尔分率)。塔顶馏出液中能回收原料中 90%的易挥发组分。塔顶装有全凝器,回流比 $R=3.2$,塔釜用间接蒸汽加热。试求:

(1) 精馏段和提馏段上升的蒸气量;

(2) 第二块理论板上升气体的浓度(理论板编号从塔顶往下);

(3) 若进料量增大,而 x_F、q、R、V'不变,试定性分析 x_D、x_W 如何变化。

【解】 (1) 因为 $\dfrac{Dx_D}{Fx_F}=\dfrac{0.9D}{1000\times 0.5}=0.90$

所以 $D=500\text{kmol/h}$

$V=2100\text{kmol/h}$

$V'=1100\text{kmol/h}$

$$V=(R+1)D=4.2\times 500=2100\text{kmol/h}$$

$$V'=V+(q-1)F=2100-1000=1100\text{kmol/h}$$

(2) $$x_1=\frac{y_1}{\alpha-(\alpha-1)y_1}=\frac{0.9}{3-2\times 0.9}=0.75$$

精馏段操作线方程为

$$y=\frac{R}{R+1}x+\frac{x_D}{R+1}=\frac{3.2}{4.2}x+\frac{0.9}{4.2}=0.762x+0.214$$

$y_2=0.786$

故 $y_2=0.762x_1+0.214=0.762\times 0.75+0.214=0.786$

(3) $V'=(R+1)D+(q-1)F=F\left[(R+1)\dfrac{D}{F}+(q-1)\right]$,

由于 q、R、V'不变、进料量 F 增大,故$\dfrac{D}{F}\downarrow$。由 $F=D+W$ 得 $\dfrac{W}{F}\uparrow$。即 $W\uparrow$。于是,$\dfrac{L'}{V'}=\dfrac{V'+W}{V'}=1+\dfrac{W}{V'}$增大,可见提馏段塔板分离能力减小,故 $x_W\uparrow$。

至于 x_D的变化情况,由全塔物料衡算 $Fx_F=Dx_D+Wx_W$ 或 R 不变都无法判断,下面用排除法分析。

由 R 不变可知精馏段操作线斜率不变。假设 x_D不变或变小,由 $x_W\uparrow$,$\dfrac{L'}{V'}\uparrow$,作图可见,全塔理论板数均比原来的少[分别见图 10-29(a)和 10-29(b)],这与理论板数为定值这一前提相矛盾,故 x_D只能变大,如图 10-29(c)所示。

若保持 x_F、q、R、V'不变,而 $F\uparrow$,则 $x_D\uparrow$、$x_W\uparrow$。

【讨论】 由本题分析结果可见,若保持 x_F、q、R、V'不变,而 $F\uparrow$,则 $x_D\uparrow$、$x_W\uparrow$。

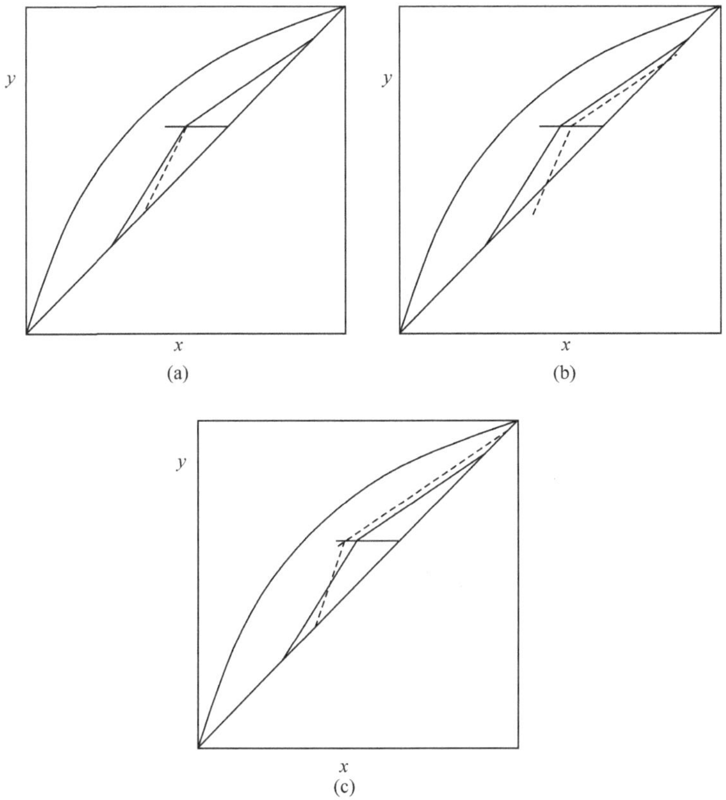

图 10－29 例 10－21 附图

【例 10－22】 试从如图 10－30 所示的塔板负荷性能图上分析，适当增加开孔个数，能否提高生产能力？

【解】 开孔数增加，则塔板开孔率增大，干板压降降低，液泛线 5 和雾沫夹带线 4 上移，漏液线 3 也略向上移，其他各线基本不变。因此，对于操作线 A 和 B 的情况，增加开孔个数可以提高生产能力，但操作线 C 的情形则不能。

【讨论】 塔板的负荷性能图可以全面衡量所设计的塔板结构是否合理，所选用的操作条件是否适宜。当塔板结构尺寸改变时，负荷性能图上五条线将发生移动。对于理想的塔板设计，其负荷性能图的正常操作区应尽可能地大，且操作线应尽可能居中。

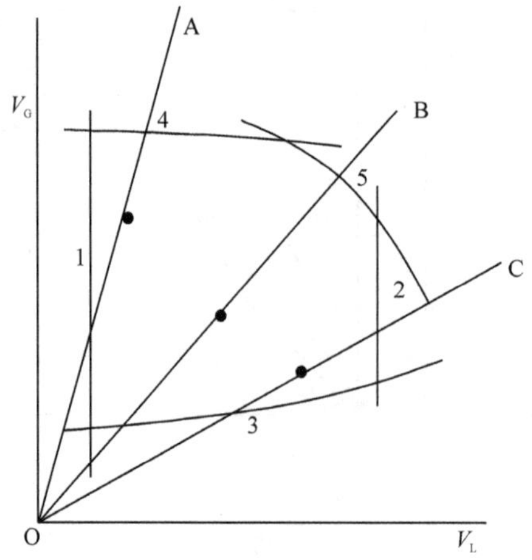

图 10-30　塔板的负荷性能图

本章主要符号说明

符　号	意　义	单　位
A	安托因常数	—
B	安托因常数	—
C	安托因常数	—
c_p	比热容	kJ/(kmol·K)
D	塔顶产品(馏出液)流率	kmol/s
	塔径	m
E_0	总板效率	—
E_{mV}	气相单板效率(汽相默弗里板效)	—
E_{mL}	液相单板效率(液相默弗里板效)	—
F	原料量或流率	kmol 或 kmol/s
i	焓	kJ/kmol
L	液相流率	kmol/s
L_0	回流液流率	kmol/s
M	摩尔质量	kg/kmol
N	理论板数	—
N_e	实际塔板数	—
P	系统的总压	Pa
p	组分的分压	Pa
p^0	纯组分的蒸气压	Pa
Q	单位时间的传热量	W
q	液相占进料的摩尔分率;	—

	进料热状况参数	—
R	回流比	—
S	直接蒸汽流率	kmol/s
r	气化潜热	kJ/kmol
T_S	蒸气温度	℃
t	温度	℃
V	上升蒸气的流率	kmol/s
W	蒸馏釜内的液体量；	kmol
	塔底产品(釜液)的流率	kmol/s
x	液相中溶质的摩尔分率	—
y	汽相中溶质的摩尔分率	—
α	相对挥发度	—
ν	组分的挥发度	—

参 考 文 献

1 何潮洪等. 化工原理操作性问题的分析. 北京:化学工业出版社,1998

2 陈维杻. 传递过程与单元操作. 下册. 杭州:浙江大学出版社,1994

3 谭天恩等. 化工原理. 下册. 第二版. 北京:化学工业出版社,1998

4 陈敏恒等. 化工原理. 下册. 第二版. 北京:化学工业出版社,1999

5 大连理工大学化工原理教研室. 化工原理. 下册. 大连:大连理工大学出版社,1993

6 蒋维均等. 化工原理. 下册. 北京:清华大学出版社,1992

习 题

1. 理想溶液是指________________________________。
2. 简单蒸馏过程中,釜内易挥发组分浓度________,其沸点则________。
3. 理论板是指________________________________。
4. 等板高度是指________________________________。
5. 精馏塔精馏段内相邻两理论板,离开上板汽相的露点温度为 t_1、液相的泡点温度为 t_2;离开下板汽相的露点温度为 t_3、液相的泡点温度为 t_4,试按从大到小顺序将以上 4 个温度排列,则________________。
6. 以摩尔流率为基准的精馏操作线是直线,其原因是:____________。
7. 精馏塔在 x_F、q、R 一定下操作时,将加料口向上移动一层塔板,此时塔顶产品浓度 x_D将________,塔底产品浓度 x_W将________。

   (A)变大　　(B)变小　　(C)不变　　(D)不确定
8. 操作中的精馏塔,保持进料量 F、进料组成 x_F、进料热状况参数 q、塔釜加热量 Q 不变,减少塔顶馏出量 D,则塔顶易挥发组分回收率 η ________。

(A)变大 (B)变小 (C)不变 (D)不确定

9. 已知75℃时甲醇(A)、水(B)的饱和蒸气压为 $p_A^0=149.6\text{kPa}$、$p_B^0=38.5\text{kPa}$;平衡的气液两相浓度分别为 $y=0.729$、$x=0.4$。则其相对挥发度 α_{AB} 之值为__________。

10. 混合液两组分的相对挥发度愈小,则表明用蒸馏方法分离该混合液愈________。

11. 操作中的精馏塔,保持 F、x_F、q、D 不变,若采用的回流比 $R<R_{\min}$,则 x_D________,x_W________。

(A)变大 (B)变小 (C)不变 (D)不确定

12. 图解法求理论板时与下列参数 F、x_F、q、R、α、x_D、x_W 中的哪一个量无关?

13. 设计和操作时,若 $R\uparrow$ 并不意味 $D\downarrow$。此话对否?

14. 已知 $q=1.3$,则加料中液体量与总加料量的比是________。

15. 精馏塔操作中,若 F、x_F、q、D、加料板位置、V 不变,而使操作压力增大,则 x_D________,x_W________。

16. 精馏塔的塔顶温度总低于塔底温度,其原因之一是____________________;原因之二是____________________。

17. 恒沸精馏与萃取精馏主要针对____________________的物系,采用加入第三组分的办法以改变原物系的________________。

18. 水蒸气蒸馏与直接蒸汽加热精馏的区别在于________________________________。

19. 从塔板水力学性能的角度来看,引起塔板效率不高的原因可能是________________、________________和________________等现象。

20. 在板式塔结构设计中,哪些因素考虑不周时,则塔易发生降液管液泛,请列举出其中三个:________________、________________、________________。

21. 有一分离环己酮-环己醇的减压精馏塔,操作压力为6.6kPa,该塔共有10块塔板,每块塔板的压力降为1.5mmHg。饱和蒸气进料在第5块板,组成为0.5,试求料液的温度 t_F。

附:环己酮(A)和环己醇(B)的安托因方程分别为

$$\lg p_A^0 = 6.10133 - \frac{1494.166}{t+209.399}$$

$$\lg p_B^0 = 5.34182 - \frac{894.818}{t+106.791}$$

式中,p^0 的单位为kPa;t 的单位为℃。

22. 对某双组分混合液，分别采用简单蒸馏和平衡蒸馏方法进行分离，操作压力、原料液的量、组成均相同。
(1) 若残液（或液相产品）温度相同，试比较残液（或液相产品）浓度 $x_{W,简}$、$x_{W,平}$，气相馏出物浓度（或平均浓度）$\overline{x_{D,简}}$、$x_{D,平}$，气相馏出物量 $V_{简}$、$V_{平}$。
(2) 若残液（或液相产品）量相同，试比较残液（或液相产品）浓度 $x_{W,简}$、$x_{W,平}$，气相馏出物浓度（或平均浓度）$\overline{x_{D,简}}$、$x_{D,平}$，气相馏出物量 $V_{简}$、$V_{平}$。
由本题可得出何结论？试与例 10－4 结论相比较。

23. 将环氧乙烷(A)－环氧丙烷(B)混合物进行蒸馏分离。原料组成 $x_F=0.6$，（含 A 的摩尔分率，以下同），操作压力下该体系的相对挥发质 $\alpha=2.43$。现用以下两种方式进行分离。
平衡蒸馏，进料流量 $F=100$kmol/h；
简单蒸馏，料液 $F=100$kmol。
(1) 若要求残液（或液相产品）浓度 0.4，试求气相馏出物浓度（或平均浓度）、产量各为多少？
(2) 若要求得到 30kmol/h 或 30kmol 的残液（或液相产品），试求气相、液相（釜液）产品组成各为多少？
由本题可得出何结论？试与例 10－5 结论相比较。

24. 用一连续操作的精馏塔在常压下分离苯－甲苯混合液，已知原料液中含苯 $x_F=0.59$（摩尔分率，下同），以气、液混合状态进料，$q=0.6$，馏出液含苯 $x_D=0.96$，塔顶采用全凝器，回流比 $R=1.8R_{min}$。加料板上的液相组成与料液中的液相组成相同，料液中液相的泡点温度为 92℃。求加料板的上一块理论板下流的液相组成。
苯的安托因方程为

$$\lg p_A^0 = 6.89740 - \frac{1206.350}{t+220.237}$$

式中，p_A^0 单位为 mmHg，t 单位为℃

25. 拟设计一常压连续精馏塔分离乙醇－水溶液，进料流率为 100kmol/h、含乙醇 0.3（摩尔分率，以下同），原料于泡点状态加入塔内，要求塔顶产品浓度为 0.75，塔底产品浓度为 0.2，塔顶设有全凝器，回流比取其最小值的 1.5 倍。已知在操作条件下，乙醇－水溶液的气液相平衡关系如图 10－31 所示。试求：
(1) 当塔顶液体在泡点下进行回流时；
(2) 当塔顶第一层板上液相温度 $t_1=78.9$℃，回流液温度为 $t_0=30$℃时；为完成分离任务所需的理论板数为多少？全凝器冷凝量和再沸器汽化量各为多少？
已知塔顶处平均比热容 $c_p=112.5$kJ/(kmol·℃)，平均气化潜热 39936kJ/kmol。

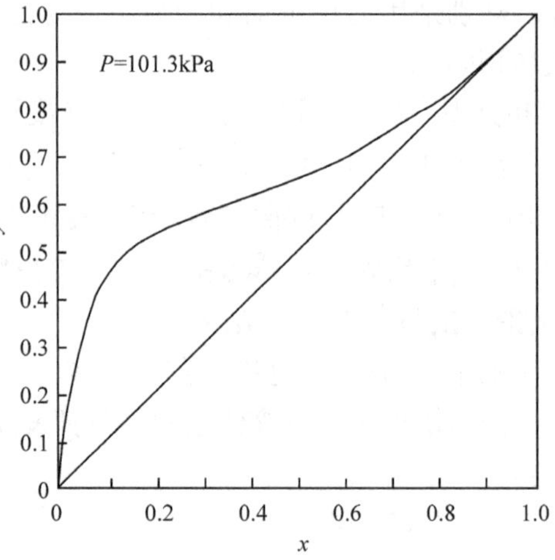

图 10-31 习题 25 附图

26. 采用某连续精馏塔，将组成为 $x_F=0.35$ 的苯-甲苯混合液分离成为 $x_D=0.80$、$x_W=0.02$（均为摩尔分率），$q=1$，$F=0.05\text{kmol/s}$，物系的平均气化潜热为 32330kJ/kmol，$\alpha=2.47$，理论板数 $N_T=\infty$。求以下两种不同加料方式下的回流比及塔釜耗热量。

(1) 塔中部适当位置加料；

(2) 塔顶第一块板加料。

27. 在常压下用精馏方法分离苯-甲苯混合液，混合液中含苯 0.5（摩尔分率，下同），要求塔顶产品浓度为 0.9，甲苯在塔底回收率为 90%，所用回流比为 2.0，

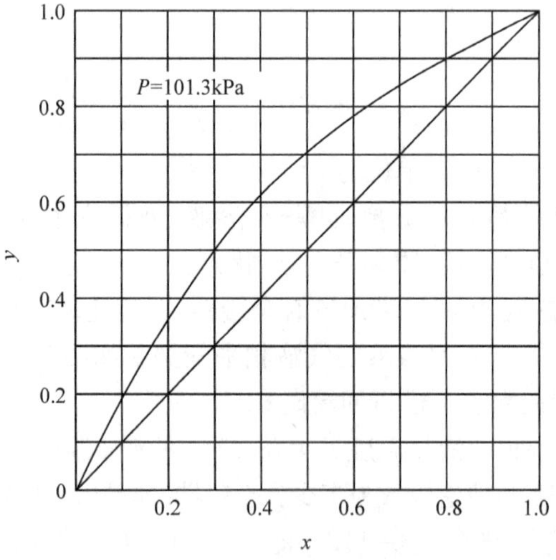

图 10-32 习题 27 附图

原料液饱和液体状态下入塔，试分别计算：

(1) 采用间接蒸汽加热、直接蒸汽加热所需的理论板数；

(2) 若将进料位置在问(1)的结果上，下移两块板，则间接蒸汽加热、直接蒸汽加热所需的理论板数又各为多少。

附：苯-甲苯相图如图 10－32 所示。

28. 用精馏方法分离某水溶液，水为难挥发组分，进料以饱和液体状态加入塔中部，$F=0.05$kmol/s、$x_F=0.4$(摩尔分率，下同)，塔顶馏出液量$D=0.02$kmol/s，$x_D=0.95$，$R=1.2R_{min}$，$\alpha=3$，塔釜用饱和水蒸气直接通入加热。试求：

(1) 提馏段操作线方程；

(2) 设计时，为达到题给的 x_D、D，理论上 x_W最大值为多少？

29. 某二元混合物采用如图 10－33 所示精馏分离流程，泡点回流，塔釜间接蒸汽加热，有一股气相侧线采出。已知进料 $x_F=0.5$(摩尔分率，以下同)，$q=1$，$\alpha=2.46$，要求 $x_{D1}=0.9$，$x_{D2}=0.7$，$x_W=0.1$，$\dfrac{D_1}{F}=0.4$。

(1) 试比较各段操作线的斜率，并在下图中示意画出各操作线；

(2) 求最小回流比。

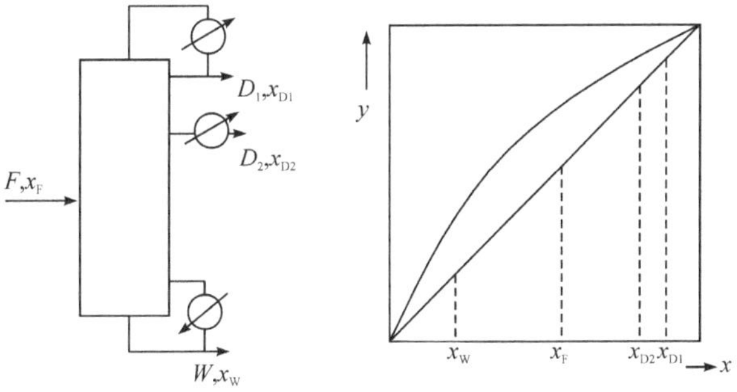

图 10－33　习题 29 附图

30. 用如图 10－34 所示的常压操作连续精馏塔分离苯-甲苯溶液，理论板数一块，塔顶蒸气经分凝器冷凝后液相作为塔顶回流液，$R=3$，气相经全冷凝器冷凝成塔顶产品，进料 $F=100$kmol/h，进料浓度 $x_F=0.44$，泡点进料，塔顶馏出液浓度 $x_D=0.83$，相对挥发度 $\alpha=2.5$，求釜液浓度和塔顶馏出液采出率。

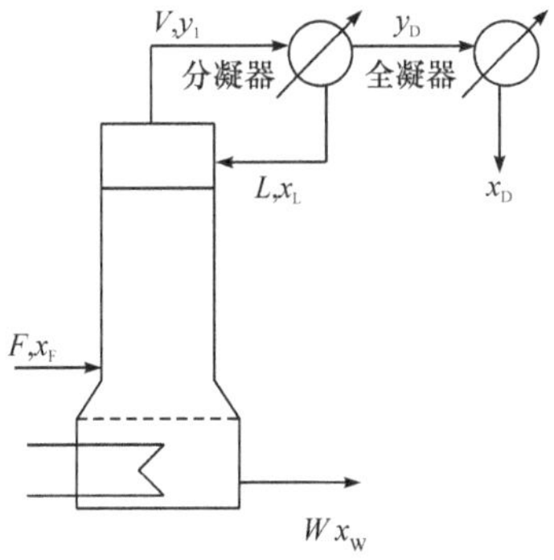

图 10－34　习题 30 附图

31. 对操作中的精馏塔，若保持进料状况(F、x_F、q)、再沸器热负荷不变，而使回流比 R 增大，试定性分析 x_D、x_W如何变化。

32. 操作中的精馏塔,保持 F、x_F、q、V'不变,增大 D,则塔顶易挥发组分回收率如何变化?

33. 操作中的精馏塔,若提馏段上升蒸气量 V'增加,而回流量 L 和进料状况(F、x_F、q)保持不变,则 x_D、x_W如何变化?

34. 操作中的精馏塔,若进料量增大(设塔仍能正常操作),而保持 x_F、q、R、D/F 不变,试定性分析 x_D、x_W如何变化。

35. 操作中的精馏塔,若保持 F、x_F、R、V'不变,而使进料量热状况参数 q 增大,则 x_D、x_W如何变化?

36. 在常压连续精馏塔内分离苯和甲苯混合液,混合液的流量为 1000kmol/h,其中含苯 40%,要求塔顶馏出液中含苯 90%,塔釜残液中含苯 2%(均为摩尔分率)。泡点进料,塔顶冷凝器为全凝器,塔釜间接蒸汽加热,取回流比为最小回流比的 1.5 倍。全塔平均相对挥发度为 2.5。试求:

(1) 塔顶与塔底产品量 D、W 及回流比 R;

(2) 从上往下数的塔内第二块理论板上升气体组成;

(3) 若在塔操作中,将进料状态改为饱和蒸气进料,而保持 F、R、D、x_F不变,此时能否完成分离任务?为什么?

37. 在连续操作的精馏塔中分离苯-甲苯溶液。塔釜间接蒸汽加热,塔顶全凝器,泡点回流。进料中含苯 0.35(摩尔分率,下同),进料量为 100kmol/h,以饱和蒸气状态进入塔中部。塔顶馏出液量为 30kmol/h。系统的相对挥发度为 2.5,且知精馏段操作线方程为 $y=0.84x+0.15$。试求:

(1) 提馏段操作线方程;

(2) 若塔釜停止供应蒸汽,保持回流比不变,当塔板数无限多时,塔顶馏出液、塔底残液的浓度各为多少?

第11章 液液萃取[1~6]

基本内容

液液萃取是利用液体混合物中各组分在某溶剂中溶解度的差异来实现分离的一种单元操作。

液液萃取主要包括两大类传质过程：分级传质过程和微分连续接触式传质过程。这两类传质过程所用的数学描述方法不同，对前者的数学描述方法与精馏章类似；对后者的数学描述方法则与气体吸收章类似，读者在学习过程中要充分注意这一点，以便将本章与精馏、吸收章融会贯通。

分级传质过程按操作流程可分为：单级萃取、多级错流萃取、多级逆流萃取、回流萃取等。而连续接触式传质过程则可分为连续逆流萃取和回流萃取等。

与精馏、吸收章类似，液液萃取的数学模型中主要包括物料衡算、相平衡关系和传质速率模型。值得注意的是，因为萃取操作的热效应一般很小，基本上是等温过程，因此可不必考虑热量衡算问题，这一点与精馏、吸收章不同。传质速率模型处理则与精馏、吸收章相同，引进理论级（即平衡级）或传质单元的概念以使复杂的工程问题简单化。

11.1 相平衡关系

萃取中的相平衡关系就是溶解平衡关系。因为萃取过程达到相平衡时，呈平衡的两相即萃取相和萃余相大都为三元混合物，所以，萃取过程的溶解平衡关系相对精馏、吸收的气（汽）液平衡要更为复杂，常常需在三角形坐标上表示，称为三角形相图。

对本章，读者应能熟练地使用三角形相图，了解相图中点、线段的物理含义，并在相图中会标注两相、三相的状态点，会在相图上表示物料的混合和分开（含分层，下同）过程，这是本章计算的基础。

1. 关于三角形相图

三角形相图可采用直角三角形、等边三角形等，下面以直角三角形为例介绍，如图 11－1 所示。

①顶点代表纯组分；

②三条边代表二元溶液；

③相图中的点代表三元溶液,且有

$$\%A+\%B+\%S=100\%$$

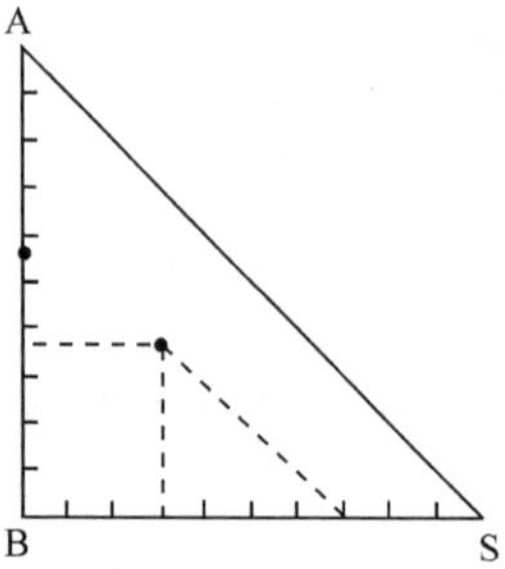

图 11-1　三角形相图

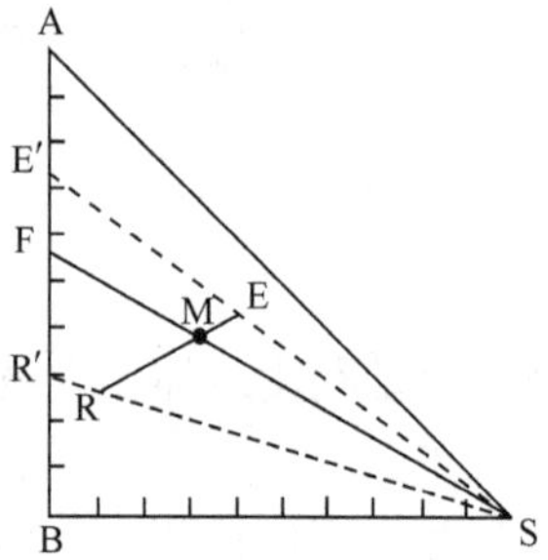

图 11-2　混合液混合、分开过程的图示

2. 三角形相图的应用

三角形相图可以用来表示混合液的混合、分开等过程,在相图中就是和点、差点关系。

如图 11-2 所示,线段$\overline{RME}$代表三元溶液 R(差点)与三元溶液 E(差点)混合成为新的三元溶液 M(和点);线段$\overline{FMS}$代表二元溶液 F(差点)与纯组分 S(差点)混合成为新的三元溶液 M(和点);线段$\overline{E'ES}$代表三元溶液 E(和点)脱除其中的组分 S(差点)后成为二元溶液 E′(差点)。依此类推,图中任一线段上的三个点,均代表混合或分开过程的状态点,由此三点构成的线段又称为杠杆,和点就是杠杆的支点,两差点就是杠杆的“力”的作用点。对两溶液的混合过程作物料衡算,可以得到类似于物理学中的杠杆原理表达式,以线段$\overline{RME}$为例:

$$\frac{R}{E}=\frac{\overline{ME}}{\overline{RM}} \tag{11-1}$$

3. 溶解度曲线

以 B 与 S 部分互溶为例,其溶解度曲线如图 11-3 所示,平衡共存的两相连线称为联结线(共轭线),点 P 为临界混溶点(褶点)。溶解度曲线下方为两相区,其余为均相区。

(1)分配系数 k_i

分配系数表示各组分在相互平衡的萃取相和萃余相中的分配比例,定义如下:

$$k_A=\frac{y_A}{x_A} \qquad k_B=\frac{y_B}{x_B} \tag{11-2}$$

分配系数与精馏中的挥发度相似。k_A 越大、k_B 越小，越有利于萃取分离，所需萃取剂越少。

(2)选择性系数 β

选择性系数 β 表示萃取剂的选择性溶解能力，即表示 A、B 在 S 中的溶解度的差异。定义如下：

$$\beta=\frac{k_A}{k_B}=\frac{y_A/x_A}{y_B/x_B} \tag{11-3}$$

β 与精馏中的相对挥发度 α 相似。$\beta\neq 1$，表明 A、B 可以分离，此时 β 越大，表示越易分离，所需理论级数越少。$\beta=1$，由式 11-3可知，萃取相中的组分 A、B 的浓度之比等于萃余相中的组分 A、B 的浓度之比。因此，萃取相、萃余相脱萃取剂 S 后浓度相同，表明此时不能用萃取方法分离。

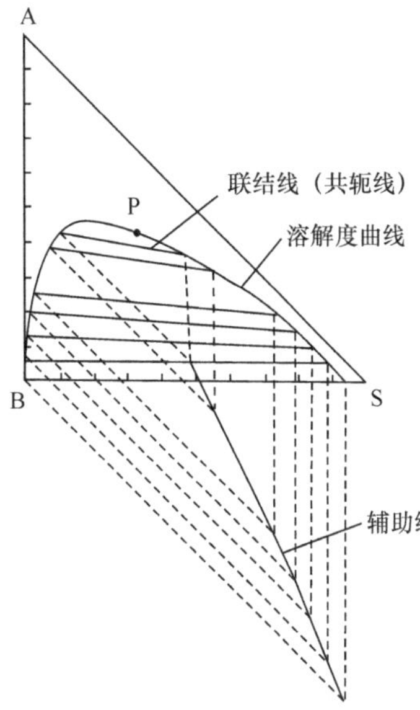

图 11-3　B与S部分互溶时溶解度曲线

根据组分 A、B 在萃取相和萃取液中质量相同的特性，可知

$$\frac{y_A}{y_B}=\frac{y_A^0}{y_B^0}=\frac{y_A^0}{1-y_A^0}$$

同理，有

$$\frac{x_A}{x_B}=\frac{x_A^0}{x_B^0}=\frac{x_A^0}{1-x_A^0}$$

故

$$\beta=\frac{y_A/x_A}{y_B/x_B}=\frac{y_A^0/x_A^0}{y_B^0/x_B^0}=\frac{y_A^0/x_A^0}{(1-y_A^0)/(1-x_A^0)} \tag{11-4}$$

式(11-4)可改写为

$$y_A^0=\frac{\beta x_A^0}{1+(\beta-1)x_A^0} \tag{11-5}$$

可见式(11-5)与精馏的相平衡关系式形式上完全相同。

4. 分配曲线

萃取的相平衡关系也可以在直角坐标系上表示，这时的平衡关系曲线称为分配曲线，直角坐标系上的平衡关系与精馏、吸收的平衡关系无原则上的区别。如图 11-4 所示为 B 与 S 部分互溶时的溶解度曲线与分配曲线之间的关系。

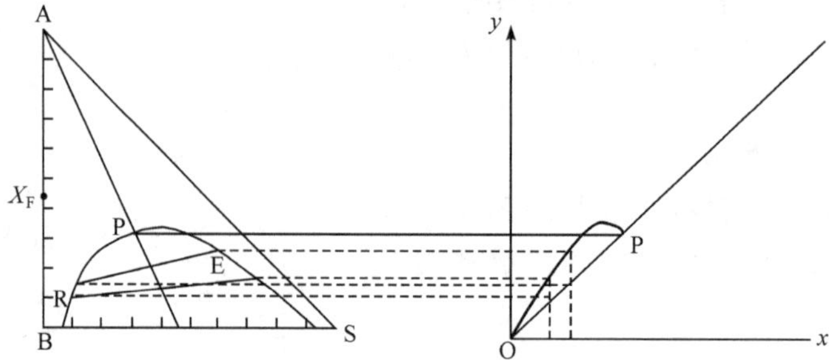

图 11-4　分配曲线

11.2　物料衡算

物料衡算关系就是质量守恒关系。对于三元萃取物系，其物料衡算关系共有3个独立的衡算方程：总物料衡算方程、溶质A的衡算方程和萃取剂S(或稀释剂B)衡算方程。

因为萃取过程就是混合、溶解、分层过程，因此，其物料衡算关系在三角形相图中可以用杠杆法则表示。

如果采用图解法进行萃取计算，则熟练地使用杠杆原则会给计算带来很多方便，读者在随后的例题中将体会到。

与精馏、吸收类似，将物料衡算关系与相平衡关系联合起来，可以解决萃取过程的工艺计算问题。

11.3　理论级

与精馏、吸收类似，实际萃取过程的计算常采用理论级这一工程处理方法，然后再用级效率(实验测定)加以修正。本章仅涉及理论级的情况。

在三角形相图中，萃取理论级数的计算在表现形式上与精馏、吸收有很大不同，在学习中应特别注意这一点。在直角坐标系中，萃取理论级数的求取与精馏、吸收基本相同。

重点与难点

在本章的学习中，重点应围绕以下几个方面来进行：

1. 三角形相图知识；
2. 单级萃取的图解计算法和公式计算法；
3. 多级(错流、逆流)萃取计算：B与S部分互溶时的图解法，B与S完全不互溶情形的图解法和公式法。

精选题及解答

【例 11-1】 20℃乙酸(A)-水(B)-异丙醚(S)溶解度曲线与辅助线如图 11-5 所示。现有乙酸-水原料液 50kg，其中乙酸占 20%(质量分率)。　萃取的相平衡关系

(1) 现向原料液中加入纯异丙醚，问应加入多少千克才能使原料液开始分层？

(2) 分层后，继续加入纯异丙醚 30kg，则萃取相和萃余相的量和组成各为多少？此时乙酸的分配系数 k_A 和选择性系数 β 为多少？

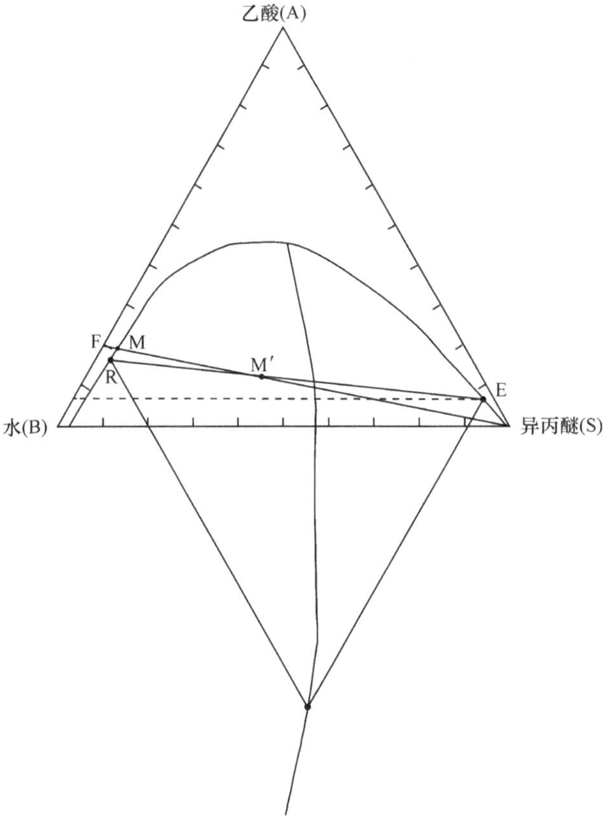

图 11-5　例 11-1 附图

【解】 此题需用作图法求解。

(1)根据 $x_{A,F}=0.20$,可在 AB 边上找到代表原料组成的点 F(见图 11-5)。连接点 F 和 S,与溶解度曲线交于点 M,则根据杠杆原理可得

杠杆原理

$$\frac{\overline{FM}}{\overline{SM}}=\frac{S}{F}$$

由图 11-5 中读取 FM 和 SM 线段的长度,代入上式得

$S=1.57kg$

$$S=\frac{\overline{FM}}{\overline{SM}}F=\frac{0.17}{5.4}\times 50=1.57kg$$

这就是使原料液分层的最少溶剂用量。

(2)分层后,继续加入纯异丙醚 30kg,则萃取剂量变为 31.57kg,再根据杠杆原理,可得

$$\frac{S'}{F}=\frac{\overline{FM'}}{\overline{SM'}}=\frac{31.57}{50}=0.63$$

或
$$\frac{\overline{FM'}}{\overline{FS}}=\frac{31.57}{50+31.57}=0.39$$

根据上述$\frac{\overline{FM'}}{\overline{FS}}$的大小,在图 11-5 中线 FS 上标出和点 M′,再通过辅助线试差作图得过点 M′的连结线 RE。由图中读取线段$\overline{M'E}$和$\overline{RM'}$的长度,得

$$\frac{\overline{M'E}}{\overline{RM'}}=\frac{3.05}{2.07}=1.47$$

根据杠杆原理,得

$$\frac{\overline{M'E}}{\overline{RM'}}=\frac{R}{E}=1.47 \tag{1}$$

又
$$R+E=M'=F+S'=81.57 \tag{2}$$

联立求解式(1)、式(2)得

$E=33.02kg$

$R=48.55kg$

$$E=33.02kg \qquad R=48.55kg$$

再由图上读取:

E 点的组成:　$y_{A,E}=0.069$　　$y_{S,E}=0.91$

$y_{B,E}=1-0.069-0.91=0.021$

R 点的组成:　$x_{A,R}=0.16$　　$x_{B,R}=0.80$

$x_{S,R}=1-0.16-0.80=0.04$

$y_{A,E}=0.069$

$y_{S,E}=0.91$

$y_{S,E}=0.021$

$x_{A,R}=0.16$

$x_{B,R}=0.80$

$x_{S,R}=0.04$

于是,分配系数

$$k_A=\frac{y_{A,E}}{x_{A,R}}=\frac{0.069}{0.16}=0.43$$

$$k_B=\frac{y_{B,E}}{x_{B,R}}=\frac{0.021}{0.80}=0.026$$

选择性系数 $$\beta=\frac{k_A}{k_B}=\frac{0.43}{0.026}=16.5$$

$k_A=0.43$
$k_B=0.026$
$\beta=16.5$

【讨论】 (1) 萃取计算要求熟练使用三角形相图,并能在相图中标注两相、三相的状态点,会在相图上表示物料的混合过程;

(2) 杠杆原理实质上是物料守恒的一种图形表示,在萃取中杠杆原理的应用特别重要。

【例 11-2】 在一单级萃取器中,25℃下用 200kg 的纯萃取剂 3-庚醇从 300kg 乙酸-水溶液中萃取醋酸,萃取后得到萃取相量 250kg,其中含乙酸 15%(质量分率,下同)。25℃时乙酸(A)-水(B)-庚醇-3(S)的溶解度曲线和辅助曲线如图 11-6 所示,P 为临界混溶点。试求:

单级萃取计算及分析

(1) 料液的组成和萃取率;

(2) 最小和最大萃取率时的溶剂用量;

(3) 随着萃取剂用量的增大,萃取率将如何变化?

【解】 (1)如图 11-6 所示,根据 $y_{A,E}=15\%$在溶解度曲线上可以标出萃取相状态点 E,再由辅助曲线作图得萃余相点 R。

因为 $$F+S=M=R+E$$

即 $$300+200=M=R+250$$

所以 $$R=250\text{kg}$$

$R=250\text{kg}$

于是 $$\frac{R}{E}=\frac{250}{250}=1$$

又根据杠杆原理可知

$$\frac{R}{E}=\frac{\overline{\text{ME}}}{\overline{\text{RM}}}=1$$

可见,和点 M 为线段$\overline{\text{RE}}$的中点(见图 11-6)。连接点 S、M,并延长到点 F,有

$$\frac{\overline{\text{MS}}}{\overline{\text{FM}}}=\frac{F}{S}=\frac{300}{200}=1.5$$

由图上点 F 读得

$$x_{A,F}=0.28 \qquad x_{B,F}=0.72$$

故 $$\text{萃取率}=\frac{Ey_{A,E}}{Fx_{A,F}}=\frac{250\times0.15}{300\times0.28}=0.45$$

$x_{A,F}=0.28$
$x_{B,F}=0.72$
萃取率$=0.45$

(2)设线 FS 与溶解度曲线的交点分别为 R′和 E″(见图

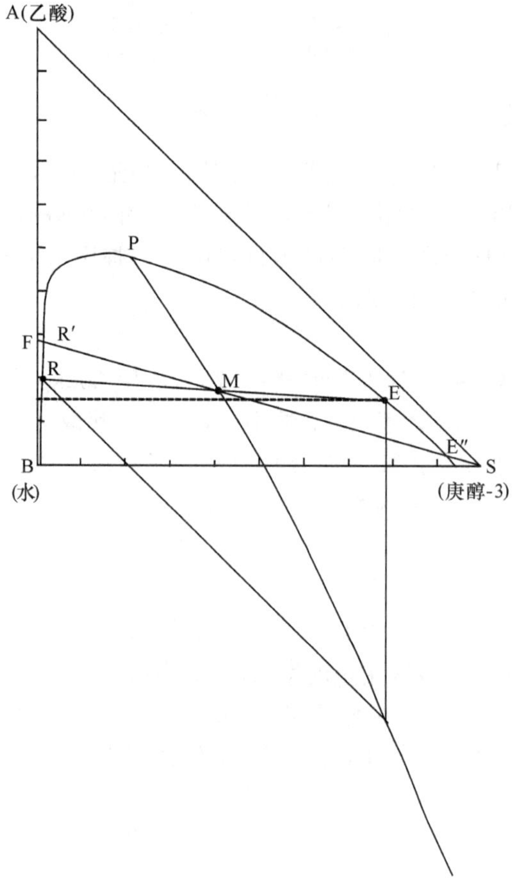

图 11－6　例 11－2 附图

11－6)。则当 R′为和点时,萃取相的量 $E'=0$,此时萃取率最小,等于零。由图上可以读出线段$\overline{FR'}$、$\overline{R'S}$的长度,根据杠杆原理,得

$$\frac{S'}{F}=\frac{\overline{FR'}}{\overline{R'S}}=0.0133$$

故萃取率最小时的萃取剂用量

萃取率最小时的萃取剂用量为 3.99kg。

$$S'=F\times0.0133=300\times0.0133=3.99\text{kg}$$

当 E″为和点时,萃余相的量 $R''=0$,此时 $Fx_{A,F}=Mx_{A,M}=E''y_{A,E}$,萃取率$=\frac{E''y_{A,E}}{Fx_{A,F}}=100\%$,为最大。由图上可以读出线段$\overline{FE''}$、$\overline{E''S}$的长度,根据杠杆原理,得

$$\frac{S''}{F}=\frac{\overline{FE''}}{\overline{E''S}}=11.35$$

故萃取率最大时的萃取剂用量

$$S''=11.35F=11.35\times300=3405\text{kg}$$

萃取率最大时的萃取剂用量为3405kg。

(3)对组分A进行物料衡算:

$$Fx_{A,F}=Ey_{A,E}+Rx_{A,R}$$

故

$$\frac{Fx_{A,F}}{Rx_{A,R}}=\frac{Ey_{A,E}}{Rx_{A,R}}+1$$

将杠杆原理$\frac{E}{R}=\frac{\overline{MR}}{\overline{EM}}$及分配系数$k_A=\frac{y_{A,E}}{x_{A,R}}$代入上式得

$$\frac{Fx_{A,F}}{Rx_{A,R}}=k_A\frac{\overline{MR}}{\overline{EM}}+1$$

或写成

$$\frac{Rx_{A,R}}{Fx_{A,F}}=\frac{1}{k_A\frac{\overline{MR}}{\overline{EM}}+1}$$

于是

$$萃取率=\frac{Ey_{A,E}}{Fx_{A,F}}=\frac{Fx_{A,F}-Rx_{A,R}}{Fx_{A,F}}$$

$$=1-\frac{Rx_{A,R}}{Fx_{A,F}}=1-\frac{1}{k_A\frac{\overline{MR}}{\overline{EM}}+1} \qquad (1)$$

随着萃取剂用量的增大,和点M向点S靠近,作图可知,$\frac{\overline{MR}}{\overline{EM}}$将变大,变化范围从0～∞;而本题$k_A$变化幅度不大,故$k_A\frac{\overline{MR}}{\overline{EM}}$将变大。因此,由式(1)可知萃取率将变大。

随着萃取剂用量的增大,萃取率将变大。

【讨论】 (1) 单级萃取计算主要有图解法和解析法两种。本题为图解法。

(2) 由本题计算结果可见,S用量越大,对单级萃取越有利,但操作费也越高,因此,应适当选取萃取剂用量。

(3) 由本题分析过程可见,萃取的定性分析问题较为复杂,这从后面的例11-8～例11-10也可体会到这一点,分析时,要密切结合相图和杠杆原理(即物料衡算关系)。

【例11-3】 25℃下用二甲亚砜作萃取剂,在单级接触式萃取器中,萃取含苯40%(质量分率,下同)的苯-正己烷溶液。经分析

温度对萃取的影响

得知,萃取器中物质总质量为 80kg,分离后得到的萃取液中苯的浓度 $y_A^0=79.2\%$,在操作条件下,物系的选择性系数 $\beta=54.77$,25℃时溶解度曲线如图 11-7 中实线所示。

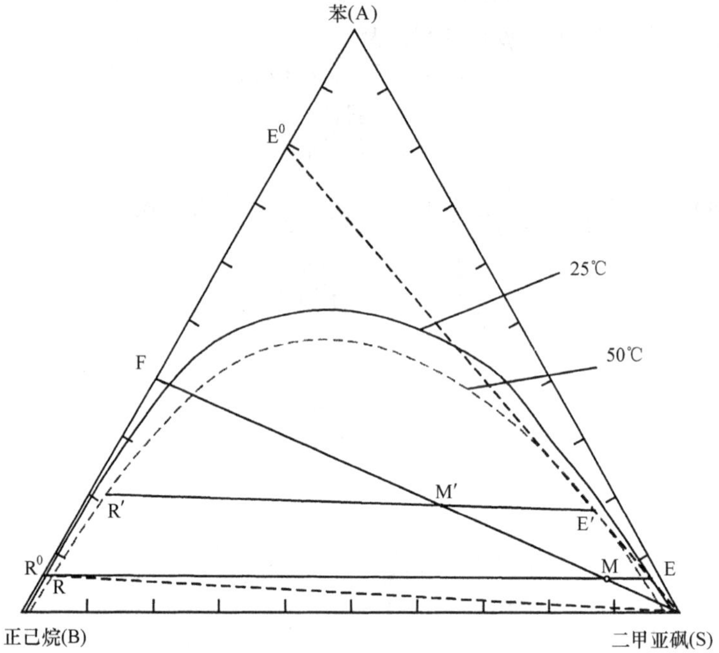

图 11-7 例 11-3 附图

(1) 求料液量、萃取剂用量和萃余率;

(2) 现将操作温度升高至 50℃,则两相区域减小为图 11-7 中虚线所示,求为达到同样的萃取液浓度的萃取剂用量和萃余率。假设温度变化时,苯的分配系数 k_A 可近似视为不变。

【解】 (1)选择性系数 $\beta=\dfrac{y_A/x_A}{y_B/x_B}$

根据组分 A、B 在萃取相和萃取液中质量相同的特性,可知

$$\frac{y_A}{y_B}=\frac{y_A^0}{y_B^0}=\frac{y_A^0}{(1-y_A^0)}$$

同理,有

$$\frac{x_A}{x_B}=\frac{x_A^0}{x_B^0}=\frac{x_A^0}{(1-x_A^0)}$$

故

$$\beta=\frac{y_A/x_A}{y_B/x_B}=\frac{y_A^0/x_A^0}{y_B^0/x_B^0}=\frac{y_A^0/x_A^0}{(1-y_A^0)/(1-x_A^0)}$$

将 $\beta=54.77$, $y_A^0=0.792$ 代入上式,并解之,得

将式(1)改写为 $y_A^0=\dfrac{\beta x_A^0}{1+(\beta-1)x_A^0}$ 可见该式与精馏的相平衡关系式相似。

$$x_A^0=0.065$$

25℃时，萃余液浓度 $x_A^0=0.065$

根据 $x_F=0.4$、$y_A^0=0.792$、$x_A^0=0.065$，在图 11-7 中的三角形边 AB 上标出点 F、E^0、R^0。线 E^0S、R^0S 与溶解度曲线相交于点 E、R，联结线 RE 与线 FS 相交于点 M。由图上读取线段 $\overline{FM}$、$\overline{MS}$长度，得：

$$\frac{\overline{FM}}{\overline{MS}}=6.36$$

代入杠杆原理公式中，得

$$\frac{S}{F}=\frac{\overline{FM}}{\overline{MS}}=6.36 \qquad (1)$$

又 $$M=F+S=80\text{kg} \qquad (2)$$

解式(1)、(2)得

$$F=10.87\text{kg} \qquad S=69.13\text{kg}$$

25℃时
$F=10.87$kg
$S=69.13$kg

又由图中读得

$$\frac{\overline{E^0F}}{\overline{FR^0}}=\frac{3.92}{3.35}=1.17$$

代入杠杆原理公式中，得

$$\frac{R^0}{E^0}=\frac{\overline{E^0F}}{\overline{FR^0}}=1.17 \qquad (3)$$

又 $$R^0+E^0=F \qquad (4)$$

将 $F=10.87$kg 代入式(4)，并联立求解式(3)、(4)得

$$R^0=5.86\text{kg} \qquad E^0=5.01\text{kg}$$

于是 $$\text{萃余率}=\frac{R^0x_A^0}{Fx_F}=\frac{5.86\times0.065}{10.87\times0.4}=0.088$$

25℃时萃余率为 0.088。

(2)在 25℃下，由点 R、E 读得，$y_A=0.056$，$x_A=0.063$，故分配系数

$$k_A=\frac{y_A}{x_A}=\frac{0.056}{0.063}=0.89$$

将操作温度升高至 50℃后，分配系数 k_A不变。由点 E′(线 E^0S 与 50℃的溶解度曲线的交点)读得 $y_A'=0.175$，所以

$$x_A'=\frac{y_A'}{k_A}=\frac{0.175}{0.89}=0.20$$

根据 x_A'在 50℃的溶解度曲线上标出点 R′，连接点 R′、E′，与线段 FS 交于点 M′。由图中读得

$$\frac{\overline{FM'}}{\overline{M'S}}=1.19$$

50℃时萃取剂用量为 12.93kg。

于是 $$S'=\frac{\overline{FM'}}{\overline{M'S}}F=1.19\times10.87=12.93\text{kg}$$

又由杠杆原理 $\frac{E'}{R'}=\frac{\overline{R'M'}}{\overline{M'E'}}$得

$$R'=\frac{\overline{M'E'}}{\overline{R'E'}}M'=\frac{\overline{M'E'}}{\overline{R'E'}}(F+S')$$

由图中读得

$$\frac{\overline{M'E'}}{\overline{R'E'}}=0.31$$

将此值及F、S′值代入上式得

$$R'=0.31\times(10.87+12.93)=7.38\text{kg}$$

50℃时萃余率为 0.34。

故 $$萃余率=\frac{R'x_A'}{Fx_F}=\frac{7.38\times0.2}{10.87\times0.4}=0.34$$

【讨论】 由本题计算结果可见,温度升高,萃余率上升,对萃取不利。这是因为,温度升高,原溶剂 B 与萃取剂 S 的互溶度增大,两相区变小。

x_F对萃取的影响

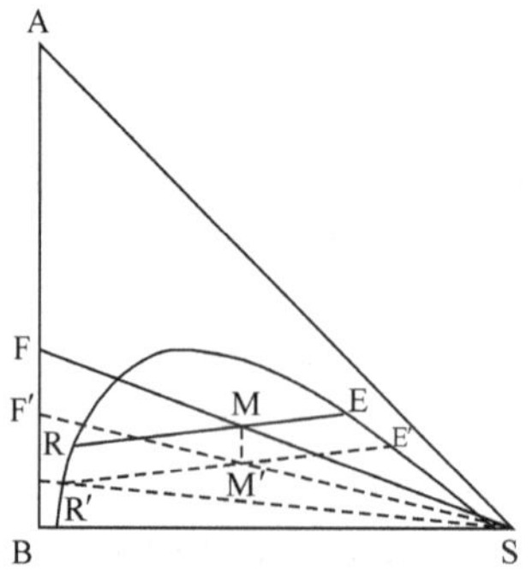

图 11-8 例 11-4 附图

【例 11-4】 用纯萃取剂对 A、B 混合液进行单级萃取,已知萃取剂与 B 部分互溶。现原料液量 F、萃取剂用量 S 不变,而原料浓度 x_F 减小,试定性分析萃取相浓度 y_E、萃余相浓度 x_R如何变化。

【解】 原操作条件下单级萃取过程如图 11-8 实线所示。当原料浓度 x_F减小,而 F、S 不变时,根据杠杆原理可推知,和点 M 下移至正下方 M′处,联结线 RE 也下移至 R′E′,如图 11-8 中虚线所示。由图可见,萃取相浓度 y_E、萃余相浓度 x_R均变小。

$x_F\downarrow$,则$y_E\downarrow$,$x_R\downarrow$。

【讨论】 由本题分析结果可知,x_F减小,则萃取相和萃余相中的溶质浓度也随之减小。这一规律与吸收、精馏相似。

多级错流萃取与单级萃取的比较

【例 11-5】 对乙酸(A)-水(B)混合液在 20℃下用纯异丙醚进行二级错流萃取。相图如图 11-9 所示。原料液为含乙酸 60%(质量分率,下同)、流率为 1000kg/h 的乙酸水溶液。要求第一级的萃取液浓度达到最大萃取液浓度。若每一级均加入等量的异丙醚，试求每小时异丙醚的用量、萃余相中乙酸的浓度、萃余率和总萃取率。

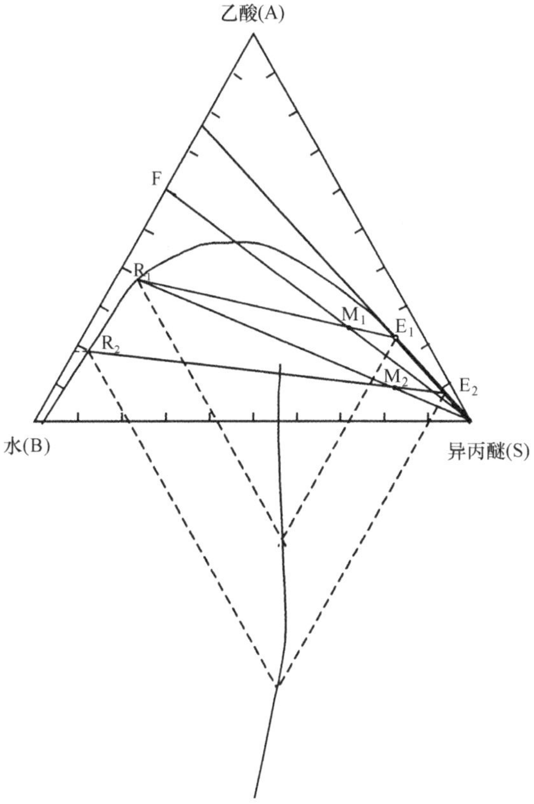

图 11－9　例 11－5 附图 a

若保持萃余相中乙酸的浓度不变，而将二级错流萃取操作改为单级萃取操作，试定性分析所需的异丙醚流量如何变化？

【解】 本题需用作图法求解。

如图 11－9 所示，二级错流萃取时，过 S 作溶解度曲线的切线，由题意可知，切点 E_1 就是第一级的萃取相状态点。通过辅助线作图得第一级萃余相相点 R_1。线段 $\overline{R_1E_1}$ 与线段 $\overline{FS}$ 交于点 M_1。由图上读得

$$\frac{\overline{FM_1}}{\overline{M_1S}}=1.48$$

二级错流萃取时，每一级萃取剂流量为 1480kg/h，两级共计 2960kg/h。

代入 $\frac{\overline{FM_1}}{\overline{M_1S}}=\frac{S}{F}$ 中得

$$S=1.48F=1.48\times1000=1480\text{kg/h}$$

又由图上读得

$$\frac{\overline{M_1E_1}}{\overline{R_1M_1}}=0.22$$

所以 $$\frac{R_1}{E_1}=\frac{\overline{M_1E_1}}{\overline{R_1M_1}}=0.22 \tag{1}$$

又 $$R_1+E_1=F+S=1000+1480=2480 \tag{2}$$

解式(1)、(2)得

$$E_1=2032.8\text{kg/h} \qquad R_1=447.2\text{kg/h}$$

于是 $$\frac{R_1}{S}=\frac{447.2}{1480}=0.30$$

根据 R_1/S 的值,在线 R_1S 上标出和点 M_2,再通过辅助线试差作图,画出过 M_2 的联结线 $\overline{R_2E_2}$,由图上读得

$$x_{R_2}=0.182 \qquad \frac{\overline{M_2E_2}}{\overline{R_2M_2}}=0.16$$

于是 $$\frac{R_2}{E_2}=\frac{\overline{M_2E_2}}{\overline{R_2M_2}}=0.16 \tag{3}$$

又 $$R_2+E_2=M_2=R_1+S=447.2+1480=1927.2\text{kg/h} \tag{4}$$

解式(3)、(4)得

$$E_2=1661.4\text{kg/h} \qquad R_2=265.8\text{kg/h}$$

$$萃余率=\frac{R_2x_{R_2}}{Fx_F}=\frac{265.8\times0.182}{1000\times0.6}=0.0806$$

从图 11-9 中读得

$$y_{E_1}=0.22 \qquad y_{E_2}=0.075$$

故

$$总萃取率=\frac{E_1y_{E_1}+E_2y_{E_2}}{Fx_F}$$
$$=\frac{2032.8\times0.22+1661.4\times0.075}{1000\times0.6}$$
$$=0.95$$

二级错流萃取时,萃余相浓度为 0.182,萃取相浓度为 $y_{E_1}=0.22$,$y_{E_2}=0.075$,萃余率 8.06%,总萃取率 95%。

若保持萃余相中乙酸的浓度不变,采用单级萃取时,则萃余相状态点不变,仍为 R_2。联结线 R_2E_2 与线段 FS 的交点 M(见图 11-10)就是单级萃取系统的和点。

另外,若对如图 11-11 所示的二级错流萃取作物料衡算,得

$$E_1+E_2+R_2=M'=F+2S$$

将此关系式在相图中表示出来,作图过程如下:连点 E_1、

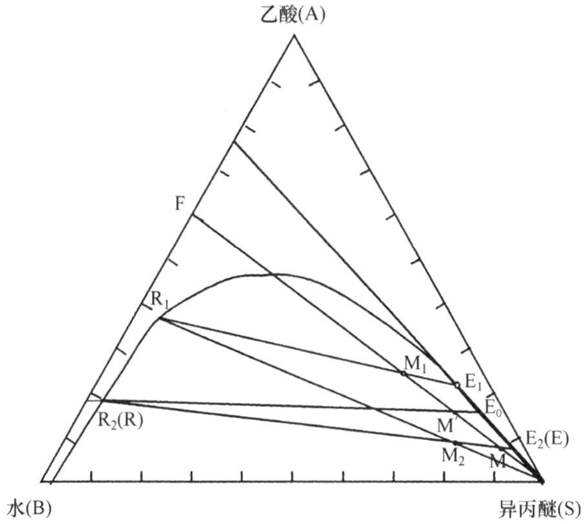

图 11－10　例 11－5 附图 b

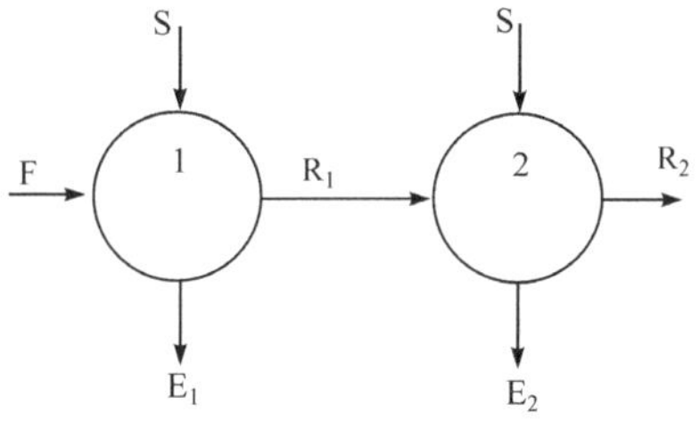

图 11－11　例 11－5 附图 c

E_2，找到它们的和点 E_0，然后再与点 R_2 连接得线段 $\overline{R_2E_0}$，$\overline{R_2E_0}$ 与 $\overline{FS}$ 的交点即为和点 M′(参见图 11－10)。从图 11－10 上显然可见，点 M′ 比点 M 更远离点 S，故由杠杆原理可知，二级错流萃取操作比单级萃取操作所需的异丙醚流量少。

在相同的萃余相浓度下，二级错流萃取操作比单级萃取操作所需的萃取剂量少。

【讨论】　由以上分析结果可见，在相同的萃余相浓度下，采用多级错流萃取所用萃取剂总量比单级萃取时的小。

【例 11－6】　设 B 与 S 部分互溶，用纯 S 对 A、B 二元混合液进行二级错流萃取。相图如图 11－12 所示，P 为褶点，$k_A=1$。每一级均加入等量 S。试分析，若其他条件不变，而将原料液量减小，则萃余相浓度如何变化？

F 的大小对多级错流萃取的影响

【解】　二级错流萃取过程如图 11－12 实线所示。

若 *F* 减小，则 M_1 将向 S 方向移动，R_1E_1 将下移至 $R_1'E_1'$。

如图 11－12 虚线所示。由图中可见，$\frac{\overline{M_1E_1}}{\overline{R_1M_1}}\downarrow$，故由杠杆原理可知$\frac{R_1}{E_1}\downarrow$。又 $R_1+E_1=F+S$，故(R_1+E_1)随 F 减小而变小。因此，R_1 必变小，$\frac{S}{R_1}$则变大。

$F\downarrow$，萃余相浓度$\downarrow$

由以上分析结果及杠杆原理可判知，线段 R_2E_2 的位置不变或上移均不可能，这就是说，R_2E_2 必下移。故 x_2 必变小。

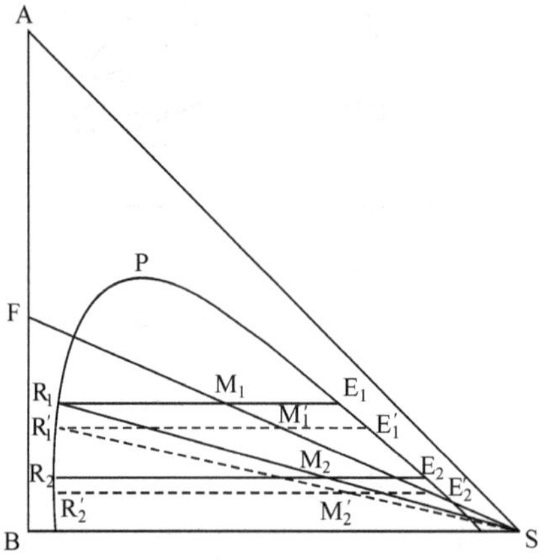

图 11－12　例 11－6 题解附图

【讨论】　(1) 本题属萃取的操作性问题定性分析。若 B 与 S 部分互溶，则分析过程较为复杂，需紧密结合相图(相平衡关系)和杠杆原理(物料衡算关系)作图分析。

(2) 由本题分析结果可知，进料量减小，则多级错流萃取的萃余相浓度将变小。

B与S完全不互溶体系的多级错流萃取

【例 11－7】　对 B 与 S 完全不互溶体系进行多级错流萃取，每一级均加入等量 S。已知原料液流量 100kg/h，含溶质 A50%(质量分率，下同)，稀释剂 B50%；萃取剂流量 60kg/h，含 A5%、S95%。体系相平衡关系可表示为 $Y=2X$，式中，X、Y 均为质量比浓度。要求萃余相中 A 的浓度不大于 5%，试求所需的理论级数。

现由于生产工艺变化，萃取剂流量增大，而其他条件不变，试分析萃余相浓度、萃余率如何变化。

【解】　对 B 与 S 完全不互溶体系的萃取计算，可用解析法。

对如图 11－13 所示的多级错流萃取中的任一级进行物料衡算，并注意到 B、S 流量不变，可得如下操作线方程通式：

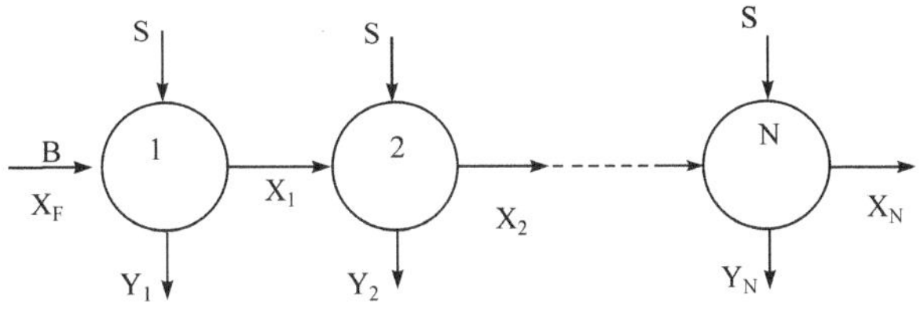

图 11－13 例 11－7 题解附图 a

$$B(X_{i-1}-X_i)=S(Y_i-Y_S)$$

对 B 与 S 完全不互溶体系，B、S 不变。

即
$$Y_i=\frac{B}{S}(X_{i-1}-X_i)+Y_S \tag{1}$$

将
$$B=F(1-x_F)=100\times(1-0.5)=50\text{kg/h}$$
$$S=60\times(1-0.05)=57\text{kg/h}$$

$$Y_S=\frac{y_S}{1-y_S}=\frac{0.05}{1-0.05}=0.0526$$

相平衡关系为

$$Y_i=2X_i \tag{2}$$

代入式(1)，化简得

$$3.28X_i=X_{i-1}+0.060 \qquad (i=1,2,3\cdots) \tag{3}$$

从第一级($i=1$)开始计算。

将 $X_0=X_F=\dfrac{X_F}{1-x_F}=\dfrac{0.5}{1-0.5}=1$ 代入式(3)得

$$X_1=0.323$$

代入式(2)得

$$Y_1=0.646$$

$X_1=0.323$
$Y_1=0.646$

第二级：将 $X_1=0.323$ 代入式(3)得

$$X_2=0.117$$

代入式(2)得

$$Y_2=0.234$$

$X_2=0.117$
$Y_2=0.234$

如此类推，对第三级、第四级有

$$X_3=0.054 \qquad Y_3=0.108$$
$$X_4=0.035 \qquad Y_4=0.07$$

$X_3=0.054$
$Y_3=0.108$
$X_4=0.035$
$Y_4=0.07$

可见，$X_4=0.035<0.05$，故理论级数为 4 时，可以达到指定的分离要求。

达到指定的分离要求需 4 个理论级。

萃取剂流量增大，则萃余相浓度、萃余率均变小。

将各级操作线画在 $X-Y$ 坐标系中，如图 11－14 实线所示。若 S 变大，则操作线斜率变小，作图可知，X_4 将变小。而萃取率 $=\dfrac{BX_4}{BX_F}=\dfrac{X_4}{X_F}$，故萃余率也将变小。

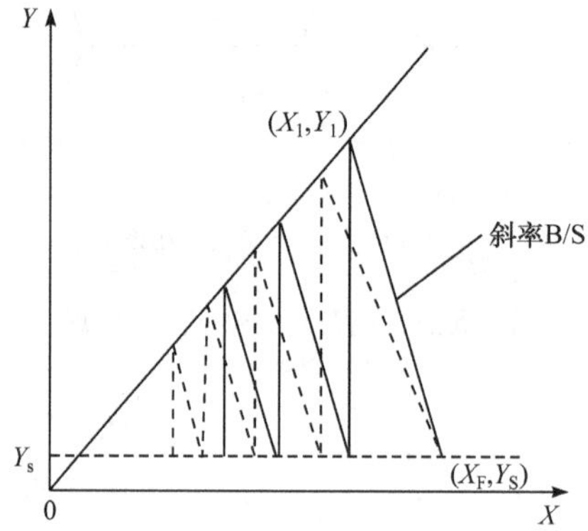

图 11－14　例 11－7 题解附图 b

【讨论】　(1)B 与 S 完全不互溶体系与 B 与 S 部分互溶体系相比，具有以下特点：

①每一相只含有两个组分；

②稀释剂 B、纯萃取剂 S 量或流率分别在萃余相、萃取相中保持不变；

③每一相浓度均可用质量比浓度表示；

④相平衡关系可用分配曲线表示(直角坐标系)；

⑤操作线为直线。

由于以上特点，使得 B 与 S 完全不互溶体系的萃取计算与 B 与 S 部分互溶体系的萃取计算相比大大简化，解析法的使用也成为可能(B 与 S 部分互溶体系的萃取计算一般使用图解法)，此时的计算过程类似于恒摩尔流时的精馏、低浓气体吸收时的计算过程。

(2)对 B 与 S 完全不互溶体系的多级错流萃取，若萃取剂流量增大，则萃余相浓度、萃余率均变小。

多级逆流萃取与多级错流萃取的比较及操作型问题分析

【例 11－8】　将例 11－5 的萃取过程由二级错流萃取改为二级逆流萃取(见图 11－15)，原料液仍为含乙酸 60％(质量分率)、流率为 1000kg/h 的乙酸水溶液，萃取剂异丙醚用量与例 11－5 相同，即 $S=2960$kg/h。试求最终萃余相中乙酸的浓度、萃余率和萃取率，并与例 11－5 的结果相比较。

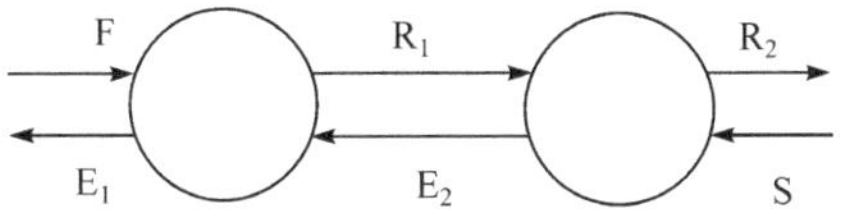

图 11－15　例 11－8 附图

若其他条件不变，而将原料液流量降低，试定性分析最终萃余相中乙酸的浓度如何变化。

【解】 本题需用作图法求解。步骤如下：

① 如图 11－16 所示，连点 F、S，并根据 $\frac{S}{F}=\frac{\overline{FM}}{\overline{MS}}=\frac{2960}{1000}=2.96$ 确定和点 M；

② 假设一个 x_{R_2} 值，不妨设 $x_{R_2}=0.182$（例 11－5 的计算结果）。连点 R_2、M 并延长至溶解度曲线，得点 E_1；

③ 连 FE_1、R_2S 并延长，交于操作点 Δ；

④ 通过辅助线作过 E_1 的联结线 R_1E_1；

⑤ 连 $R_1\Delta$，交溶解度曲线于点 E_2；

⑥ 作联结线 $R_2'E_2$。若 R_2' 与 R_2 重合，则假设 x_{R_2} 值正确；否则重新假设 x_{R_2} 值，直至满足要求为止。

最后作图结果如图 11－16 所示，由图读得

$$x_{R_2}=0.08\qquad y_{E1}=0.16$$

再由图读得

$$\frac{\overline{ME_1}}{\overline{R_2M}}=0.062$$

于是

$$\frac{R_2}{E_1}=\frac{\overline{ME_1}}{\overline{R_2M}}=0.062$$

又

$$R_2+E_1=M=F+S=1000+2960=3960$$

解之得

$$E_1=3728.8\text{kg/h}\qquad R_2=231.2\text{kg/h}$$

故

$$\text{萃余率}=\frac{R_2x_{R_2}}{Fx_F}=\frac{231.2\times0.08}{1000\times0.6}=0.031$$

$$\text{萃取率}=\frac{E_1y_{E_1}}{Fx_F}=\frac{3728.8\times0.16}{1000\times0.6}=0.99$$

若其他条件不变，而将原料液流量降低，则由杠杆原理可

附例 11－5 的计算结果：
二级错流萃取时，每一级萃取剂流量为 1480kg/h，两级共计 2960kg/h。萃余相浓度为 0.182，萃取相浓度为 $y_{E_1}=0.22$　$y_{E_2}=0.075$
萃余率 8.06%，总萃取率 95%。

二级逆流萃取时，萃余相浓度为 0.08，萃取相浓度为 0.16，萃余率 3.1%，萃取率 99%。

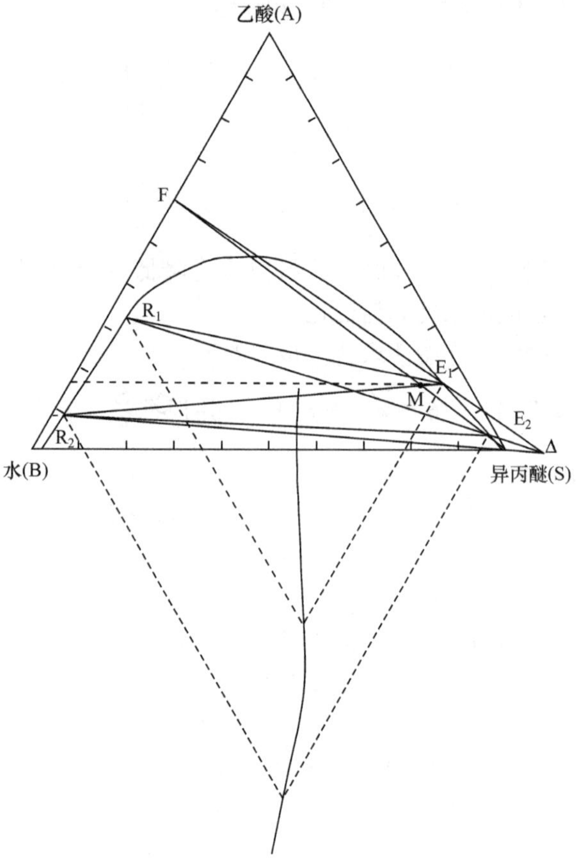

图 11-16　例 11-8 题解附图

原料液流量减小，则萃余相浓度变小。

知，和点 M 将向点 S 靠近，假设点 R_2 不动或向上移动，通过作图可知均不可能，因而，点 R_2 只能往下移动，即最终萃余相中乙酸的浓度将变小。

【讨论】 (1)多级逆流萃取与多级错流萃取相比：

在相同的萃取剂量和萃取理论级数下，多级逆流萃取分离效果更好，即萃取相浓度大、萃余率小、萃取率高。

在相同的分离要求和萃取理论级数下，多级逆流萃取所需的萃取剂量较少。

(2)由本题分析结果可知，进料量减小，则多级逆流萃取的萃余相浓度将变小。这与多级错流的结果相一致(参见例 11-6)。

【例 11-9】 拟在多级逆流萃取器(如图 11-17 所示)中,用 20℃煤油作萃取剂,从尼古丁(A)-水(B)溶液中萃取尼古丁。煤油和水可认为完全不互溶,操作条件下,尼古丁(A)-水(B)-煤油(S)体系的分配系数 $k_A = Y_A/X_A = 0.91$,其中,Y_A、X_A 均为质量比浓度。煤油中含尼古丁 0.5%(质量分率,下同),煤油用量为最小用量的 1.5 倍;原料液流量 700kg/h、含尼古丁 1.8%。要求萃余相中尼古丁浓度不得超过 0.6%,试求所需煤油流量和理论级数。

B与S完全不互溶体系的多级逆流萃取

若在萃取操作过程中,将原料液浓度增大,而其他条件不变,试分析萃余相浓度如何变化。

若萃取剂用量减小,又如何?

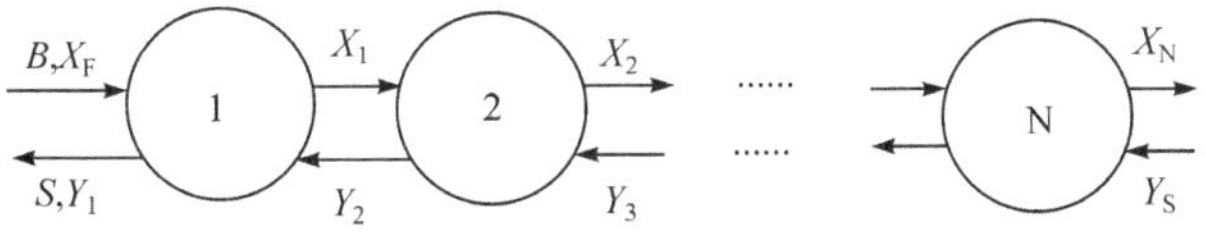

图 11-17 例 11-9 附图

【解】 对 B 与 S 完全不互溶体系的多级逆流萃取,对第 i 级至第 N 级范围进行物料衡算得其操作线方程为

$$B(X_{i-1} - X_N) = S(Y_i - Y_S)$$

即

$$Y_i = \frac{B}{S}(X_{i-1} - X_N) + Y_S \tag{1}$$

操作线方程

可见,操作线方程为直线,斜率为 B/S,又称溶剂比。当 S

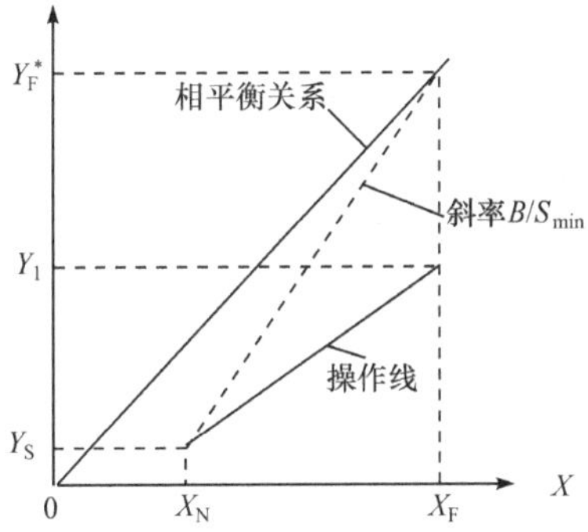

图 11-18 例 11-9 题解附图 a

取最小值 S_{min} 时,斜率最大,见图 11-18 中的虚线。因此,由图可知

$$\frac{S_{min}}{B}=\frac{X_F-X_N}{Y_F^*-Y_S}$$

将

$$X_N=\frac{x_N}{1-x_N}=\frac{0.006}{1-0.006}=0.00604$$

$$Y_S=\frac{y_S}{1-y_S}=\frac{0.005}{1-0.005}=0.00503$$

$$X_F=\frac{x_F}{1-x_F}=\frac{0.018}{1-0.018}=0.0183$$

$$Y_F^*=0.91X_F=0.91\times0.0183=0.0167$$

$$B=F(1-x_F)=700\times(1-0.018)=687.4\text{kg/h}$$

代入得

$$S_{min}=722.2\text{kg/h}$$

故 $S=1.5S_{min}=1.5\times722.2=1083.3\text{kg/h}$

所需煤油流量 $S_0=\frac{S}{1-y_S}=\frac{1083.3}{1-0.005}=1088.7\text{kg/h}$

要想求出理论级数，需从第 1 级或第 N 级开始，逐级反复利用物料衡算和相平衡关系，这与精馏的逐板法很相似。

逐级计算法

下面从第一级开始计算，首先求解 Y_1。

对整个系统的组分 A 进行物料衡算，得

$$B(X_F-X_N)=S(Y_1-Y_S)$$

即

$$Y_1=\frac{B}{S}(X_F-X_N)+Y_S$$

将 B、S、X_F、X_N、Y_S值代入上式得

$Y_1=0.0128$

$$Y_1=0.0128$$

下面逐级计算各级萃取相、萃余相的浓度。

将 B、S、X_N、Y_S值代入操作线方程式(1)，得

$$Y_i=0.635X_{i-1}+0.0012 \quad (2)$$

这就是本题的操作线方程。

又相平衡关系

$$Y_i=0.91X_i \quad (3)$$

将 $Y_1=0.0128$ 代入式(3)得

$X_1=0.0141$

$$X_1=\frac{0.0128}{0.91}=0.0141$$

将 X_1 代入式(2)得

$$Y_2=0.0102$$

将 $Y_2=0.0102$ 代入式(3)得

$$X_2=0.0112$$

如此类推,反复利用式(2)、(3),可依次求得第3级、第4级……萃取相和萃余相浓度为

$Y_3=0.0083$　$X_3=0.0091$　$Y_4=0.0070$　$X_4=0.0077$

$Y_5=0.0061$　$X_5=0.0067$　$Y_6=0.0055$　$X_6=0.0060$

可见,X_6 刚好满足最终萃余相浓度不超过0.6%的要求,故所需的理论级数为6。

此题也可直接使用下式进行计算:

$$\frac{X_F-Y_S/m}{X_N-Y_S/m}=\frac{e^{N+1}-1}{e-1} \tag{4}$$

式中,$e=\frac{mS}{B}$——萃取因数。

将 $m=0.91$,B、S、X_N、X_F、Y_S值代入计算,得

$$N=5.8$$

可见所需的理论级数为6。与上述逐级法计算结果相同。

当 X_F变大时,操作线斜率 B/S 不变,Y_S不变。假设 X_N不变或变小,作图可知(见图11-19中虚线),操作线由N1变成了N1′和N″1″,可见理论级数即梯级数均变多,这与理论级数为一固定值(因为设备一定)这一条件相矛盾,故 X_N只能变大。

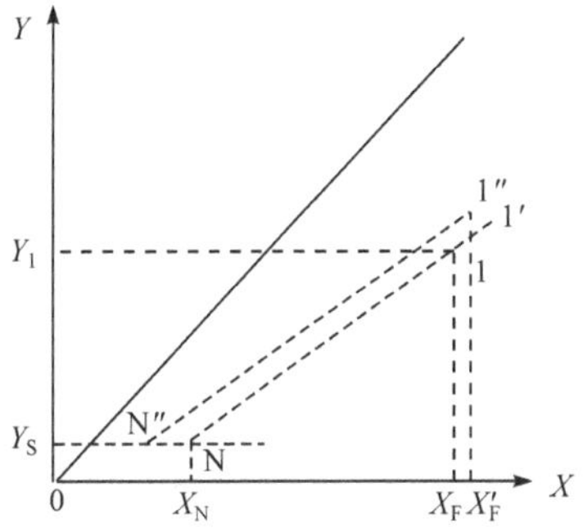

图11-19　例11-9题解附图b

若萃取剂用量减小,而其他条件不变,则操作线斜率 B/S 变大,Y_S、X_F不变。假设 X_N不变或变小,作图可知(见图11-20中虚线),操作线变成了N1′和N″1″,可见理论级数即梯级数均变多,这与理论级数为一固定值这一条件相矛盾,故 X_N只能变大。

$Y_2=0.0102$
$X_2=0.0112$
$Y_3=0.0083$
$X_3=0.0091$
$Y_4=0.0070$
$X_4=0.0077$
$Y_5=0.0061$
$X_5=0.0067$
$Y_6=0.0055$
$X_6=0.0060$

要使萃余相中尼古丁浓度不超过0.6%,需6个理论级。

当 X_F 变大时,X_N 变大。

萃取剂用量减小时,X_N变大。

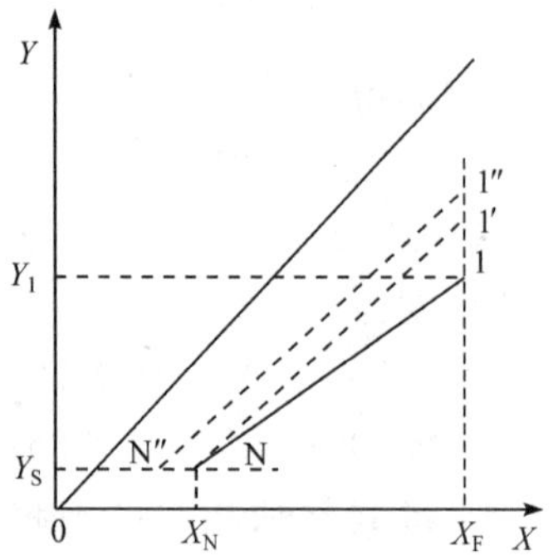

图 11-20　例 11-9 题解附图 c

【讨论】 (1)B 与 S 完全不互溶体系多级逆流萃取分析计算过程与解吸的分析计算很相似;

(2)对 B 与 S 完全不互溶体系的多级逆流萃取,当 X_F 变大或萃取剂流量减小时,萃余相浓度将变大。

B 与 S 完全不互溶、连续接触逆流萃取的定性分析

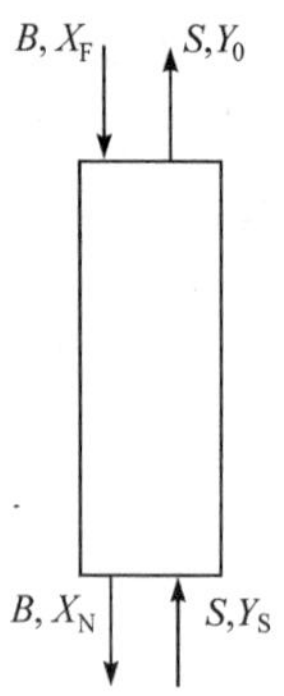

图 11-21　例 11-10 附图

【例 11-10】 在一连续接触逆流萃取塔中(如图 11-21 所示),用纯溶剂(S)萃取 A、B 混合液中的溶质 A。B 与 S 完全不互溶。

(1) 将萃取剂浓度增大;

(2) 将原料液浓度增大。

则萃取相浓度 Y_0、萃余相浓度 X_N 如何变化?

【解】 B 与 S 完全不互溶体系的连续接触逆流萃取过程的计算方法与解吸过程的计算完全相同。故有

填料层高度　　$h = \text{HETS} \cdot N_T$

式中,HETS 为一个理论级的当量高度,N_T 为理论级数。

全塔物料衡算

$$Y_0 = \frac{B}{S}(X_F - X_N) + Y_S \tag{1}$$

操作线方程　　$Y = \frac{B}{S}(X - X_N) + Y_S$

可见,操作线过点(X_F,Y_0)和点(X_N,Y_S)。

(1)若仅 $Y_S\uparrow$，而其他条件不变，则 HETS、$\frac{B}{S}$不变。

假设萃取相浓度 Y_0 不变或变小，则操作线由 AB 变为 A′B 或 A″B″[见图 11－22(1)]，作图可知，N_T将变小，这与理论级数为一固定值(因为设备一定)这一条件相矛盾，故 Y_0 只能变大。

此分析方法为排除法。分析时须同时结合作图进行。

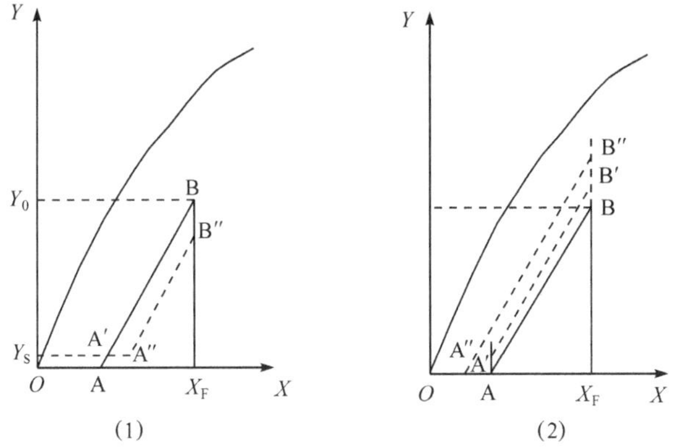

图 11－22　例 11－10 题解附图 a

假设萃余相浓度 X_N不变或变小，则操作线由 AB 变为A′B′或 A″B″[见图 11－22(2)]，作图可知，N_T将变大，这与理论级数为一固定值(因为设备一定)这一条件相矛盾，故 X_N只能变大。

$Y_S\uparrow$，Y_0、X_N 变大。

(2)若 $X_F\uparrow$而其他条件不变，则 HETS、$\frac{B}{S}$不变。

假设萃取相浓度 Y_0 不变或变小，则操作线由 AB 变为 A′B′或 A″B″[见图 11－23(1)]，作图可知，N_T将变小，这与理论级数

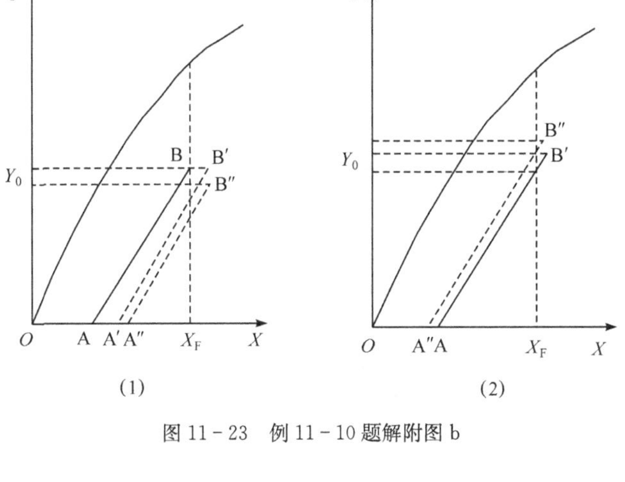

图 11－23　例 11－10 题解附图 b

为一固定值这一条件相矛盾,故 Y_0 只能变大。

$X_F\uparrow$, Y_0、X_N 变大

假设萃余相浓度 X_N 不变或变小,则操作线由 AB 变为 AB′ 或 A″B″[见图 11-23(2)],作图可知,N_T 将变大,这与理论级数为一固定值这一条件相矛盾,故 X_N 只能变大。

【讨论】 B 与 S 完全不互溶体系在连续接触逆流萃取塔中萃取时,萃取剂浓度增大时,萃取相浓度 Y_0、萃余相浓度 X_N 均变大;原料液浓度增大时,萃取相浓度 Y_0、萃余相浓度 X_N 均变大。这一规律与解吸过程相同。

本章主要符号说明

符　号	意　义	单　位
B	稀释剂量	kg 或 kg/s
E	萃取相量	kg 或 kg/s
E^0	萃取液量	kg 或 kg/s
F	原料量	kg 或 kg/s
HETS	一个理论级数的当量高度	m
h	萃取塔填料层高度	m
k	分配系数	—
M	混合液量	kg 或 kg/s
N	理论级数	—
R	萃余相量	kg 或 kg/s
R^0	萃余液量	kg 或 kg/s
S	萃取剂量	kg 或 kg/s
X	原料液或萃余相中溶质 A 的质量比浓度	—
x	原料液或萃余相中溶质 A 的质量分率	—
Y	萃取剂或萃取相中溶质 A 的质量比浓度	—
y	萃取剂或萃取相中溶质 A 的质量分率	—
β	选择性系数	—

参 考 文 献

1 何潮洪等. 化工原理操作性问题的分析. 北京:化学工业出版社,1998

2 陈维杻. 传递过程与单元操作. 下册. 杭州:浙江大学出版社,1994

3 谭天恩等. 化工原理. 下册. 第二版. 北京:化学工业出版社,1998

4 陈敏恒等. 化工原理. 下册. 第二版. 北京:化学工业出版社,1999

5 大连理工大学化工原理教研室. 化工原理. 下册. 大连:大连理工大学出版社,1993

6 蒋维钧等. 化工原理. 下册. 北京:清华大学出版社,1992

习　　题

1. 在萃取操作中，分配系数 k_A 表示____。
2. 萃取过程中的选择性系数 β 类似于蒸馏中的__________。
3. 三角形相图中的联结线是指____。
4. 在原溶剂B与萃取剂S部分互溶体系的单级萃取过程中，若加入的纯萃取剂量增加而其他操作条件不变，则萃取液中溶质A的浓度 y_A^0________。
   (A)增大　　(B)下降　　(C)不变　　(D)变化趋势不确定
5. 用溶剂S从组分A、B完全互溶的溶液中萃取其中A组分，如果出现以下哪一种情况将不能进行萃取分离？________
   (A)S和B完全不互溶，S和A完全互溶
   (B)S和B部分互溶，A组分的分配系数 $k_A=1$
   (C)选择性系数 $\beta=1$
6. 溶质A在萃取相中和萃余相中的分配系数 $k_A>1$，是选择萃取剂的必备条件之一。此话对否？________
7. 将含A20%(质量分率，下同)的100kgA、B溶液和含A60%的200kgA、B溶液混合后，用溶剂S进行单级萃取，所得萃余相和萃取相脱溶剂后，又能得到原来的含A20%和含A60%的溶液。问此工作状态下的选择性系数 $\beta=$________。
8. 单级萃取(理论级)中，在维持进料组成和萃取相浓度不变的条件下，若用含有少量溶质的萃取剂代替纯溶剂，所得萃余相浓度将________；萃取相量与萃余相量之比将________；萃取液的浓度(指溶质)将________；萃余液浓度将________。
   (A)增加　　(B)减少　　(C)不变　　(D)不确定
9. 当分配系数 $k_A=1$ 时，说明溶质A在萃取相E中的质量分率________在萃余相中的含量。
   (A)>　　(B)=　　(C)<　　(D)≥
10. 多级逆流萃取与单级萃取比较，如果溶剂比、萃取相浓度一样，则多级逆流萃取可使萃余相浓度________。
    (A)增大　　(B)减少　　(C)基本不变　　(D)增大、减少都有可能
11. 在B、S部分互溶体系中加入A，一般会使B、S互溶度________。降低操作温度，B、S的互溶度________。
    (A)变大　　(B)变小　　(C)不变　　(D)无法确定

12. 用纯溶剂 S 进行单级萃取，B 与 S 不互溶，x_F、x_R一定，若溶液分配系数 k_A 越大，则所需的溶剂比 S/B ________。

(A)越大　(B)越小　(C)不变　(D)不确定

13. 萃取剂加入量应使原料和萃取剂的和点 M 位于________。

(A)溶解度曲线的上方区　(B)溶解度曲线上

(C)溶解度曲线的下方区　(D)坐标线上

14. 进行萃取操作时应使________。

(A)分配系数大于 1　(B)分配系数小于 1

(C)选择性系数大于 1　(D)选择性系数等于 1

15. 一般情况下，原溶剂 B 的分配系数 k_B 值________。

(A)大于 1　(B)小于 1　(C)等于 1　(D)难以判断，都有可能

16. 丙酮(A)-乙酸乙酯(B)-水(S)体系 30℃下的平衡相图如图 11-24 所示，现将 30kg 的 S 与 50kg 的 B 相混，试求：

(1) 平衡的两相组成及量各为多少？

(2) 在混合物中至少加入多少千克 A，才能使混合物变为均相？

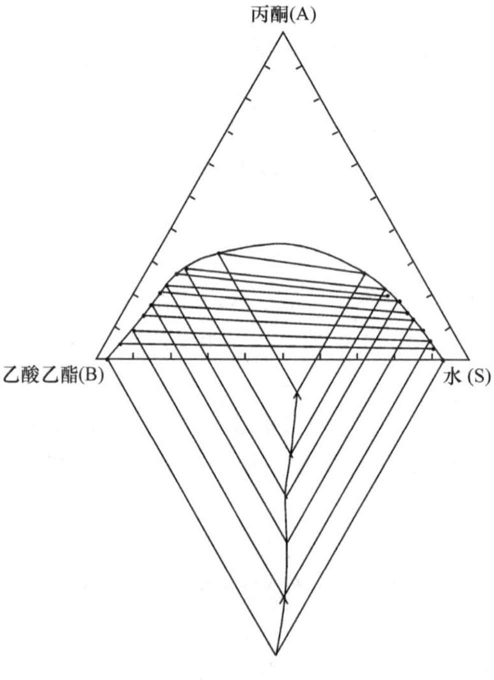

图 11-24　习题 16 附图

17. 在一单级萃取器中，用 1000kg/h 含尼古丁 0.02%(质量分率，下同)的煤油从

20℃、700kg/h 尼古丁-水溶液中萃取尼古丁，煤油和水可认为完全不互溶。萃取相中含尼古丁 1.5%。操作条件下，尼古丁(A)-水(B)-煤油(S)系统的分配系数 $k_A = Y_A / X_A = 0.91$，其中，Y_A、X_A 均为质量比。试求：

(1) 料液的浓度和萃余率；

(2) 最小和最大萃余率时的溶剂用量；

(3) 若将萃取剂用量增大，则萃余率将如何变化？

18. 某混合物含溶质 A 为 40%，稀释剂 B 为 60%，拟用单级萃取进行分离，要求萃余液中 A 的浓度 x_A^0 不超过 20%。在某操作温度下，萃取剂 S、稀释剂 B 及溶质 A 之间的溶解度曲线如图 11-25 实线所示，分配系数 $k_A = 1.0$，试求：

(1) 此单级萃取所需要的溶剂比 S/F 为多少？萃余率为多少？此时选择性系数为多少？

(2) 若降低操作温度，使两相区域增大为如图虚线所示，假设分配系数 k_A 不变，溶剂比 S/B 不变，试分析萃取相、萃取液、萃余相、萃余液浓度和过程的选择性系数如何变化？

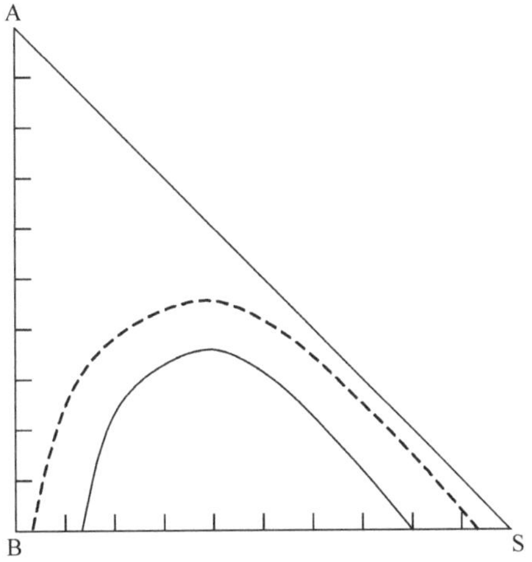

图 11-25　习题 18 附图

19. 用纯萃取剂对 A、B 混合液进行单级萃取，萃取剂与 B 完全不互溶。现保持溶剂比 S/B 不变，而原料浓度 x_F 增大，试定性分析萃取相浓度 y_E、萃余相浓度 x_R、萃余率如何变化。

20. 对乙酸(A)-水(B)混合液在 20℃下用纯异丙醚进行单级萃取。相图如图 11-9所示。原料液为含乙酸 60%(质量分率，下同)，流率为 1000kg/h 的乙酸水溶液。要求萃余相中乙酸的浓度 $x_R = 0.182$，试求每小时异丙醚的用量和萃余率，并将计算结果与例 11-5 定量计算与定性分析结果对照。

21. 采用多级错流萃取来提取 30℃丙酮(A)-乙酸乙酯(B)溶液中的有效组分丙酮,每级均用纯水(S)作萃取剂,流量为 800kg/h,原料液流量 1000kg/h,其中丙酮浓度为 40%(质量分率,下同)。要求萃余相中丙酮浓度小于 5%,试求所需的级数。30℃丙酮(A)-乙酸乙酯(B)-水(S)的溶解度曲线和辅助线见习题 16 附图。

若操作中,其他条件不变,而将水的流量减小,试分析萃余相浓度、萃余率如何变化。

22. 用纯萃取剂 S 对 A、B 溶液进行四级错流萃取,B 与 S 完全不互溶,相平衡关系为 $Y=0.9X$,其中,Y、X 均为质量比。纯萃取剂总的用量为 4000kg/h,AB 原料液为 2000kg/h、含 A10%(质量分率)。试对如下几种情况分别计算萃余相中 A 的浓度和萃余率。

(1) 把萃取剂平均分为 4 份,分别加入各级;

(2) 把萃取剂分为如下 4 份:2000kg/h,1000kg/h,500kg/h,500kg/h,依次加入第 1 至第 4 级。

(3) 把萃取剂分为如下 4 份:500kg/h,500kg/h, 1000kg/h,2000kg/h,依次加入第 1 至第 4 级。

23. 对 B 与 S 完全不互溶体系进行多级错流萃取,每一级均加入等量 S。现由于生产工艺变化,原料液浓度增大,而其他条件不变,试分析萃余相浓度、萃余率如何变化。

24. 将习题 22 的萃取过程由四级错流萃取改为四级逆流萃取,仍用 4000kg/h 纯 S 作为萃取剂,萃取 2000kg/h 含 A10%(质量分率)A、B 溶液。试求萃余相中 A 的浓度和萃余率,并与习题 22 结果相比较。

25. 用庚醇-3 作萃取剂对 25℃乙酸(A)-水(B)溶液进行多级逆流萃取。原料液量为 200kg/h,含乙酸 50%、水 50%;萃取剂用量为最小溶剂用量的 1.5 倍。要求萃余液中乙酸浓度不大于 5%,求理论级数。25℃时乙酸(A)-水(B)-庚醇-3(S)的溶解度曲线和辅助曲线参见图 11-6。

26. 对 B 与 S 部分互溶体系,用纯 S 进行二级逆流萃取,相图如图 11-26 所示,P 为临界混溶点,$k_A=1$。试分析,若其他条件不变,而萃取剂量增大,则萃余相浓度如何变化?

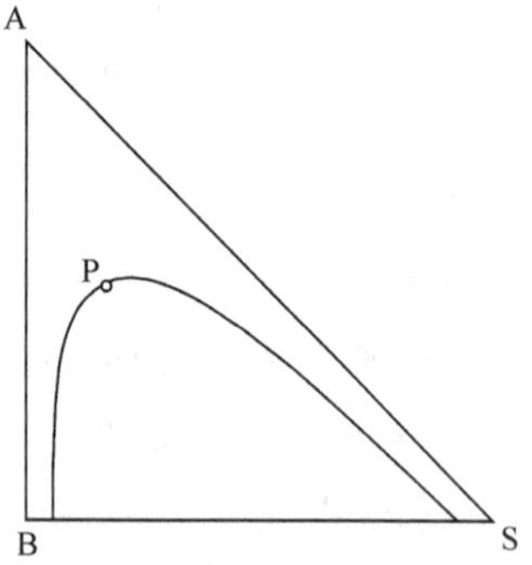

图 11-26　习题 26 附图

27. 对 B 与 S 完全不互溶体系,用多级逆流萃取提取溶质组分。现由于萃取剂回收车间操作故障,使萃取剂中溶质浓度增大。试分析萃余相浓度、萃余率如何变化?

第12章　干　　燥[1~6]

基本内容

12.1　湿空气的性质

由于干燥过程所用的干燥介质一般多为空气，且随干燥过程的进行，空气实际上成为空气与水蒸气的混合物(常称之为湿空气)，可见空气(湿空气)性质的计算是干燥计算的基础。

1. 湿空气含水量的表示方法

湿　　度：
$$H=0.622\frac{p}{P-p}=0.622\frac{\varphi p_s}{P-\varphi p_s} \tag{12-1}$$

饱和湿度：
$$H_s=0.622\frac{p_s}{P-p_s} \tag{12-2}$$

相对湿度：
$$\varphi=\frac{p}{p_s}100\% \tag{12-3}$$

2. 湿空气温度的表示方法

干球温度 t：简称温度，指空气的真实温度，可直接用普通温度计测量。

湿球温度 t_w：指大量的空气与少量的水经长时间绝热接触后达到的稳定温度。

$$t_w=t-\frac{k_H}{\alpha}r_w(H_w-H) \tag{12-4}$$

露点温度 t_d：在总压不变的条件下，不饱和湿空气冷却达到饱和状态时的温度。

绝热饱和温度 t_{as}：指少量的空气与大量的水经长时间绝热接触后达到的稳定温度。

$$t_{as}=t-\frac{r_0}{c_H}(H_{as}-H) \tag{12-5}$$

对于空气-水体系，湿球温度和绝热饱和温度在数值上可近似认为相等，即

$$t_w=t_{as} \tag{12-6}$$

3. 湿空气的其他性质

湿空气的比热容　$c_H=1.01+1.88H$，c_H 单位为 kJ/kg·℃。　(12-7)

湿空气的焓　$I=(1.01+1.88H)t+2492H$，I 单位为 kJ/kg。　(12-8)

湿空气的比容　$v_H=(0.733+1.224H)\dfrac{273+t}{273}$，$v_H$ 单位为 m^3/kg。　(12-9)

4. 湿度图

湿空气的各种性质之间存在着一定的函数关系，这些关系除了可用前面介绍的公式表示外，还可用湿空气的性质图来表示。在总压一定的条件下，只要已知任意两个独立的性质参数，湿空气的其他性质便可从图中读出，既方便又迅速。从形式上看，常用的有湿度-焓($H-I$)图、温度-湿度($t-H$)图。本章采用 $t-H$ 图。

12.2　干燥静力学

1. 湿物料的性质

湿基含量：　$$w=\frac{\text{湿物料中水分的质量}}{\text{湿物料的总质量}}\times 100\%\tag{12-10}$$

干基含水量：　$$X=\frac{\text{湿物料中水分的质量}}{\text{湿物料中绝干物料的质量}}\times 100\%\tag{12-11}$$

且有

$$w=\frac{X}{1+X}\quad\text{或}\quad X=\frac{w}{1-w}\tag{12-12}$$

湿物料的比热容 c_m[单位为 kJ/(kg·K)]

$$c_m=(1-w)c_s+wc_l=(1-w)c_s+4.187w\tag{12-13}$$

湿物料的焓 I_m(单位为 kJ/kg 湿物料)：

$$I_m=Gc_mt_m\tag{12-14}$$

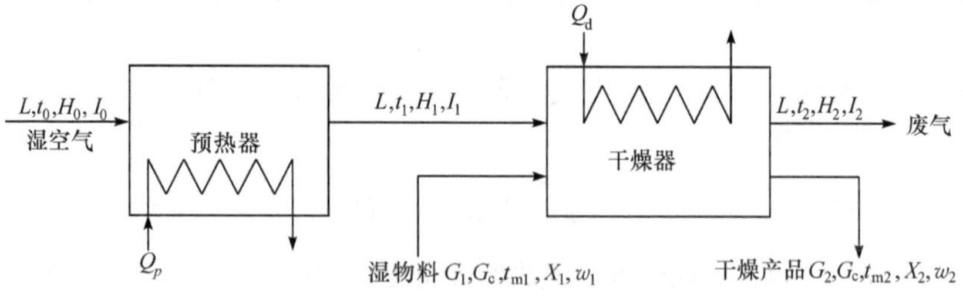

图 12-1　干燥流程示意图

2. 干燥过程的物料衡算

绝干物料量 $$G_c=G_1(1-w_1)=G_2(1-w_2) \tag{12-15}$$

或 $$G_c=\frac{G_1}{1-X_1}=\frac{G_2}{1-X_2} \tag{12-16}$$

水蒸气用量(水分蒸发量)

$$W=G_c(X_1-X_2)=G_1\frac{(w_1-w_2)}{(1-w_2)}=G_2\frac{(w_1-w_2)}{(1-w_1)} \tag{12-17}$$

所需加热空气量: $$L=\frac{W}{H_2-H_1} \tag{12-18}$$

单位空气消耗量: $$l=\frac{L}{W}=\frac{1}{H_2-H_1}=\frac{1}{H_2-H_0} \tag{12-19}$$

3. 干燥过程的热量衡算

理想干燥器为等焓过程: $$I_1=I_2 \tag{12-20}$$

预热器的输入热量: $$Q_p=L(I_1-I_0)=Lc_H(t_1-t_0) \tag{12-21}$$

热量衡算的普遍式(实际干燥器)为

$$Q=Q_p+Q_d=L(I_2-I_0)+G_2c_{m2}(t_{M_2}-t_{M_1})-Wc_1t_{M_1}+Q_l \tag{12-22}$$

干燥器热效率

$$\eta=\frac{\text{水蒸气汽化所需热量 }Q_{\text{汽化}}}{\text{干燥器中的总热量 }Q_T}=\frac{W(2492+1.88t_2-4.187t_{M_1})}{Q_p+Q_d} \tag{12-23}$$

理想干燥器的热效率

$$\eta=\frac{t_1-t_2}{t_1-t_0} \tag{12-24}$$

12.3 干燥动力学

1. 干燥速率

$$N_A=-\frac{G_c\mathrm{d}X}{A\mathrm{d}\tau} \tag{12-25}$$

干燥第一阶段的速率: $$N_{A,c}=-\frac{G_c\mathrm{d}X}{A\mathrm{d}\tau}=k_H(H_w-H)=\frac{\alpha}{r_w}(t-t_w) \tag{12-26}$$

2. 恒定干燥条件下的干燥时间

恒速阶段:

$$\tau_1=\frac{G_c}{AN_{A,c}}(X_1-X_c) \tag{12-27}$$

降速阶段:若将降速阶段的干燥曲线可近似作为直线处理,则干燥条件可表示为

$$\tau_2=\frac{G_c(X_c-X^*)}{AN_{A,c}}\ln\left[\frac{(X_c-X^*)}{(X_2-X^*)}\right] \tag{12-28}$$

重点与难点

1. 湿空气性质之间的换算关系以及在湿度图中定出相应的位置。

2. 干燥过程的计算。包括预热器提供的热量,干燥空气的用量,干燥器的热效率以及干燥器补充的热量等等。

3. 干燥过程中平衡含水率、临界含水率与恒速干燥阶段的干燥速率之间的关系。

精选题及解答

湿空气性质计算,空气-水体系

【例 12-1】 常压下空气的温度为 30℃、湿度为 0.01 kg 水/kg 绝干气,试求:

(1)该空气的相对湿度及饱和湿度;

(2)若保持温度不变,加入绝干空气使总压上升为 303.9 kPa (绝对),该空气的相对湿度及饱和湿度有何变化?

(3)若保持温度不变,将空气压缩至 303.9kPa (绝对),则在压缩过程中每千克干空气可析出多少水?

已知 30℃时水的饱和蒸汽压为 4.242kPa。

【解】 此题虽然只给出了两个条件(t=30℃及 H=0.01 kg 水/kg绝干气),但还有常压的条件(P=101.3kPa)也需应用,不要忽略。

(1)由于 $H=0.622\dfrac{p}{P-p}$,则有

$$p=\frac{PH}{0.622+H}=\frac{101.3\times0.01}{0.622+0.01}=1.603\text{kPa}$$

$$\varphi=\frac{p}{p_s}=\frac{1.603}{4.242}=37.79\%$$

饱和湿度

$$H_s=0.622\frac{p_s}{P-p_s}=0.622\times\frac{4.242}{101.3-4.242}$$

$$=0.0272\text{kg 水/kg 干气}$$

(2)加入绝干气后，由于其中水蒸气量不变，则水蒸气的分压 p 不变；另外，由于系统的温度不变，则水蒸气的饱和蒸汽压 p_s 不变，于是其相对湿度也不变，即 $\varphi=37.79\%$

$$H=0.622\times\frac{1.603}{303.9-1.603}=0.0033\text{kg 水/kg 干气}$$

饱和湿度降为

$$H_s=0.622\times\frac{4.242}{303.9-4.242}=0.0088\text{kg 水/kg 干气}$$

(3)由第二问可知，在此温度压力下，湿空气的饱和湿度 $H_s=0.0088$kg 水/kg 干气，压缩过程就是将湿空气的湿度由开始的 0.01 kg 水/kg 绝干气变为 0.0088 kg 水/kg 绝干气。则析出的水分为

$$0.01-0.0088=0.0012\text{kg 水/kg 干气}$$

【讨论】 此题是利用湿空气各性质之间的关系进行计算，要求要熟练掌握各性质之间的关系。

【例 12-2】 在合成氨生产的流程中，循环气须经水洗塔将其中的氨气吸收掉才能重新回到反应塔中。已知出水洗塔后，循环气（氢氮混合气且摩尔比为 $N_2:H_2=1:3$）的压力为 101.3kN/m^2（绝压），温度为 50℃，相对湿度 $\varphi=50\%$，试计算：

湿空气性质计算，氢氮混合气-水体系

① 湿度（单位为 kg 水/kg 绝干气）；

② 饱和湿度（单位为 kg 水/kg 绝干气）。

已知 50℃下水的饱和蒸汽压为 12.33kN/m^2。

【解】 混合气相对分子质量 $M_m=\dfrac{28\times1+2\times3}{4}=8.5$

氮氢比为 3∶1

饱和湿度为

$$H_s=\frac{n_w}{n_m}\frac{M_w}{M_m}=\frac{p_s}{P-p_s}\frac{M_w}{M_m}=\frac{12.33}{101.3-12.33}\times\frac{18}{8.5}$$

根据湿度的定义.

$$=0.293\text{kg 水/kg 干气}$$

由于相对湿度 $\varphi_s=50\%$，则此时水汽的分压为：$p=0.5\times12.33=6.165\text{kN/m}^2$，故湿度为

$$H=\frac{n_w}{n_m}\cdot\frac{p}{P-p}=\frac{p}{P-p}\cdot\frac{M_w}{M_m}=\frac{6.165}{101.3-6.165}\times\frac{18}{8.5}$$

$$=0.137\text{kg 水/kg 干气}$$

【讨论】 此题也是利用湿空气性质之间的关系进行计算，注意

该体系为水-循环气(氢氮混合气)体系。不可以直接使用公式(12－1)和(12－2),而是要从湿度的最基本的定义出发,进行计算。

干燥过程中湿空气性质的计算

【例 12－3】 湿度为0.04的湿空气在预热器中加热到140℃后通入绝热常压(总压 $P=101.325\text{kPa}$)干燥器,离开干燥器时空气的温度为55℃。求离开干燥器时空气的露点温度 t_d。

水的饱和蒸汽压数据如下:

温度 t/℃	30	35	40	45	50	55	60
蒸汽压 p/kPa	4.242	5.623	7.375	9.583	12.333	15.731	19.910

【解】 湿空气经过换热器时换热器提供的热量

$$I_1=(1.01+1.88H_1)t_1+2492H_1$$

此式中 t_1 已知,而 H_1 未知。但在干燥过程中,湿空气经预热器后其湿度不变,固有 $H_1=H_0$,则 I_1 可求出为

湿空气经预热器后湿度不变 $H_1=H_0$

$$I_1=(1.01+1.88\times0.04)\times140+2492\times0.04$$
$$=251.53\text{kJ /kg 绝干气}$$

在干燥过程中,湿空气经绝热干燥气后,有 $I_1=I_2$。则

绝热干燥过程时 $I_1=I_2$ 成立

$$I_1=I_2=(1.01+1.88H_2)t_2+2492H_2$$
$$251.53=(1.01+1.88H_2)\times55+2492H_2$$
$$H_2=0.0756\text{kg 水/kg 绝干气}$$

求露点温度时,可先求出饱和蒸汽压 p_s,再通过题目中给出的温度与 p_s 对照表内插求得。而饱和蒸汽压 p_s 可通过饱和湿度 $H_s=0.622\dfrac{p_s}{P-p_s}$ 求出。由于湿空气的露点是指空气在等湿条件下冷却达到饱和,故有 $H_s=H_2$,

$$p_s=\frac{H_2P}{0.622+H_2}$$

$$=\frac{0.0756\times101.325}{0.622+0.0756}=10.975\text{kPa}$$

由水蒸气表内插得

$$t_d\approx47.5℃$$

【讨论】 在对干燥器的计算时,要掌握干燥器的一些特点:

(1)湿空气经预热器后温度升高 $t_1>t_0$ 而湿度不变 $H_1=$

H_0；此时湿空气的焓 $I_1 > I_0$。

(2)湿空气经过干燥器时，若干燥过程为绝热过程，则湿空气的焓值不变，即 $I_1 = I_2$。

【例 12－4】 在总压为 760mmHg 的 N_2 和 C_3H_6(丙酮)体系中，已知丙酮的露点为 15℃，相对湿度为 0.4，求体系的温度为多少？

N_2 -丙酮系统

丙酮的安托因公式为 $\lg p_0 = A - B/(t+C)$

式中，安托因常数 $A=7.12120$；$B=1204.67$；$C=223.5$，p_0 单位为 mmHg；t 单位为℃。

【解】 由于安托因方程关联了饱和蒸气压与温度之间的关系。因此，通过安托因方程，由露点温度可求出丙酮此时的蒸气压；再通过相对湿度求出体系在此温度下的饱和蒸气压；最后再利用一次安托因方程，即可求出此时的温度。

由露点温度 $t_d = 15℃$，得

求露点时饱和蒸气压等于丙酮实际的蒸气压

$$\lg p_d = 7.12120 - \frac{1204.67}{15 + 223.5}$$

$$p_d = 117.5\text{mmHg}$$

该体系温度下丙酮的饱和蒸气压

$$p_s = \frac{p}{\varphi} = \frac{117.5}{0.4} = 293.75\text{mmHg}$$

由 $\lg p_s = A - B/(t+C)$ 得

$$\lg 293.75 = 7.12120 - \frac{1204.67}{t + 223.5}$$

所以体系温度

$$t = 35.4℃$$

【例 12－5】 湿物料含水量为 42%，经常压干燥后为 4%(均为湿基)，产品量为 0.126 kg/s。空气的干球温度为 21℃，相对湿度 40%，经预热器加热至 93℃后再送入干燥器中，离开干燥器时空气的相对湿度为 60%。若空气在干燥器中经历等焓干燥过程，试求

干燥器的计算

(1)绝干空气的消耗量 L(kg 绝干气/s)。已查得 $H_0 = 0.008$kg 水 / kg 绝干气，$H_2 = 0.03$。

(2)预热器提供的热量 Q_p(单位为 kW)，忽略预热器的热损

失。

温度 t/℃	30	35	40	45	50	55	60
蒸汽压 p/kPa	4.242	5.623	7.375	9.583	12.333	15.731	19.910

【解】 (1)干物料量

$$G_c = G_2(1-w_2) = 0.126(1-0.04) = 0.121\text{kg/s}$$

干基含水量　$X_1 = 42/58 = 0.724$ kg 水/kg 绝干料

$X_2 = 4/96 = 0.0417$ kg 水/kg 绝干料

干燥过程中蒸发的水蒸气量

以绝干物料为衡算基准

$$W = G_c(X_1 - X_2) = 0.121\times(0.724-0.0417) = 0.0826\ \text{kg 水/s}$$

所用干空气的量

$$L = W/(H_2 - H_1) = 0.0826/(0.03-0.008) = 3.76\ \text{kg 绝干气/s}$$

(2)预热器提供热量 $Q_p = L(I_1 - I_0)$，由于在预热过程中，空气的湿度不变，即 $H_0 = H_2$，则有

$$I_1 - I_0 = (1.01+1.88H_0)(t_1 - t_0) = (1.01+1.88\times0.008)\times(93-21) = 73\ \text{kJ/kg 绝干气}$$

所以预热器供应热量

$$Q_p = L(I_1 - I_0) = 3.76\times73 = 274\ \text{kW}$$

除湿过程的计算

【例 12-6】 常压下，某干燥操作流程如图 12-2 所示。其中 $t_A=30℃$、露点 $t_d=20℃$且流量为 $v_{湿}=500\text{m}^3$ 湿空气/h 的湿空气从风机中送出，通过冷却器后，除去其中的水分 2kg/h。通过预热器后，湿空气的温度升至 $t_c=60℃$(干球)。试求：

(1)绘出空气状态变化的 $H-t$ 图；

(2)循环干空气量 L；

(3)求出空气离开冷却器的温度 t_B及湿度 H_B；

(4)求出空气离开预热器时的相对湿度 φ_c；

附注：水在不同温度下的饱和蒸汽压如下表：

温度/℃	10	15	20	30	40	50	60
蒸汽压/kPa	1.228	1.705	2.332	4.242	7.375	12.333	19.92

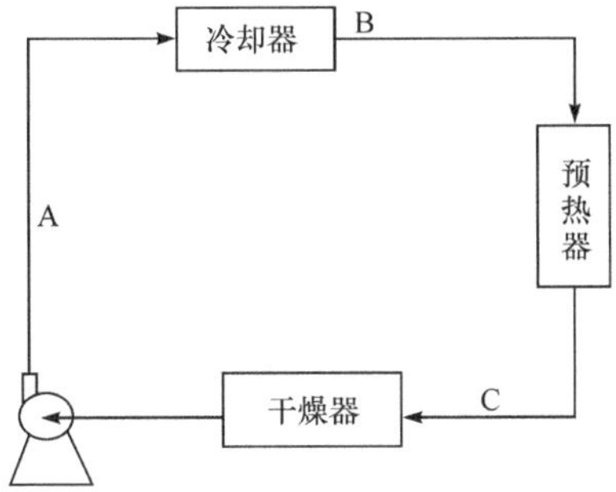

图 12 - 2　干燥操作流程图

【解】（1）操作时的 $H-I$ 图。

经过干燥器吸收了水分的湿空气经过冷却器后将其中的部分水分冷凝出来，以便于接下来继续循环进行干燥操作。此冷凝过程分为两步：首先使湿空气冷却到饱和状态（即等湿冷却过程，到与 $\varphi=100\%$ 相交为止），然后继续冷却，此时将不断地有水从湿空气中冷凝出来且温度也在不断下降（即沿着饱和线冷却）。如图 12 - 3 所示，$t_d=20$℃与等相对湿度线 $\varphi=100\%$ 的交点即为空气的露点 B′，过 B′点做等湿度线与 $t_A=30$℃的等温线相交即为状态点 A；自点 A 将空气沿等湿度线冷却至饱和状态（露点）即点 B′，自点 B′沿 $\varphi=100\%$ 的等相对湿度线使空气冷却至点 B，以上为空气经过冷凝器的状态变化路径；过点 B 沿等湿度线与 $t=60$℃的等温线相交于点 C，即为空气经过预热器的状态点；然后连接 CA 线段，即为空气进入干燥器的状态变化线。

交点恰为露点

除湿时沿饱和线进行

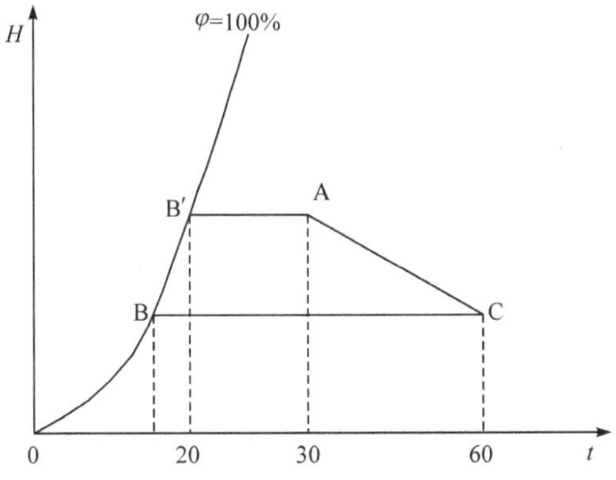

图 12 - 3　干燥操作过程的 $H-t$ 图

空气状态变化路径为 A→B′→B→C→A。

(2) 循环干空气量 L

$H_A = H_{B'}$

B′为饱和状态

由 $t_d = 20℃$ 查表得：　$p_s = 2.332\text{kPa}$

$$H_A = 0.622\frac{p_s}{P - p_s} = 0.622 \times \frac{2.332}{101.3 - 2.332}$$

$$= 0.01466\text{kg 水/kg 干气}$$

由于题中给出的是湿空气的体积流量，欲计算其质量流量，还要求出其湿比容。

$$v_{HA} = (0.773 + 1.244H_A)\frac{273 + t_A}{273}$$

$$= (0.773 + 1.244 \times 0.01466) \times \frac{273 + 30}{273}$$

$$= 0.878\text{m}^3/\text{kg 干气}$$

可得干空气的质量流量为

$$L = \frac{500}{0.878} = 569.5\text{kg 干气/h}$$

(3) 求 t_B 及 H_B

由于循环干气也可由公式 $L = \dfrac{W}{H_A - H_B} = \dfrac{2}{0.01466 - H_B}$ 表示

故可求得

$$H_B = 0.0115\text{kg 水/kg 干气}$$

而 $$H_B = 0.622\frac{p_{sB}}{P - p_{sB}} = 0.622\frac{p_{sB}}{101.3 - p_{sB}}$$

解得 $p_{sB} = 1.795\text{kPa}$，由附表内插查得 $t_B = 16.5℃$。

(4) 由于经过预热器后，空气的湿度相等，$H_B = H_C$，则其水蒸气的分压也相等，得

湿度公式 $H_c = 0.622\dfrac{p_C}{p - p_C}$

$$p_B = p_C = 1.795\text{kPa}$$

又查表得：60℃时 $p_s = 19.92\text{kPa}$，则相对湿度为

$$\varphi_C = \frac{p_C}{p_s} \times 100\% = \frac{1.795}{19.92} \times 100\% = 9.0\%$$

【讨论】 用图来表示干燥过程中空气的状态是经常遇到的，在作图时一定要掌握湿空气的性质之间的关系：

(1)任意两个湿空气的性质(独立参数)均可在图中确定其状态点，如上题中温度和露点温度就可确定 A 点；

(2)经预热器的过程是一个等湿升温过程，在图中由等湿线

表示；

(3)冷却冷凝过程是由等湿降温和等相对湿度降温两过程组成。

【例 12 - 7】 某湿物料在气流干燥器内进行干燥，操作压力为 101kPa，湿物料的处理量为 1kg/s，湿物料的含水率为 0.1，产品的含水率不高于 0.02(以上均为湿基)，空气的初始温度为 20℃，湿度为 0.006kg 水/kg 干气。空气预热至 140℃后进入干燥器，假定干燥过程近似为等焓过程，试求：

理想干燥器的计算

(1)若气体出干燥器的温度选定为 80℃，则预热器所提供的热量及热效率；

(2)若气体出干燥器的温度选定为 45℃，气体离开干燥器后，因在管道及旋风分离器中散热，温度又将下降 10℃，问此时是否会发生物料返潮现象？已知水在不同温度下的饱和蒸汽压如下所示：

温度/℃	10	15	20	30	40	50	60
蒸汽压/kPa	1.228	1.705	2.332	4.242	7.375	12.333	19.92

【解】 (1)蒸发水蒸气量

$$W=G_1\frac{w_1-w_2}{1-w_2}=1\times\frac{0.1-0.02}{1-0.02}=0.0816\text{kg/s}$$

$$I_0=(1.01+1.88H_0)t_0+2492H_0$$
$$=(1.01+1.88\times0.006)\times20+2492\times0.006$$
$$=35.38\text{kJ /kg 绝干气}$$

$$I_1=(1.01+1.88H_1)t_1+2492H_1$$
$$=(1.01+1.88\times0.006)\times140+2492\times0.006$$
$$=157.93\text{kJ /kg 绝干气}$$

预热器中等湿升温，

$$H_1=H_0$$

又由于是等焓过程，有

$$I_1=I_2=(1.01+1.88H_2)t_2+2492H_2$$
$$(1.01+1.88H_2)\times80+2492H_2=157.93$$
$$H_2=0.0292\text{kg 水/kg 绝干气}$$

干空气用量

$$L=\frac{W}{H_2-H_1}=\frac{0.0816}{0.0292-0.006}=3.52\text{kg/s}$$

预热器提供的热量

等焓过程

$$Q_p=L(I_1-I_0)=3.52\times(157.93-35.38)=431.4\text{kJ/s}$$

热效率

$$\eta=\frac{t_1-t_2}{t_1-t_0}=\frac{140-80}{140-20}=0.5$$

物料返潮的判断方法

(2)判断物料是否会返潮,关键在于确定出口时,与物料相接触的湿空气是否会由于温度的下降而使其最大含水量(饱和湿含量)低于空气实际湿度,若实际湿度大于饱和湿度,会有水从空气中析出进入物料,则物料会返潮;否则不会返潮。

当空气出干燥器的温度为45℃时,重新计算 H_2 有

$$I_1=I_2=(1.01+1.88\,H_2)\times 45+2492H_2=157.93$$

$$H_2=0.0437\ \text{kg 水/kg 绝干气}$$

35℃时的饱和蒸汽压由内插可知为5.808kPa,此时空气的饱和湿度为

$$H_s=0.622\,\frac{p_s}{P-p_s}=0.622\times\frac{5.808}{101.3-5.808}$$

$$=0.0378\text{kg 水/kg 干气}$$

由于 $H_s<H_2=0.0437$kg 水/kg 干气,所以物料会返潮。

【讨论】 降低废气的出口温度可以提高干燥器的热效率,但是废气的出口温度不能过低,否则当废气在离开干燥器时,因在管道及旋风分离器中散热,温度低于露点以下而析出水滴,使同行的干燥产品返潮。

实际干燥器的计算

【例12-8】 采用常压干燥装置干燥某种湿物料,已知干燥器的生产能力为53.5kg/h(按干燥产品计)。操作条件如下:

空气状况:进预热器前 $t_0=20$℃,$H_0=0.01$kg 水/kg 干气;

进干燥器前 $t_1=120$℃;

出干燥时前 $t_2=70$℃,$H_2=0.05$kg 水/kg 干气。

物料状况:进干燥器前 $t_{M_1}=30$℃,$w_1=20\%$(湿基);

出干燥器时 $t_{M_2}=50$℃,$w_2=5\%$(湿基);

绝干物料比热容 $c_s=1.5$kJ/(kg·℃)。

试求:(1)绝干空气流量 L,单位为 kg 干气/h;

(2)预热器的传热量 Q_p 以及干燥器补充的热量 Q_d(单位为kJ/h),假设干燥器的热损失可以忽略不计。

【解】 (1)蒸发水蒸气量

$$W=G_2\,\frac{w_1-w_2}{1-w_1}=53.5\times\frac{0.2-0.05}{1-0.2}=10.0313\text{kg/h}$$

干空气用量

$$L=\frac{W}{H_2-H_1}=\frac{10.0313}{0.05-0.01}=250.781\text{kg/h}$$

(2) $I_0=(1.01+1.88H_0)t_0+2492H_0$

$=(1.01+1.88\times0.01)\times20+2492\times0.01$

$=45.496$kJ/kg 绝干气

$I_1=(1.01+1.88H_1)t_1+2492H_1$

$=(1.01+1.88\times0.01)\times120+2492\times0.01$

$=148.376$kJ/kg 绝干气

预热器提供的热量

$Q_p=L(I_1-I_0)=250.781\times(148.376-45.496)$

$=25800$kJ/h

干燥器提供的热量

$$Q_d=G_2c_M(t_{M_2}-t_{M_1})+q_l+L(I_2-I_1)-Wc_1t_{M_1}$$

其中,湿物料的比热容

$c_M=c_sw_2+4.187(1-w_2)$

$=1.5\times0.95+4.187\times(1-0.95)$

$=1.634$kJ/(kg 物料·℃)

出干燥器的焓

$I_2=(1.01+1.88H_2)t_2+2492H_2$

$=(1.01+1.88\times0.05)\times70+2492\times0.05$

$=201.88$kJ/kg 绝干气

热量衡算

得　$Q_d=53.5\times1.634\times(50-30)+0+250.781$

$\times(201.88-148.376)-10.0313\times4.187\times30$

$=1.39\times10^4$kg/h

理想干燥过程

【例 12-9】 某湿物料用热空气进行干燥。湿物料的处理量为 2000kg/h,初始含水量为 15%,要求干燥产品的含水量为 0.6%(湿基)。所用空气的初始温度为 20℃,湿度为 0.03 kg 水/kg 干气,预热至 120℃。若干燥过程可视为理想干燥过程。试求:空气的出口温度为多少?为保证热效率不低于 60%,所需的空气量为多少 kg/h?

温度/℃	10	15	20	30	40	50	60
蒸汽压/kPa	1.228	1.705	2.332	4.242	7.375	12.333	19.92

【解】 物料干燥过程中蒸发的水量为

$$W=G_1\frac{w_1-w_2}{1-w_2}=2000\times\frac{0.15-0.006}{1-0.006}=289.74\text{kg/h}$$

由于干空气用量 $L=\dfrac{W}{H_2-H_1}$,因此还要先求出空气离开干燥器的湿度。

因为是理想干燥过程,则其干燥器的热效率可简化为

$$\eta=\frac{t_1-t_2}{t_1-t_0}=\frac{120-t_2}{120-20}=0.6$$

得空气离开干燥器的温度 $t_2=60℃$

通过热量衡算求出口废气的湿度

又该干燥过程可视为理想干燥过程,有 $I_1=I_2$,

$$(1.01+1.88\times0.03)\times120+2492\times0.03$$
$$=(1.01+1.88H_2)\times60+2492H_2$$
$$H_2=0.0546\text{kg 水/kg 干气}$$

干空气用量

$$L=\frac{W}{H_2-H_1}=\frac{289.74}{0.0546-0.03}=1.17\times10^4\text{kg 干气/h}$$

有废气循环的干燥过程

【例 12-10】 湿物料用热空气进行干燥,干燥过程为理想干燥过程。为保证干燥产品的质量,热空气进入干燥器的温度不得高于 90℃。已知空气的初始湿含量为 0.006kg 水/kg 干气,初始温度为 20℃,且空气出干燥器的温度为 60℃。

(1)若将空气通过预热器加热至 90℃后进入干燥器,则蒸发每千克水分所需要的湿空气量及供热量为多少?热效率为多少?

(2)若将干燥器出口气体的 2/3 回流至入口与新鲜空气混合,并使混合气进干燥器的温度仍为 90℃,则蒸发每千克水分所需要的湿空气量及供热量为多少?热效率为多少?

(3)在 $H-t$ 图上画出上述两种过程湿空气状态的变化情况。

【解】 (1)由于是理想干燥过程,有 $I_1=I_2$,

$$(1.01+1.88\times0.006)\times90+2492\times0.006$$
$$=(1.01+1.88H_2)\times60+2492H_2$$
$$H_2=0.0178\text{kg 水/kg 干气}$$

蒸发每千克水分所需要的干空气量空气用量

$$l=\frac{L}{W}=\frac{1}{H_2-H_1}=\frac{1}{0.0178-0.006}=85.018\text{kg 干气/kg 水}$$

蒸发每千克水分所需要的湿空气量空气用量

$$l_{湿}=l(H_1+1)=85.018\times(1+0.006)=85.528\text{kg 湿气/kg 水}$$

提供热量

$$\begin{aligned}q_p&=l(I_1-I_0)=l(1.01+1.88H_0)(t_1-t_0)\\&=85.018\times(1.01+1.88\times0.006)\times(90-20)\\&=6077.9\text{kJ/kg 水}\end{aligned}$$

经预热器湿度不变

干燥器的热效率为

$$\eta=\frac{t_1-t_2}{t_1-t_0}=\frac{90-60}{90-20}=0.429$$

(2)若进行废气循环，则如图 12 - 4 所示。

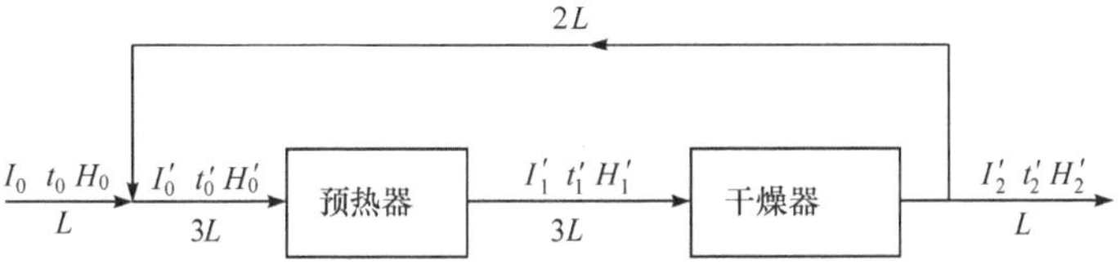

图 12 - 4　循环废气流程图

假设干燥系统排出的干气量为 L，则系统的回流量为 $2L$，那么进入预热器的空气是两者的混合，即

$$3LH_0'=2LH_2'+LH_0$$

杠杆规则

则有

$$H_0'=\frac{H_0+2H_2'}{3}=H_1'$$

同样，湿空气的焓也符合此规律，温度则近似符合。所以

$$\begin{aligned}I_1'&=(1.01+1.88H_1')t_1'+2492H_1'=I_2'\\&=(1.01+1.88H_2')t_2'+2492H_2'\end{aligned}$$

$$\left(1.01+1.88\,\frac{H_0+2H_2'}{3}\right)\times90+2492\,\frac{H_0+2H_2'}{3}$$
$$=(1.01+1.88H_2')\times60+2492H_2'$$

式中，$H_0=0.006$ kg 水/kg 干气，解得

$$H_2'=0.0429\text{kg 水/kg 干气}$$

蒸发每千克水分所需要的干空气用量

$$l'=\frac{L}{W'}=\frac{L}{3L(H_2'-H_1')}=\frac{1}{3\left(H_2'-\dfrac{H_0+2H_2'}{3}\right)}=\frac{1}{H_2'-H_0}$$

$$=\frac{1}{0.0429-0.006}=27.112\text{kg 干气/kg 水}$$

循环时仍有 $l=\frac{1}{H_2-H_0}$

蒸发每千克水分所需要的湿空气量空气用量

$$l'_{湿}=l'(H_0+1)=27.112\times(1+0.006)$$
$$=27.27\text{kg 湿气/kg 水}$$

提供热量

$$q_p'=3l'(I_1'-I_0')$$

有 $$I_1'=I_2'=(1.01+1.88H_2')t_2'+2492H_2'$$
$$=(1.01+1.88\times0.0429)\times60+2492\times0.0429$$
$$=172.31\text{kJ/kg 干气}$$

又 $$I_0'=(1.01+1.88H_0')t_0'+2492H_0'$$

温度近似满足杠杆规则

其中，$t_0'\approx\frac{t_0+2t_2'}{3}=\frac{20+2\times60}{3}=46.67℃$ (1)

$$H_0'=\frac{H_0+2H_2'}{3}=\frac{0.006+2\times0.0429}{3}$$
$$=0.0306\text{kg 水/kg 干气}$$

又 $$I_0'=(1.01+1.88\times0.0306)\times46.67+2492\times0.0306$$
$$=126.077\text{kJ/kg 干气}$$

$$q_p'=3l'(I_1'-I_0')=3\times27.112\times(172.31-126.077)$$
$$=3760.41\text{kJ/kg 干气} \quad (2)$$

干燥器的热效率为

理想干燥过程

$$\eta'=\frac{t_1'-t_2'}{t_1'-t_0'}=\frac{90-60}{90-46.67}=0.692$$

另外，预热器的供热量还可以另解如下。

对整个系统进行热量衡算

将图中预热器和干燥器（包括循环废气）作为整体进行热量衡算，则预热器提供的热量

$$q_p'=l'(I_2'-I_0)$$

其中，$I_2'=172.31$ kJ/kg 干气

$$I_0=(1.01+1.88H_0)t_0+2492H_0$$
$$=(1.01+1.88\times0.006)\times20+2492\times0.006$$
$$=35.38\text{ kJ/kg 干气}$$
$$q_p'=27.112\times(172.31-35.38)=3712.4\text{ kJ/kg 干气}$$

与以前结果“3760.4 kJ/kg 干气”稍有不同，原因是式(1)为近似式。

事实上根据式(2)及 $I_1'=I_2'$有

$$q_p'=3l'(I_1'-I_0')=3l'\left(I_1'-\frac{I_0+2I_2'}{3}\right)$$
$$=l'(3I_1'-I_0-2I_2')$$
$$=l'(I_2'-I_0)$$

【讨论】 有废气循环的干燥过程，不同的温度及湿度的气流 A、B 进行混合时，混合点的状态点 C 必落在 AB 的连线上，其位置由杠杆定律确定。

假设 A、B 两气流按 $m:n$（质量比）混合，则有 $m\cdot AC=n\cdot BC$或$\dfrac{m}{n}=\dfrac{BC}{AC}$。

混合气的湿度、焓等性质皆可应用杠杆定律。

(3)如图 12-5 所示，无废气循环时，空气自初始状态 A 经预热器（等湿升温）到达状态点 B，再经干燥器（等焓过程）到达状态点 C，状态变化路径为 A→B→C。当有废气循环时，A 与出口废气 C′($\overline{AA'}=2\,\overline{A'C'}$)的混合气相交于 A′点，自 A′点经等湿升温到达 B′点（温度还为 90℃），B′点再经等焓过程到达 C′点（温度还为 60℃），状态变化路径为 A′→B′→C′。

A、A′、C′满足杠杆规则$\overline{AA'}=2\,\overline{A'C'}$

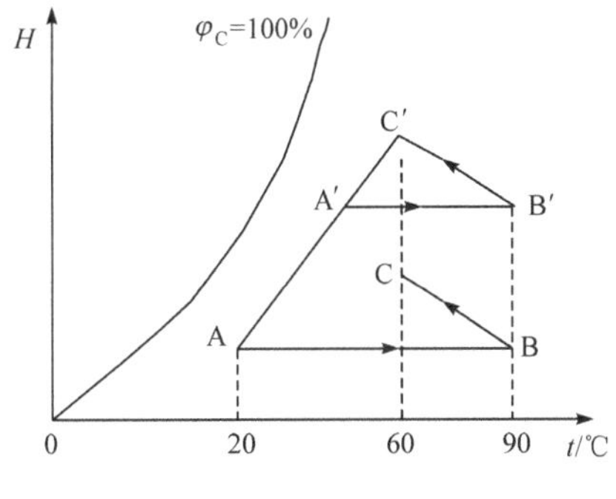

图 12-5　废气循环前后状态图

干燥速率的计算

【例 12-11】 湿物料由含水率 28.6%干燥至 7.4%，需要 7h，若在同样操作条件下，由含水率 28.6%干燥至 4.8%需要多少时间？(以上均为湿基含水率)。已知物料的临界含水率 X_C 为 0.15(干基)，平衡含水率 X^* 为 0.04(干基)。降速阶段的干燥速率为 $N_A=k_X(X-X^*)$，k_X 为常数。

【解】 由于题目中给出的含水率既有湿基又有干基，在做题之前应先将其统一，以免造成错误。

先将湿基含水率转化为干基含水率。

$w_1=28.6\%, X_1=w_1/(1-w_1)=0.40$;

$w_2=7.4\%, X_2=w_2/(1-w_2)=0.08$,

$w_2'=4.8\%, X_2'=w_2'/(1-w_2')=0.05$

由于两种干燥过程是在同样的操作条件下进行,即空气的状态不变,所以两种干燥过程中恒速干燥阶段的干燥速率应该相等。

恒速阶段:

$$\tau_1=\frac{G_c}{AN_{A,c}}(X_1-X_c)=\frac{G_c}{AN_{A,c}}(0.4-0.15)=\frac{0.25G_c}{AN_{A,c}}=\tau_1'$$

由于降速阶段满足 $N_A=kx(X-X^*)$,故降速阶段的干燥时间为

$$\tau_2=\frac{G_c(X_c-X^*)}{AN_{A,c}}\ln\left[\frac{(X_c-X^*)}{(X_2-X^*)}\right]$$

$$=\frac{G_c(0.15-0.04)}{AN_{A,c}}\ln\left[\frac{(0.15-0.04)}{(0.08-0.04)}\right]$$

$$=\frac{0.111G_c}{AN_{A,c}}$$

$$\tau_2'=\frac{G_c(X_c-X^*)}{AN_{A,c}}\ln\left[\frac{(X_c-X^*)}{(X_2'-X^*)}\right]$$

$$=\frac{G_c(0.15-0.04)}{AN_{A,c}}\ln\left[\frac{(0.15-0.04)}{(0.05-0.04)}\right]$$

$$=\frac{0.264G_c}{AN_{A,c}}$$

总的干燥时间为

$$\tau=\tau_1+\tau_2=\frac{0.25G_c}{AN_{A,c}}+\frac{0.111G_c}{AN_{A,c}}=\frac{0.361G_c}{AN_{A,c}}=7$$

解得

$$\frac{G_c}{AN_{A,c}}=19.39$$

则

$$\tau'=\tau_1'+\tau_2'=\frac{0.25G_c}{AN_{A,c}}+\frac{0.264G_c}{AN_{A,c}}=\frac{0.514G_c}{AN_{A,c}}=9.97\text{h}$$

干燥动力学的运算

【例 12-12】 1m×1m×5cm(长×宽×厚)的板状物料(全部立着放,并设干燥过程中物料不收缩),在干燥介质湿度不变的情况下,从 50%的水分干燥到 2%,其平衡湿含量接近于零,绝干

物料的密度为 500 kg/m³,以上含水量均为湿基。由实验得到下列干燥速度:

水分由 50%干至 25%为等速阶段,其干燥速度为 5kg/(m² · h);

水分在 25%以下为降速阶段,此时空气质量流速为 1 kg/(m² · s),并设干燥速率曲线为直线。试求:

(1)所需干燥时间;

(2)若临界湿含量近似不变,仅将空气的质量流速增大为 2kg/(m² · s),能否将干燥时间缩短为原来的一半?

【解】 $X_1=\frac{0.5}{0.5}=1 \qquad X_2=\frac{0.02}{0.98}=0.0204$

先将湿基含水率统一转化为干基含水率,以免造成错误。

$X^*=0 \qquad X_c=\frac{0.25}{0.75}=0.333$

$G_c=1\times1\times0.05\times500=25$ kg/块干料

$A=2\times1\times1+3\times1\times0.05=2.15\text{m}^2$

注意与地接触的一面不算进去。

(1) $\tau_1=\frac{G_c}{AN_{A,c}}(X_1-X_c)=\frac{25}{2.15\times5}\times(1-0.333)=1.55\text{h}$

$$\tau_2=\frac{G_c}{AN_{A,c}}(X_c-X^*)\ln\frac{X_c-X^*}{X_2-X^*}$$

降速阶段的干燥速率呈直线形式

$$=\frac{25}{2.15\times5}\times(0.333-0)\ln\frac{0.333-0}{0.0204-0}=2.17\text{h}$$

总的时间为

$$\tau=\tau_1+\tau_2=1.55+2.17=3.72\text{h}$$

(2) 因 $N_{A,c}=k_H(H_w-H)$,$k_H=\alpha/c_H$,而 $\alpha\propto G^{0.8}$,所以 $k_H\propto G^{0.8}$。故 $N_{A,c}\propto G^{0.8}$,$N_{A,c}'=2^{0.8}N_{A,c}=1.741\times5=8.706$kg/(m² · h)

空气流量对干燥速率的影响

对本题而言,当空气流速由 1 kg/(m² · s)增加到 2 kg/(m² · s)时,所需干燥时间变为

$$\tau_1'=\frac{1.55}{2^{0.8}}=0.89\text{h}$$

$$\tau_2'=\frac{2.17}{2^{0.8}}=1.24\text{h}$$

$$\tau'=\tau_1'+\tau_2'=0.89+1.24=2.13\text{h}$$

而 2.13/3.72=57.3%说明不能把干燥时间缩短一半。

本章主要符号说明

符号	意义	单位
A	干燥面积	m^2
c_H	湿空气比热容	kJ/(kg·K)
c_M	物料比热容	kJ/(kg·K)
c_v	水汽比热容	kJ/(kg·K)
c_s	绝干物料比热容	kJ/(kg·K)
G_1	进干燥室的物料流率	kg/s
G_2	出干燥室的物料流率	kg/s
G_c	绝干物料流率	kg/s
H	空气湿度	kg 水/kg 干空气
H_s	同温度下空气的饱和湿度	kg 水/kg 干空气
I	湿空气的焓	kJ/kg 干空气
K_H	以湿度差为推动力的气相传质系数	kg/(m^2·s)
L	干空气流率	kg/s
l	比干空气用量	kg 干空气/kg 水
M_a	干空气的摩尔质量	kg/kmol
M_v	水汽的摩尔质量	kg/kmol
N_A	干燥速率	kg/(m^2·s)
P	总压	N/m^2
p	水汽分压	N/m^2
p_s	水的饱和蒸汽压	N/m^2
Q_d	干燥室的加热量	kW
Q_l	热损失	kW
Q_p	预热器的加热量	kW
t	空气的干球温度	℃或 K
t_{as}	空气的绝热饱和温度	℃或 K
t_d	空气的露点温度	℃或 K
t_M	物料的温度	℃或 K
t_w	空气的湿球温度	℃或 K
v_a	干空气的比容	m^3/kg 干空气
v_H	湿空气的比容	m^3/kg 干空气
W	水分蒸发量	kg/s 或 kg
w	物料湿基含水率	kg/kg 湿物料
X	物料干基含水率	kg/kg 干料
X_C	物料临界含水率	kg/kg 干料
X^*	物料平衡含水率	kg/kg 干料
η	热效率	
φ	相对湿度	
τ	时间	s

参考文献

1　何潮洪,冯霄．化工原理．北京:科学出版社,2001

2　陈维杻．传递过程与单元操作．下册．杭州:浙江大学出版社,1994

3　谭天恩等．化工原理．下册．第二版．北京:化学工业出版社,1998

4　陈敏恒等．化工原理．下册．第二版．北京:化学工业出版社,1999

5　大连理工大学化工原理教研室．化工原理．下册．大连:大连理工大学出版社,1993

6　蒋维钧等．化工原理.下册．北京:清华大学出版社,1992

习　　题

1. 对湿度一定的空气,以下各参数中______与空气的温度无关。
   (A)相对湿度　　(B)湿球温度
   (C)露点温度　　(D)绝热饱和温度
2. 空气的饱和湿度 H_w 是湿空气的如下参数的函数______。
   (A) 总压及干球温度　　(B) 总压及湿球温度
   (C) 总压及露点　　(D) 湿球温度及焓
3. 当湿度和温度相同时,相对湿度与总压的关系______。
   (A)成正比　　(B)成反比
   (C)无关　　(D)不确定
4. 一定湿度 H 的湿空气,随着总压的降低,露点相应地______。
   (A)升高　　(B)降低
   (C)不变　　(D)不一定,还与其他因素有关
5. 湿空气在预热过程中不变化的参数是______。
   (A)焓　　(B)相对湿度
   (C)露点温度　　(D)湿球温度
6. 如需将空气减湿，应使气温______。
   (A)高于湿球温度　　(B)低于湿球温度
   (C)高于露点　　(D)低于露点
7. 对于一定干球温度的空气，当其相对湿度愈低时，其湿球温度______。
   (A) 愈高　　(B)愈低
   (C)不变　　(D)不一定，尚与其他因素有关。
8. 物料的平衡水分一定是______。
   (A)非结合水分　　(B)自由水分
   (C)结合水分　　(D)临界水分

9. 物料中的平衡水分随温度升高而______。
(A)增大　　(B)减小
(C)不变　　(D)不一定,还与其他因素有关

10. 在恒定干燥条件下，将含水 20%的湿物料进行干燥，开始时干燥速率恒定，当干燥至含水 5%时，干燥速率开始下降，再继续干燥至物料恒重，并测得此时物料含水量为 0.05%，则物料的临界含水量为______。
(A)5%　　(B)20%
(C)0.05%　　(D)4.55%

11. 干燥热敏性物料时，为提高干燥速率，不宜采取的措施是______。
(A) 提高干燥介质的温度　　(B)改变物料与干燥介质的接触方式
(C)降低干燥介质相对湿度　　(D)增大干燥介质流速

12. 同一物料，如恒速段的干燥速率增加，则临界含水量______。
(A) 减小　　(B)不变
(C)增大　　(D)不一定

13. 同一物料，在一定的干燥速率下，物料愈厚，则临界含水量______。
(A) 愈低　　(B)愈高
(C)不变　　(D)不一定

14. 在给定的空气条件下,不同物料在恒速阶段的干燥速率________。
(A)有极大差异　　(B)有较大差异
(C)是相同的　　(D)可能有差异,也可能相同

15. 饱和空气在恒压下冷却,温度由 t_1 降至 t_2,此时其相对湿度________,湿度________,湿球温度________,露点________。

16. 不饱和空气中水蒸气分压越高,其湿度越________。

17. 对不饱和空气进行加热,使温度由 t_1 升至 t_2,此时其湿球温度________,相对湿度________,露点________,湿度________。

18. 测定空气中的水汽分压的实验方法是测量________________。

19. 一定湿度 H 的气体,当总压 P 加大时,露点温度 t_d ________;而当气体温度 t 升高时,则 t_d ________。

20. 降低废气出口温度可以提高干燥器的热效率，但废气出口温度不能过低，否则在随后的分离设备及管道中会出现____的现象。

21. 在测量湿球温度时,空气速度需大于 5m/s,这是为了____。

22. 当湿空气的总压一定时,相对湿度 φ 仅与________及________有关。

23. 湿空气的干球湿度、湿球温度、露点在________________情况下相等?

24. 在湿度一定时，不饱和空气的温度越低，其相对湿度越________。

25. 对于为水蒸气所饱和的空气，则其干球温度 t、湿球温度 t_w、绝热饱和温度 t_{as} 及露点温度 t_d 间的关系是 t ________ t_w ________ t_{as} ________ t_d。

26. 对于湿物料能承受强烈干燥，而干物料又不能耐高温的情况，干燥宜采用气固两相________方式操作。

27. 用空气作为湿物料的干燥介质，当所用空气的相对湿度较大时，湿物料的平衡水分相应________，自由水分相应________。

28. 在恒定干燥条件下用空气进行对流干燥(忽略辐射传热等的影响)时，在恒速干燥阶段，物料的表面温度等于____________温度。

29. 恒定的干燥条件是指空气的________、________、____________以及________都不变。

30. 一吸湿性物料和一非吸湿性物料具有相同的干燥面积，在相同的干燥条件下干燥，在恒速干燥段，前者的干燥速度为 U_1，后者的干燥速度为 U_2，则 U_1 ________ U_2(大于、等于、小于)。

31. 干燥操作中，干燥介质(不饱和湿空气)经预热器后湿度________，温度________。

32. 进干燥器的气体状态一定，干燥任务一定，若干燥器内部无补充加热，则气体离开干燥器的湿度 H 越大，干燥器的热效率越________。

33. 干燥过程是________________________相结合的过程。

34. 提高空气的预热温度，可提高干燥操作的热效率，这是因为____________________________________。

35. 在一连续干燥器中干燥盐类结晶，每小时的处理量为 1000kg，经干燥器后物料的湿基含水量由 40%降为 5%，热空气作为干燥介质进入干燥器时湿度 $H_1=0.009$kg 水/kg 绝干气，离开干燥器时湿度 $H_2=0.039$kg 水/kg 绝干气，干燥过程中的物料损失可以忽略，试求：
(1)水分蒸发量 W(单位为 kg 水/h)；
(2)空气消耗量 L(单位为 kg 绝干气/h)；
(3)原湿空气消耗量 L'(单位为 kg 湿空气/h)；
(4)干燥产品量 G_2(单位为 kg/h)。

36. 湿物料含水量为 42%，经常压干燥后为 4%(均为湿基)，产品产量为 0.126kg/s。空气的干球温度为 21℃，相对湿度为 40%，经预热器加热至 93℃后再送入干燥器中，离开干燥器时相对湿度为 60%，若空气在干燥器中为等焓过程，试求：
(1)在 $H-t$ 图上做出空气状态的变化过程；
(2)已知 $H_0=0.008$kg 水/kg 绝干气，$H_2=0.03$kg 水/kg 绝干气，求绝干空气的消耗量 L(单位为 kg 绝干气/s)；

(3)预热器提供的热量 Q_p(单位为 kW)。

37. 在干燥器中将 0.0417kg/s 的湿物料,自湿基含水率 47%干燥到 5%,采用废气循环操作,新鲜空气与废气混合后经预热器加热,再送入干燥器。循环比(废气中绝干空气质量与混合气中绝干空气质量之比)为 0.8,新鲜空气的湿度 H_0 为 0.0116kg 水/kg 绝干气,温度为 22℃,废气的湿度 H_2 为 0.0789kg 水/kg绝干气,温度为 52℃。假设干燥过程为等焓过程,干燥器内不补充热量且热损失可忽略不计。试求干燥过程的耗热量。已知绝干空气的比热容为 1.01 kJ/(kg·℃),水蒸气的比热容为 1.88 kJ/(kg·℃),0℃时水蒸气的潜热为 2492kJ/kg。

38. 在常压理想干燥器内干燥某湿物料。将 500kg 的湿物料从最初含水量 20%降至 2%(均为湿基)。$t_0=20$℃、$H_0=0.01$kg 水/kg 绝干气的空气经预热器升温至 100℃后进入干燥器,废气温度为 60℃。试求:

(1)完成上述任务所需湿空气量;

(2)空气经预热器所获得的热量;

(3)在恒定干燥条件下测得该物料的干燥速率曲线如图所示,则恒速干燥阶段的干燥时间是多少?已知干燥面积为 $1m^2$。

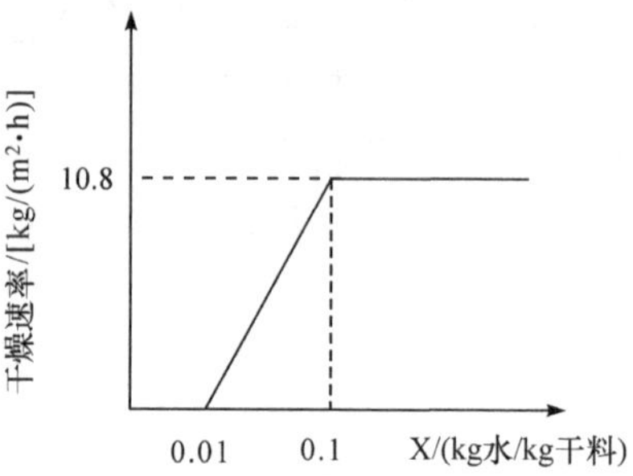

图 12-6 第 38 题附图

39. 在一常压转筒干燥器中,将某物料含水量 5%干燥至 0.5%(均为湿基),干燥产品的流量为 800kg/h,空气进预热器之前 $t_0=25$℃、相对湿度 $\varphi_0=55\%$,经过预热器加热到 $t_1=85$℃后再进入干燥器,出干燥器时 $t_2=35$℃。物料进干燥器时 $t_{M_1}=20$℃,出干燥器时 $t_{M_2}=50$℃,绝干物料的比热容为 0.62 kJ/(kg·K),25℃时水的饱和蒸汽压为 3.168kPa。假设干燥器的热损失为 1.6×10^4 kJ/h,干燥过程为等焓过程,试求:

(1)空气的初始湿度 H_0;

(2)绝干空气流量;

(3)预热器中的传热量。

40. 一常压干燥器将 1200kg/h 的湿含量为 5%的湿物料干燥至 1%(湿基),所用空气性质为 $t_0=20$℃、$\varphi_0=75\%$、湿空气量 $V=2500m^3/h$。干燥器出口空气的干球温度为 55℃,假定干燥过程为绝热干燥。求预热器所需供热速率 Q_p(预热器热损失不计)。已知 20℃时水的饱和蒸汽压为 2.33kPa。

第13章　膜　分　离[1~16]

基本内容

13.1　反渗透与纳滤

1. 溶液的渗透压

对于反渗透、纳滤，以及某些超滤的设计中，溶液的渗透压数据是必不可少的。对理想溶液，其渗透压取决于溶质的依数性；对电解质溶液，需引入渗透压系数 φ_i 来校正其偏离理想溶液的程度，溶质 i 组分的渗透压计算式为

$$\pi = \Phi_i c_i RT \tag{13-1}$$

对于多组分体系稀溶液的渗透压，可用扩展的范特霍夫渗透压公式计算

$$\pi = RT\sum_{i=1}^{n} c_i \tag{13-2}$$

式中，c_i——溶质物质的量浓度，$kmol/m^3$；

n——溶液中的组分数。

2. 反渗透膜通量

有两大类模型可用于反渗透通量的计算：基于 Sourirajan 优先吸附-毛细孔流动机理的模型和基于非平衡热力学理论及线性唯象方程的模型。

基于 Sourirajan 的优先吸附-毛细孔流动机理，溶剂和溶质通量可用 Kimura-Sourirajan 模型求算：

$$J_A = A\{\Delta P - [\pi(x_{AR}) - \pi(x_{AP})]\} \tag{13-3}$$

$$J_S = \frac{D_{Am}K_A}{\delta}(C_R x_{SR} - C_P x_{SP}) \tag{13-4}$$

式中，J_A、J_S—— 分别为溶剂及溶质通量，$kmol/m^2 s$；

A——溶剂的渗透系数；

Δp、$\Delta\pi$——分别为膜两侧的压力差和溶液渗透压差，MPa；

$\frac{D_{Am}K_A}{\delta}$——溶质的渗透系数，m/s，其中 K_A 为溶质在液相和膜相中的平衡常数；δ 为膜的有效厚度，m；D_{Am} 为溶质在膜相中的扩散系数，m^2/s。

c_R、c_P——分别为膜两侧紧靠膜表面上的溶液浓度；

x_{AR}、x_{AP}——分别为膜两侧溶液中溶质的摩尔分率。

基于非平衡热力学机理及线性唯象方程，溶剂和溶质通量可用 Kedem-Katchalsky 模型计算

$$J_A = L_P(\Delta p - \sigma\Delta\pi) \tag{13-5}$$

$$J_S = \bar{c}(1-\sigma)J_V + \omega\Delta\pi \tag{13-6}$$

式中，L_p——过滤系数；

σ——反射系数；

ω——溶质渗透系数。

3. 过程截留率和回收率

在反渗透过程中，膜截留率 R 可用下式计算：

$$R=1-\frac{c_P}{c_0} \tag{13-7}$$

式中，c_0、c_P——分别为原料液和透过液的浓度，kmol/m^3。

在纳滤过程中，用脱盐率 T 来表示

$$T=1-\frac{c_R}{c_0} \tag{13-8}$$

式中，c_R——渗余液的浓度，kmol/m^3。

透过液的体积对原料液体积之比称为回收率 η，即

$$\eta=\frac{V_p}{V_0} \tag{13-9}$$

式中，V_p、V_0——分别为透过液和原料液的体积，m^3。

对纳滤过程，由于一次脱盐率通常较低，一般需经多次脱除，因此还取决于过程的总脱盐率。在恒容脱盐过程中，假定料液体积 V_0 为常数，则料液中盐的浓度由 c_0 降到 c_t时，透过液的总体积为 V_p，若过程中对盐的脱盐率 T 恒定不变，则有

$$\frac{V_p}{V_0}=-\frac{1}{T}\ln(1-T_t) \tag{13-10}$$

式中，过程总脱盐率　$T_t=1-\dfrac{c_t}{c_0}$

13.2 超滤与微滤

1. 超滤与微滤过程的通量计算

超滤与微滤过程的通量计算模型较多，主要可归纳成以下 3 种代表性计算模型:浓差极化或凝胶层阻力模型、滤饼阻力模型等。

若用浓差极化或凝胶层方程来计算超滤通量，则

$$\ln\frac{x_m-x_p}{x_b-x_p}=\frac{J_m\delta}{CD} \tag{13-11}$$

式中，x_b——主体溶液中的溶质的摩尔分率；

x_m——膜表面溶质的摩尔分率；

x_p——透过液中溶质的摩尔分率；

δ——膜的边界层厚度，cm；

J_m——溶液透过流率，kmol/(m^2 · h)。

若定义传质系数 $k=D/\delta$，k 单位为 m/s。当 $x_p \ll x_b$ 和 x_m 时，上式可简化为

$$\frac{x_m}{x_b}=\exp\left(\frac{J_m}{Ck}\right) \tag{13-12}$$

式中，x_m/x_b——浓差极化比。若以 x_g 替代式中的 x_m，则称凝胶浓度比。

对于有凝胶层或滤饼存在的超滤过程，常用阻力模型表示，若忽略溶液的渗透压，则可用膜阻力 R_m、凝胶层阻力 R_g 或 R_c 来表示：

$$J_v=\frac{\Delta p}{\mu(R_m+R_c)} \tag{13-13}$$

式中，Δp 为所施加的跨膜压差；R_m、R_c 分别为膜及滤饼阻力。

对微孔过滤，其阻力为膜阻力 R_m 与滤饼阻力 R_c 之和。其中，滤饼阻力为滤液总体积与过滤面积的函数。当滤饼为不可压缩时，此时

$$\frac{1}{A}\frac{\mathrm{d}V}{\mathrm{d}t}=\frac{\Delta p}{\mu\left(R_m+r_c\rho_0\dfrac{V}{A}\right)} \tag{13-14a}$$

式中，r_c——滤饼比阻力，m/kg；

ρ_0——单位体积滤液中的滤饼质量，kg/m^3。

通过对上式的适当改写并积分，可得工程常用的恒压、恒速过滤通用方程式：

$$\Delta p\left(\frac{At}{V}\right)=K\left(\frac{V}{A}\right)+B \tag{13-14b}$$

以 (At/V) 与 (V/A) 作图得一直线，其斜率 $K=\mu r_c\beta\rho_0/(1-mx_s)=\mu\rho\beta\alpha x_s/(1-mx_s)$；截距 $B=\mu R_m$。其中与斜率有关的参数，m 为滤液的湿干质量比；x_s 为原料液中固体质量分率；α 为溶饼中固体单位质量的阻力，即比阻[m/kg]；β 为滤饼残留系数，对死端微滤有 $\beta=1$。

若膜阻力可忽略，将(13-14a)式从 $t=0$ 到 $t=t$ 积分，并以通量表示，则可得通量与过滤时间的 0.5 次方衰减的关联式：

$$J=\left(\frac{2\Delta p}{\mu r_c\rho_0}\right)^{0.5}t^{-0.5} \tag{13-15}$$

对于可压缩滤饼，则滤饼的比阻力为压降的函数。

2. 洗滤过程计算

若每次操作体积浓缩比都相等，且截留率 R 不变，则经 n 次洗滤后，被截流溶

质的浓度

$$c_R = c_0 (VCR)^{1+n(R-1)} \tag{13-16}$$

式中，c_0——原始料液浓度；

n——洗滤次数。

如果二次洗滤的 VCR 及 R 不相同，二次洗滤后组分浓度应为

$$c_R = c_0 (VCR)_1^{R_1} (VCR)_2^{R_2-1} \tag{13-17}$$

式中，下标 1、2 分别为第一、二次洗滤。

对连续洗滤操作过程，通常加入与滤出溶液体积相等的纯水来保持原料液体积不变。此时若初始溶液中溶质的浓度为 c_0，则得

$$\frac{c_R}{c_0} = \exp\left[-(1-R)\left(A\frac{J_V}{V_0}\right)t\right] \tag{13-18}$$

式中，c_R——任一时刻在洗滤池中溶质的浓度，$kmol/m^3$；

V_0——溶液的初始体积，m^3。

设上式中渗透物总体积为 V_P，则洗滤过程的体积稀释比

$$V_D = \frac{AJ_Vt}{V_0} = \frac{V_P}{V_0} \tag{13-19}$$

在间歇操作中，任一时刻的通量可用下式计算：

$$J = -\frac{1}{A_m}\frac{dV}{dt} = \left(J_0 - k\ln\frac{V_0}{V}\right) \tag{13-20}$$

式中，J_0——初始渗透通量，$kmol/m^3 \cdot h$。

对任意料液体积 V，可由上式求出相应的超滤时间、渗透通量 J；也可求算出在一定超滤时间内，将料液浓缩到一定体积所需的膜面积。

13.3 渗透汽化及蒸汽渗透

渗透汽化是在膜下游侧减压，以形成膜两侧混合物的分压差，使得优先渗透组分透过膜后汽化除去。渗透气化过程中，组分 A 通过膜的渗透通量为

$$J_A = \frac{P_{M_A}}{l_M}(p_A^0 x_A \gamma_A - f_A p_2 y_A) \tag{13-21}$$

式中，J_A——组分 A 的渗透通量，$kmol/m^3 \cdot h$；

P_{M_A}——组分 A 在某一浓度下的渗透系数，或在某一浓度范围内的平均渗透系数；

p_A^0——组分 A 的饱和蒸汽压，MPa；

p_2——膜下游侧汽相总压，MPa；

x_A、y_A——分别为组分 A 在膜上游侧溶液和膜下游侧气相的组成；

γ_A、f_A——分别为组分 A 在膜上游侧溶液的活度系数和膜下游侧气相的逸

度系数。

对组分 B,通过膜的渗透通量为

$$J_B=\frac{P_{M_B}}{l_m}[\gamma_B p_B^0(1-x_A)-f_B p_2(1-y_A)] \tag{13-22}$$

对双组分混合物,膜下游侧汽相中组分 A 的摩尔分率可用下式计算:

$$y_A=\frac{J_A}{J_A+J_B} \tag{13-23}$$

在通常情况下,膜下游的压力很低,趋近于零。简化后可得

$$\frac{P_{M_A}\gamma_A P_A^0}{P_{M_B}\gamma_B P_B^0}=\frac{y_A(1-x_A)}{x_A(1-y_A)}=\alpha \tag{13-24}$$

式中,等式右侧即为分离因子,表示双组分混合物分离的难易程度。

13.4 气体分离

对理想气体在多孔膜中的传递,如果膜两侧的气体总压力、温度相等,则可用气体的分压差作为推动力来表示,其气体渗透通量可用费克定律来计算:

$$J_i=\frac{D_M}{RTl_m}(p_i^0-p_i^l) \tag{13-25}$$

式中,p_i^0、p_i^l——分别为膜上下游的压力,MPa;

l_m——多孔膜的厚度,m;

D_M——有效扩散系数。

对简单的无相互作用气体,温度对扩散系数的影响服从 Arrhenius 方程:

$$D=D_0\exp\left(-\frac{E_d}{RT}\right) \tag{13-26}$$

式中,D_0 为与温度无关的常数。

对于具有较强相互作用的有机蒸气,扩散系数不是常数,与浓度、温度有关。

已知扩散系数和溶解度系数随温度的变化关系,则可求出渗透系数。

$$P=D_0H_0\exp\left(-\frac{\Delta H_H+E_d}{RT}\right)=P_0\exp\left(-\frac{E_P}{RT}\right) \tag{13-27}$$

对于无相互作用的小分子气体,溶解度随温度变化不大,而温度对渗透和扩散的相关性大致相同,因此温度对渗透系数的影响大多可由扩散确定。

对两元气体混合物,忽略边界层作用,其渗透通量可用下式计算:

$$J_A=\frac{H_AD_A}{l_m}(x_Ap_F-y_Ap_P) \tag{13-28}$$

$$J_B=\frac{H_BD_B}{l_m}(x_Bp_F-y_Bp_P) \tag{13-29}$$

式中,p_F、p_P——分别为进料侧和渗透侧气体压力;

x、y——分别为进料或渗透侧气体的摩尔分率。

当无吹扫气体时,两通量之比即为渗透气体的摩尔分率之比

$$\frac{J_A}{J_B}=\frac{y_A}{y_B}=\frac{H_A D_A(x_A p_F-y_A p_P)}{H_B D_B(x_B p_F-y_B p_P)} \tag{13-30}$$

如果膜下游的压力可忽略,则可得出理想条件下的分离因子

$$\alpha_{A/B}^{*}=\frac{y_A/x_A}{y_B/x_B}=\frac{H_A D_A}{H_B D_B}=\frac{P_{M_A}}{P_{M_B}} \tag{13-31}$$

式中,P_{MA}、P_{MB}——某一浓度范围内的平均渗透系数。

引进压力比 $r=p_P/p_F$,则可得以进料摩尔分数表示的分离因子

$$\alpha_{A/B}=\alpha_{A/B}^{*}\left[\frac{x_A(\alpha_{A/B}-1)+1-r\alpha_{A/B}}{x_A(\alpha_{A/B}-1)+1-r}\right] \tag{13-32}$$

13.5 电渗析

1. 水流线速度

电渗析的水流线速度为单位时间内通过电渗析器淡水隔室单位横截面上水的流量

$$V=\frac{10^6 Q}{3600NWd} \tag{13-33}$$

式中,V——淡水流线速度,cm/s;

Q——一段膜堆的水流量,m^3/h;

N——一段膜堆的组装膜对数;

W——淡水隔板宽度,cm;

d——淡水隔板厚度,cm。

2. 极限电流与操作电流密度

极限电流是指电渗析发生极化时的临界电流,极限电流密度指通过单位面积离子交换膜的电流。通常极限电流密度可由修正的 Wilson 方程计算

$$i_{\lim}=k_i\,\bar{c}^m V^n \tag{13-34}$$

式中,$i_{\lim}$——极限电流密度,mA/cm^2;

k_i——水力常数;

m、n——常数,其范围分别为 0.95~1.00、0.5~0.8。

$\bar{c}$——电渗析淡水进出口对数平均浓度,mg/L。

已知极限电流密度,则操作电流密度可用下式计算:

$$i_D=\phi f_t f_s i_{\lim} \tag{13-35}$$

式中,ϕ——水型系数或组成换算系数;

f_s——安全系数；

f_t——温度校正系数。

对我国目前采用的异相膜电渗析器，温度校正系数可采用以下经验式计算：

$$f_t = 0.987^{(t_0 - t)} \tag{13-36}$$

式中，t_0——测定极限电流时的水温，℃；

t——实际操作水温，℃。

3. 电流效率

电流效率表示电渗析过程中电流利用程度，为单位时间内实际脱盐率与理论脱盐率的百分比。在工程应用中，电流效率常用以下计算式：

$$\eta = \frac{Q(c_{di} - c_{do})F}{IN} \tag{13-37}$$

式中，Q——淡水流率，m^3/h；

c_{di}、c_{do}——淡水进出口浓度，mol/m^3；

I——电流，A；

F——法拉第常量，F=26.8 A・h/mol（或 96500C/mol）。

4. 脱盐率

电渗析器除掉的盐量与给水含盐量的百分比为脱盐率，脱盐率常以单台或单级为基础进行计算：

$$R_d = \frac{c_{di} - c_{do}}{c_{di}} \times 100\% \tag{13-38}$$

若极限电流下的进、出口浓度已知，则极限电流下的脱盐率可按下式计算：

$$R_{dlim} = 1 - \exp\left[-\frac{k_i \eta L}{Fd\,\bar{c}^{(1-m)}\,v^{(1-n)}}\right] \tag{13-39}$$

式中，d、L——分别为电渗析隔室流道高度与长度，m。当电渗析器确定后其为常数；处理水型确定后，k_i、n 和 η 也是常数。

5. 膜对电压

在运行过程中，膜对电压直接与电渗析直流电能耗有关，可以表示成流速和浓度的函数，

$$U_p = k' C_m^{\alpha} V^{\beta} \tag{13-40}$$

式中，U_p——单位膜对电压降，V；

k'、α、β——与处理水型有关的常数，对碳酸氢盐水型分别为 0.065、0.1589、0.67。膜堆电压为加在膜堆两端的电压，由 N 对单位膜对电压构成，可用下式计算：

$$U_s = NU_p \tag{13-41}$$

膜对电压 U_s 加上极区电压，即为电渗析总电压 U_0。

6. 实际操作电流密度确定

实际操作电流密度计算与工艺流程有关，一般可按以下三种流程计算。

①单台一级多段或多级多段连续式流程，在等流速下，各级装置的极限电流密度与该脱盐淡水室中进出口对数平均浓度的比值为常数

$$\frac{i_1}{i_n}=\frac{(c_{di}-c_{do})_1}{(c_{di}-c_{do})_n}\frac{\ln\left(\frac{c_{di}}{c_{do}}\right)_n}{\ln\left(\frac{c_{di}}{c_{do}}\right)_1} \tag{13-42}$$

式中，i_1、i_n——分别为第一级和第 n 级的电流密度。

只要进出口浓度确定，即可由上式从给水浓度 c_F 脱盐至产品水浓度 c_P 算出所需要的脱盐级数，故第 n 级电流密度可用下式计算

$$i_n=\frac{(c_{di}-c_{do})_n VdF}{\eta L} \tag{13-43}$$

②部分循环式流程，只要求得进口流量 Q_R 和进口浓度为 C_R，则电流密度求法同多级多段连续式相同。

③间歇循环式流程，一般采用定压操作法，按该批量循环终止时操作电流所对应的电压作为运行电压，故首先需算出终止时的单位膜对及膜堆电压，再根据欧姆定律算出循环脱盐起始及终止时的电流密度 i_b、i_e，再算出循环脱盐起始及终止时的对数平均浓度 c_{mb}、c_{me}。

若已知循环脱盐开始及终止时的进出口浓度，则先计算出相应的对数平均浓度，然后求得循环脱盐开始及终止时的电流密度，最后按下式求得批量脱盐的对数平均电流密度

$$i_m=\frac{i_b-i_e}{\ln\frac{i_b}{i_e}} \tag{13-44}$$

式中，i_m——对数平均浓度。

7. 脱盐级数

对多级连续式脱盐过程，可用下式计算脱盐级数

$$n=\frac{\lg(1-R_d)}{\lg(1-R_{dp})} \tag{13-45}$$

若以淡说浓度与处理量表示，对具有多级部分循环连续脱盐过程，其串联级数与产物脱盐比有以下关系：

$$\frac{c_F}{c_P}=\left[\frac{Q_R}{Q_F}\left(\frac{c_{di}}{c_{do}}-1\right)+1\right]^n \tag{13-46}$$

式中，Q_R、Q_F——分别为脱盐室内实际流量及进料流量，m^3/h。

8. 膜对数(面积)计算

①对连续式流程，假定电流效率恒定，对第 n 级的膜对数为

$$N_n = \frac{(c_{di} - c_{do})_n QF}{\eta i_n A_P} \tag{13-47}$$

若各脱盐级采用等流速运行，任何两级的电流密度之比等于该两级淡水对数浓度之比，可求出各级淡水进出口浓度，进而获得任一级的膜对数 N_i。故所需总膜对数为

$$N = \sum_{i=1}^{n} N_i \tag{13-48}$$

②对部分循环连续式，只要将以上式中的进料流量 Q 及浓度 c 用进入各级的实际流量 Q_R 和浓度 C_R 代替即可。

③对间歇循环式，假定电流效率不变，则用对数平均电流密度 i_m 作为一个批量的操作电流，取代式(13-47)中的 i_n。

重点与难点

(1)理解膜与膜分离的基本概念，弄清膜的种类及其一般特性，了解膜的典型制备方法；

(2)掌握各种膜与膜组件的基本特性与有关参数、以及一般的适用场合与应用规律，并能进行各种膜分离的特性参数计算；

(3)掌握以压力、浓度、电位差为推动力的三类膜分离过程，能运用有关模型计算通量及分离因子，以及对气体分离、渗透气化、电渗析等过程进行级联计算和过程设计。

精选题及解答

【例 13-1】 一个槽，中间被半透膜隔开，假定左室内溶液的大分子浓度为 c，每个大分子可电离为一个负的大离子 R^{Z-} 和 Z 个正离子 Na^+，半透膜能允许 Na^+ 通过，而不能使大离子 R^{Z-} 通过，假定右室的 NaCl 浓度为 b。由于左室不存在 Cl^-，则 Cl^- 从右室向左室扩散；又由于要维持电中性，所以有同样多的 Na^+ 也向左室扩散。设达到平衡时共有 x mol 的 NaCl 由右室向左室扩散，试证明达到平衡时，从右向左扩散的分数为 $\frac{x}{b}=$

当半透膜两侧的任一侧溶液中有大分子存在时，达到平衡时，两侧溶液中小分子浓度不同。

$\frac{b}{Zc+2b}$。

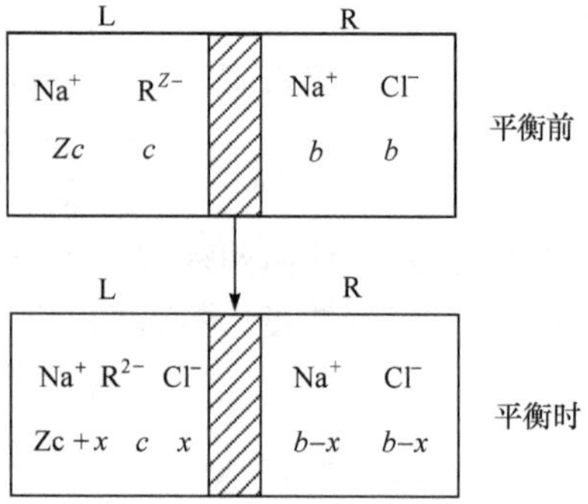

图 13-1　半透膜隔离室两侧离子分布示意图

【解】 初态　左　$[R^{Z-}]=c$　$[Na^+]=Zc$

右　$[Na^+]=b$　$[Cl^-]=b$

平衡时　左　$[R^{Z-}]=c$　$[Na^+]=Zc+x$　$[Cl^-]=x$

右　$[Na^+]=b-x$　$[Cl^-]=b-x$

由于平衡时 Cl^-，Na^+ 等量分布在膜两边，则

$$(Zc+x)x=(b-x)^2=b^2-2bx+x^2$$

整理得

$$\frac{x}{b}=\frac{b}{Zc+2b}$$

证毕。

在一定的浓度下，增加 Z 的数量，可使小分子渗透量 x 减小。

【例 13-2】 已知盐和水的反渗透通量可分别表示为

$$J_W=A(\Delta p-\Delta\pi)$$

$$J_S=\frac{D_{Am}K_A}{\delta}(c_R x_{SR}-c_P x_{SP})$$

推导反渗透的分离因子

式中，c_R、c_P——分别为膜两侧表面含盐水溶液的物质的量浓度；

x_{SR}、x_{SP}——分别为膜两侧溶液中溶质的摩尔分率。

由于 x_{SP} 很小，近似等于零。

若定义分离因子 α 分别为膜两侧各自溶液中盐和水的物质的量浓度比，设 c_{SR}，c_{SP}，c_{WR}，c_{WP} 分别为膜两侧盐和水的物质的量浓度。则 $\alpha=\frac{c_{SR}}{c_{WR}}\Big/\frac{c_{SP}}{c_{WP}}$，且假定盐的渗透率很低，$c_R x_{SR}\gg c_P x_{SP}$，并记 $c_{SR}=c_R\cdot x_{SR}$，则膜下游侧可简化为

$$\frac{c_{WP}}{c_{SP}}=\frac{J_W}{J_S},\rho_W \approx c_{WR}$$

试求出反渗透过程的分离因子。

溶剂与溶质的通量之比等于渗透物浓度之比。

【解】

$$J_s=\frac{D_{Am}K_A}{\delta}(c_R x_{SR}-c_P x_{SP})=\frac{D_{Am}K_A}{\delta}c_{SR}$$

$$J_w=A(\Delta p-\Delta\pi)$$

所以
$$\frac{J_w}{J_s}=\frac{A(\Delta p-\Delta\pi)}{\frac{D_{Am}K_A}{\delta}c_{SR}}$$

由于
$$\frac{J_w}{J_s}=\frac{c_{WP}}{c_{SP}}$$

故
$$\frac{c_{WP}}{c_{SP}}=\frac{A(\Delta p-\Delta\pi)}{\frac{D_{Am}K_A}{\delta}c_{SR}}$$

$$\alpha=\frac{c_{SR}/c_{WR}}{c_{SP}/c_{WP}}$$

$$=\frac{c_{WP}}{c_{SP}}\cdot\frac{c_{SR}}{c_{WR}}=\frac{A(\Delta p-\Delta\pi)}{\frac{D_{Am}K_A}{\delta}c_{WR}}$$

因为
$$c_{WR}\approx\rho_W$$

所以
$$\alpha=\frac{A(\Delta p-\Delta\pi)}{\frac{D_{Am}K_A}{\delta}\rho_W}$$

【例 13-3】 膜表面浓度 c_m 难以用实验直接测得，但可通过表观截留率 R_0 与给定条件下的流速、通量之间的关系，由实验数据确定实际截留率 R，从而求出膜表面浓度 c_m，试证明表观截留率与给定条件下的流速、通量之间的关系为

表观截留率与流速、通量间的关系。

通过中间过渡式相等来证明例题的等式关系成立。

$$\ln\left(\frac{1-R_0}{R_0}\right)=\ln\left(\frac{1-R}{R}\right)+\frac{J_V}{au^n}$$

式中通量为 $J_V=k\ln\frac{c_m-c_p}{c_0-c_P}$，传质系数为流速的函数，即 $k=au^n$，根据狄斯纳方程，指数 n 可取 0.8。

由于浓差极化的存在，对超滤过程，膜面浓度常大于主体流浓度，则实际截留率 R 需通过表观截留率 R_0 来计算。

c_0 为主体流溶质浓度。
实际截留率计算中采用膜表面浓度 c_m，与过程中的浓差极化有关。

【证明】 已知溶质表观截留率 $R_0=1-\dfrac{c_P}{c_0}$,实际截留率

$$R=1-\frac{c_P}{c_m}$$

则方程左侧

$$\ln\left(\frac{1-R_0}{R_0}\right)=\ln\left(\frac{c_P/c_0}{1-c_P/c_0}\right)=\ln\left(\frac{c_P}{c_0-c_P}\right)$$

而方程右侧

$$\ln\left(\frac{1-R}{R}\right)+\frac{J_V}{au^n}=\ln\left(\frac{c_p/c_R}{1-c_P/c_R}\right)+\frac{au^n\ln\left(\dfrac{c_R-c_P}{c_0-c_P}\right)}{au^n}$$

$$=\ln\frac{c_P}{c_R-c_P}+\ln\left(\frac{c_R-c_P}{c_0-c_P}\right)$$

$$=\ln\left(\frac{c_P}{c_0-c_P}\right)$$

故左侧等于右侧,命题关系式得以证明。

反渗透系数计算

【例 13-4】 用有效膜面积 7.6cm² 的醋酸纤维素膜进行 NaCl 水溶液的渗透，在 10.2MPa 下，料液及透过液的物质的量浓度均为 5.5345×10^{-2} mol/mL，溶质摩尔分率为 8.927×10^{-3}，通过膜面的料液速度为 400 mL/min 时，测得纯水透过量为 134.14 g/h，溶液透过量为 91.5 g/h，溶质截留率为 90.0%。求膜的渗透系数 A、传质系数 k、$D_{am}k/\delta$,以及浓差极化比。

【解】 纯水渗透系数

$$A=\frac{J_V}{\Delta p}=\frac{\dfrac{134.14}{18\times3600\times7.6}}{10.2}=2.67\times10^{-5}\text{mol/cm}^2\cdot\text{s}\cdot\text{MPa}$$

由截留率

$$x_p=x_0(1-R)=8.927\times10^{-3}(1-0.9)=0.8927\times10^{-3}$$

$$J_S=J_V\cdot x_p=0.8927\times10^{-3}\times\frac{91.5}{7.6\times3600\times18}$$

$$=1.659\times10^{-7}\text{mol/cm}^2\cdot\text{s}$$

该式由稳态时物料衡算得到,应该注意式中传质系数 k 虽然物理意义与例题 13-3 同,但是数值不同。

$$J_v=1.86\times10^{-4}=c_0k\ln\left[\frac{x_R-x_P}{x_0-x_P}\right]$$

$$=5.5345\times10^{-2}k\ln\left(\frac{x_R-0.8927\times10^{-3}}{8.927\times10^{-3}-0.8927\times10^{-3}}\right)\quad(1)$$

$$J_v=1.86\times10^{-4}=2.67\times10^{-5}\times[10.2-\pi(x_R)-\pi(x_P)]\quad(2)$$

$$J_S=1.659\times10^{-7}=\left(\frac{D_{Am}K}{\delta}\right)(c_R x_R-c_P x_P)$$

$$=\left(\frac{D_{Am}K}{\delta}\right)\times5.5345\times10^{-2}(x_R-0.8927\times10^{-3}) \qquad (3)$$

利用物系数据拟合得到的渗透压与摩尔分率的关系式，结合式(1)、(2)和(3)，无需试差，就可以求得结果。

根据[$NaCl$-H_2O]物系的数据(25℃)：

摩尔分率/$\times10^3$	0	1.798	3.590	5.375	7.154	8.927
渗透压/MPa	0	0.721	0.923	1.379	1.821	2.284

拟合得到 $\pi=256.0x_S$，所以 $\pi(x_p)=0.2285$，由前述三式中的第(2)式可得到 $\pi(x_R)=3.005$，所以

$$x_R=11.7391\times10^{-3}$$

$$\frac{D_{am}K}{\delta}=2.764\times10^{-4}\text{g/cm}^2\cdot\text{s}$$

传质系数 $k=8.2\times10^{-3}$ cm/s

浓差极化比

浓差极化比为膜面上溶液浓度(摩尔分率)与溶液主体浓度之比。

$$\frac{x_R}{x_0}=\frac{11.7391\times10^{-3}}{8.927\times10^{-3}}=1.315$$

【例 13-5】 利用卷式反渗透膜组件进行脱盐，操作温度为25℃，进料侧水中 NaCl 浓度为 1.8%(质量分率)，操作压力为 6.896MPa，在渗透侧的水中含 NaCl 为 0.05%(质量分率)，操作压力为 0.345MPa。当采用特种膜时，水和盐的渗透系数分别为 1.0859×10^{-4} g/(cm^2·s·MPa)和 16×10^{-6} cm/s。假设膜两侧的传质阻力可忽略，对水的渗透压可用 $\pi=RT\sum\overline{m}_i$ 计算，式中，m_i为水中溶解离子或非离子物质的摩尔体积，请分别计算出水和盐的通量。

反渗透过程的通量计算

【解】 进料盐浓度为

$$\frac{1.8\times1000}{58.5\times98.2}=0.313\text{mol/L}$$

透过侧盐浓度为

$$\frac{0.05\times1000}{58.5\times99.95}=0.00855\text{mol/L}$$

$$\Delta p=6.896-0.345=6.551\text{MPa}$$

若不考虑过程的浓差极化，则

通常反渗透的浓差极化较小，若水的回收率较高时，需考虑。

$$\pi_{进料侧}=\frac{8.314\times298\times2\times0.313}{1000}=1.55\ \text{MPa}$$

$$\pi_{透过侧}=\frac{8.314\times298\times2\times0.00855}{1000}=0.042\text{MPa}$$

所以

$$J_{H_2O}=\frac{p_{M_{H_2O}}}{l_M}(\Delta p-\Delta\pi)$$
$$=1.0859\times10^{-4}\times[6.551-(1.55-0.042)]$$
$$=5.48\times10^{-4}\text{g/cm}^2\cdot\text{s}$$

$$J_{NaCl}=\frac{P_{M_{NaCl}}}{l_m}\Delta c$$
$$=16\times10^{-6}\times(0.313-0.00855)\times10^{-3}$$
$$=4.86\times10^{-9}\text{mol/cm}^2\cdot\text{s}$$

反渗透基本系数的计算

【例 13-6】 含盐量为 10000mg NaCl/L 的苦咸水，在压力 6.0MPa 下进行反渗透试验。采用有效面积 10cm^2 的醋酸纤维素膜。在水温 25℃时，水流量为 $0.01\text{cm}^3/\text{s}$，其溶质浓度为 400mg/L，试计算渗透系数 L_p，溶质透过系数 ω 以及脱盐率。

i 为溶质的渗透压系数，与溶质的种类及浓度有关，可从参考文献[5]查得。

Q_p 为单位时间内的流量。

【解】 苦咸水的渗透压

$$\pi=icRT=2\times\frac{10000}{58.5\times1000}\times0.082\times298=8.35\text{atm}$$

渗透系数

$$L_P=\frac{J_V}{\Delta p-\Delta\pi}=\frac{Q_p}{A(\Delta p-\Delta\pi)}=\frac{0.01}{1000\times10(60-8.35)}$$
$$=1.94\times10^{-8}\text{L/cm}^2\cdot\text{s}\cdot\text{atm}$$

溶质透过系数

$$\omega=\frac{J_S}{\Delta c_S}=\frac{Q_f c_f}{A\Delta c_S}=\frac{0.01\times400}{1000\times10(10000-400)}$$
$$=4.16\times10^{-8}\text{L/cm}^2\cdot\text{s}\cdot\text{atm}$$

表观脱盐率

脱盐率

$$R_0=\frac{c_0-c_f}{c_0}=\frac{10000-400}{10000}=96\%$$

超滤过程的通量计算

【例 13-7】 质量浓度为 1%的牛血清白蛋白(相对分子质量为 69000)溶液，(NaCl 为缓冲液，pH7.4)，用平板薄层式膜组件进行连续浓缩。膜组件的流道高度为 2.5mm、宽度为 30cm、长度为 1m。膜对白蛋白的截留率为 100%，纯水的渗透系数为 $3\times10^{-3}cm^3/cm^2\cdot MPa\cdot s$。在溶液温度为 25℃、压力 0.2MPa、流量为 0.5L/min 条件下浓缩，试求透过膜的通量。已知该白蛋白的凝胶浓度 c_g 为 58.5g/100mL，扩散系数 $D=6.8\times10^{-7}cm^2/s$。

已知牛血清白蛋白溶液的黏度及密度可分别用以下关系求得

$$\mu=10^{-3}x\exp(0.00244c^2)$$

$$\rho=2.54\times10^{-3}c+1.00$$

式中，μ 单位为 Ns/m^2；ρ 单位为 g/cm^3；c 单位为 g/100mL

【解】 当质量浓度为 1%时（即 1g/100mL）溶液的黏度为 1cP、密度为 $1g/cm^3$。当量直径为流道高度的 2 倍，为 0.5cm，流道内线速度为 1.11 cm/s。

$$Re=\frac{d_h u\rho}{\mu}=\frac{0.5\times1.11\times1}{1}=0.555$$

$$Sc=\frac{\mu}{\rho D}=\frac{1}{1\times6.8\times10^{-7}}=1.47\times10^6$$

$$\frac{ReScd_h}{l}=\frac{0.555\times1.47\times10^6\times0.5}{100}=4079<5000$$

则传质系数

$$k=1.62\left(\frac{ReScd_h}{l}\right)^{1/3}\left(\frac{D}{d_h}\right)$$

$$=3.52\times10^{-5}cm/s$$

由凝胶极化方程式求得

$$J_v=k\ln\left(\frac{c_g}{c_b}\right)=3.52\times10^{-5}\ln\left(\frac{58.5}{1}\right)$$

$$=1.43\times10^{-4}cm^3/(cm^2\cdot s)$$

当 pH=7.4 时，渗透压可用下式求得

$$\Delta\pi=\left(\frac{RT}{M_W}\right)[c-1.09\times10^{-2}c^2+1.24\times10^{-4}c^3+20.4(c^2+1.03\times10^6)^{1/2}-2.07\times10^4]$$

本方程为牛血清蛋白溶液的渗透压与浓度的多项关联式，当只取第一项时，即为理想溶液的渗透压方程式。

与以下方程联立：

$$J_v=L_p\{\Delta p-\Delta\pi\}$$

$$c_m=c_b\exp\left(\frac{J_v}{k}\right)$$

求得

$$J_v = 1.23\times10^{-4}\,cm^3/(cm^2\cdot s)$$

实际过程应控制在低于凝胶浓度下操作，当高于凝胶浓度时，即使提高操作压力，也不能增加通量。

$c_m = 32.6g/100mL$，$\Delta\pi = 0.159MPa$。由此可知膜面浓度尚未达到凝胶浓度 $c_g = 58.5g/100mL$，在此操作条件下，膜的通量由渗透压控制，其值为 $1.23\times10^{-4}cm^3/(cm^2\cdot s)$。

采用常规层流时得传质系数方程计算。

采用不同膜组件超滤通量差异的比较。

【例 13-8】 考虑牛奶在 50℃下的超滤，已知牛奶的物理性质是：密度 $\rho = 1.03g/cm^3$，黏度为 $\mu = 0.8cP$，扩散系数 $D = 7\times10^{-7}\,cm^2/s$，牛奶中的蛋白含量为 $c_b = 3.1\%$(质量/体积)，凝胶浓度为 22%(质量/体积)。已知中空纤维膜和管式膜组件的参数如表 13-1 所示。分别求出用中空纤维膜及管式膜组件对该牛奶超滤的通量。

表 13-1　中空纤维及管式膜组件参数

组件参数	中空纤维式	管式
直径 d/cm	0.11	1.25
长度 L/cm	63.5	240
纤维根数 n	660	18
错流流率 Q/L/min	38	265
压降 p/(kg/cm^2)	0.9	2

【解】 对中空纤维膜组件，料液在管内的流速

$$u = \frac{Q}{(\pi/4)(d^2)n} = \frac{38000/60}{(3.142/4)\times(0.11)^2\times660} = 100cm/s$$

$$Re = \frac{du\rho}{\mu} = \frac{0.11\times100\times1.03}{0.008} = 1416$$

$$Sc = \frac{\mu}{\rho D} = \frac{0.008}{1.03\times7\times10^{-7}} = 1.11\times10^4$$

有很多相近计算式可供选用，其差异仅反映在系数及指数上的不同。

Re 值表明这个组件在层流条件下操作，故可用 Leveque 方程求算

$$\begin{aligned} Sh &= 1.86\times[ReSc(d/L)]^{1/3} \\ &= 1.86\times(1416)^{0.33}(1.11\times10^4)^{0.33}(0.11/63.5)^{0.33} \\ &= 54.08 \end{aligned}$$

故

$$k = 54.08\left(\frac{D}{d_h}\right) = 54.08\times\left(\frac{7\times10^{-7}}{0.11}\right)$$

$$k = 3.44\times10^{-4}\,cm^2/(cm\cdot s) = 12.39\ L/(m^2\cdot h)$$

从凝胶方程,可算出牛奶的通量

$$J=k\ln\frac{c_g}{c_b}=12.39\ln\left(\frac{22}{3.1}\right)=24.3\ \text{L/(m}^2\cdot\text{h)}$$

采用管式组件,其流速及 Re 数分别为

$$u=\frac{265000/60}{(3.142/4)\times(1.25)^2\times18}=200\text{cm/s}$$

$$Re=\frac{du\rho}{\mu}=\frac{1.25\times200\times1.03}{0.008}=32188$$

Re 值表明,在此条件下为湍流。

用以下方程计算出:

$$Sh=0.023\times(32188)^{0.8}\times(1.11\times10^4)^{0.33}=2002$$

$$k=\frac{2002\times7\times10^{-7}}{1.25}=1.12\times10^{-3}\text{cm}^2/\text{cm}\cdot\text{s}$$

$$=40.37\ \text{L/(m}^2\cdot\text{h)}$$

$$J=40.37\ln\left(\frac{22}{3.1}\right)=79.1\ \text{L/(m}^2\cdot\text{h)}$$

【例 13-9】 铁蓝颜料分散液用以下实验流程进行恒压微滤,所使用的膜为 SF-30 膜,操作压力为 0.1079MPa,实验结果列于表 13-2。已知滤饼的湿干质量比为 $m=3$,滤液黏度为 $\mu=10^{-3}$kg/m·s,滤液密度 $\rho=1000\text{kg/m}^3$,试计算微滤方程的常数 a、b,以及滤饼的比阻,循环错流时滤饼残留系数 β。

死端流与错流微滤的比较

表 13-2 铁蓝颜料分散液恒压微滤实验数据

序　号	1	2	3	4	5	6	7	8
过滤时间/min	2	4	6	8	10	15	20	25
滤液量/(L/m²)	7	12	16	20	23	31	37	43
序　号	9	10	11	12	13	14	15	
过滤时间/min	30	35	40	45	50	55	60	
滤液量/(L/m²)	49	54	58	62	66	69	73	

【解】 利用最小二乘法对以上数据进行线性回归,即

$$y=\frac{1}{\frac{1}{\Delta p}\frac{d(V/A)}{dt}}\qquad x=\frac{V}{A}$$

将表中的实验数据换算成以 x 与 y 表示的数据。对以上数据进行回归,得

$$a'=\frac{\sum xy-(\sum x)(\sum y)/n}{\sum x^2-(\sum x)^2/n}=1.023\times10^6$$

$$b'=\overline{y}-a'\overline{x}=1.201\times10^4$$

求得常数

可将两组实验计算结果画成图,得两直线,分析可知,在压差相等条件下,循环错流微滤的 V/S 值较大,过程效果也较好。

$$a=a'\Delta p=(1.079\times10^5)(1.023\times10^6)=1.10\times10^{11}$$

$$b=b'\Delta p=(1.079\times10^5)(1.201\times10^4)=0.130\times10^{10}$$

所以得直线方程式:

$$y=1.10\times10^{11}x+0.130\times10^{10}$$

已知 $m=3$,$\mu=10^{-3}$kg/ms,$\rho=1000$kg/m^3 时,求得滤饼的比阻

$$r_{\text{dead}}=\frac{a_{\text{dead}}(1-mx_s)}{\mu\rho x_s}=\frac{1.10\times10^{11}(1-3\times0.001)}{0.001\times1000\times0.001}=1.1\times10^{14}$$

死端流滤饼残留系数为 $\beta=1$,错流微滤的滤饼残留系数小于1。

同理,由错流微滤实验计算结果,可得常数 $a_{\text{错流}}=5.36\times10^{10}$,则求得错流微滤时,滤饼残留系数

$$\beta=\frac{a_{\text{错流}}}{a_{\text{dead}}}=\frac{5.36\times10^{10}}{1.10\times10^{11}}=0.487$$

溶液分离程度的表达

【例 13-10】 已知溶液中溶质浓度为1.5%(质量分率),拟采用反渗透过程脱除溶质,要求渗透液内溶质浓度低于100mg/L。试计算溶质的截留率 R 和过程的分离因子 α,并说明这种情况下采用哪一个参数更易反映实际分离程度。

将质量分率转化成物质的量浓度,mg/L,例如质量分率为1.5%则相当于15000 mg/L。

【解】 截留率

$$R=1-\frac{c_P}{c_0}=1-\frac{100}{15000}=0.9934$$

分离因子

用分离因子来表示,不能直接反映溶质被截留或脱除的程度。

$$\alpha_{w/s}=\frac{c_{W,P}/c_{S,P}}{c_{W,F}/c_{S,F}}=\frac{999900/100}{98.5/1.5}=152.28$$

反渗透过程是溶剂分子在压差作用下透过膜,而溶质被截留,用溶质截留率 R 表示分离选择性更为方便。

气体分离程度的表达

【例 13-11】 采用气体渗透膜分离空气(氧21%,氮79%),渗透物中氧浓度达78%。试计算膜对氮气的截留率 R 和过程的分离因子 α,并说明这种情况下哪一个参数更能表达该过程的分离状态。

【解】 截留率

$$R=1-\frac{c_{N_2,P}}{c_{N_2,F}}=1-\frac{22}{79}=0.7215$$

分离因子

$$\alpha_{O_2/N_2}=\frac{78/22}{21/79}=13.34$$

对于气体膜分离，以分离因子表示膜的选择性为宜。

尽管用于气体分离的也为致密膜，由于气体分子较小，气体混合物中各组分以不同的渗透扩散速率通过膜，用截留率来表示气体分离程度不合适。

【例 13－12】 有关径迹蚀刻膜的孔径和孔个数如下：

膜孔的大小与水通量的关系

孔直径/μm	5.0	1.0	0.2	0.05
孔数/(个/cm^2)	5.8×10^5	1.3×10^7	3.2×10^8	4.0×10^9

计算孔隙率及 0.1MPa 下水通量。

【解】 由于径迹蚀刻膜的孔一般为圆形直孔，孔的曲折因子为 1.0。设孔半径以 r 表示，则单位膜面积 A 内孔面积为$n\pi r^2$，故孔隙率及通量可用以下公式计算

$$\varepsilon=\frac{n\pi r^2}{A}\times100\%$$

$$J=\frac{\varepsilon r^2}{8\eta\tau}\frac{\Delta P}{\delta}$$

式中，δ 表示膜厚，η 表示水黏度。

在 0.1MPa 下，计算出各膜的孔隙率及水通量如下：

孔半径/μm	孔数	ε/%	J/(L/m^2·h)
2.5	5.0×10^5	9.8	1.4×10^6
0.5	1.3×10^7	10.2	57.6×10^3
0.10	3.2×10^8	10.1	2273
0.025	4.0×10^9	7.8	110

【例 13－13】 试计算 298K 下水透过微滤膜或超滤膜的通量，微滤及超滤过程的跨膜压差 Δp 分别为 0.1MPa 和 0.5MPa。假设曲折因子 τ 为 1.2，两种膜的膜厚度、孔隙率 ε 及孔径数据如下：

微滤、超滤过程的通量计算

	孔隙率	孔半径/μm	膜厚/μm
微滤	0.6	0.2	100
超滤	0.02	0.002	1.0

【解】 利用 Hagen-Poissueille 方程计算水通量

$$J=\frac{\varepsilon r^2}{8\eta\tau}\frac{\Delta p}{\delta}$$

通常微滤膜为对称膜;而超滤膜为非对称膜,其通量与皮层厚度有关。

微滤:

$$J=\frac{0.6\times(2.0\times10^{-7})^2}{8\times10^{-3}\times1.2}\frac{10^5}{10^{-4}}=2.5\times10^{-3}\text{m/s}$$
$$=9000\text{L/(m}^2\cdot\text{h)}$$

超滤:

$$J=\frac{0.02\times(2.0\times10^{-9})^2}{8\times10^{-3}\times1.2}\frac{5\times10^5}{10^{-6}}$$
$$=4.2\times10^{-6}\text{m/s}=15.12\text{L/(m}^2\cdot\text{h)}$$

渗透压计算

由计算结果可知,相对分子质量越小,其渗透压越明显,并符合溶液的依数性,而大分子或悬浮颗粒的渗透压几乎可以忽略不计。

【例 13-14】 计算 25℃下,下列水溶液的渗透压:3%(质量分率)NaCl($M_{NaCl}=58.45$g/mol);3%(质量分率)白蛋白($M_{白蛋白}=65000$g/mol)和固体含量为 30g/L 的悬浮液(其颗粒质量为 1ng=10^{-9}g)。

【解】 假设为理想条件,渗透压可用 van't Hoff 定律计算。对不同溶质可以得到以下结果:

NaCl:

$$\pi=\frac{2\times30\times10^3\times8.31\times298}{58.45}=2.54\times10^6\text{N/m}^2$$
$$=2.54\text{MPa}$$

白蛋白:

$$\pi=\frac{30\times10^3\times8.31\times298}{65000}=0.01\times10^5\text{N/m}^2$$
$$=0.001\text{MPa}$$

悬浮液:

$$\pi=\frac{30\times10^{12}\times8.31\times298}{6.02\times10^{23}}=1.2\times10^{-7}\text{N/m}^2$$
$$=1.2\times10^{-13}\text{MPa}$$

反渗透过程设计

【例 13-15】 某中空纤维外径为 0.1mm 的反渗透膜,其水渗透系数为 $L_P=1.6\times10^{-8}$ m/(s·atm)。用于海水脱盐含量为 3%(质量分率)(以 NaCl 计),在 6.0MPa 和 298K 下膜组件通量为 $q_p=5\text{m}^3$/d。问长度为 1m 的膜组件中应有多少根中空纤维,每根纤维一天的通量为多少?

【解】 $A=n\pi dL$，所以已知膜面积可以求得纤维数。其中，n 为纤维数；d 为纤维直径；L 为膜组件长度。

（题中只给出了外径，纤维外侧为原料侧。用于海水脱盐的反渗透中空纤维膜组件通常采用这种操作方式）

膜面积可由下式计算：

$$A=q_p/J$$

其中，J 为通量；q_p为渗透物流量（$=5\text{m}^3/\text{d}$）。如渗透压已知，则可计算出 J：

由例题 13－14 计算结果可知 3% NaCl 溶液的渗透压微 25.4atm

$$J=L_P(\Delta P-\Delta\pi)=1.6\times10^{-8}(60-25.4)$$
$$=5.54\times10^{-7}\text{m}^3/(\text{m}^2\cdot\text{s})$$

$$J=5.54\times10^{-7}\times10^3\times3600\times24=47.87\text{L}/\text{m}^2\cdot\text{d}$$

$$A=\frac{q_p}{J}=\frac{5000}{47.87}=104.4\text{m}^2$$

则中空纤维数：

$$n=\frac{A}{\pi dL}=\frac{104.4}{3.14\times10^{-4}\times1.0}=3.312\times10^5\text{ 根}$$

每根纤维的通量：

$$q_{\text{纤维}}=J\times A_{\text{纤维}}=47.87\times3.14\times10^{-4}=15\text{ml/d}$$

【例 13－16】 用内径为 6mm 的管式纳滤膜浓缩浓度为 5% 的蔗糖（$M_W=342$）溶液，该膜对蔗糖的截留率 R 为 100%。已知操作温度为 20℃，操作压力为 2.0MPa，采用错流浓缩，测得进料流速为 0.75m/s 时，通量为 33.5 L/(m^2·h)；进料流速增大到 4.5m/s 时，通量达 48.9L/(m^2·h)。已知料液密度 $\rho=10^3\text{kg/m}^3$，黏度 $\mu=1.1\times10^{-3}\text{Pa}\cdot\text{s}$；已知渗透压计算公式 $\Delta\pi=ac_m^b$ 中，$a=0.05$；$b=1.1$；蔗糖扩散系数 $D_{\text{蔗糖}}=4.2\times10^{-10}\text{m}^2/\text{s}$。试求：

纳滤膜过程计算

(1)计算两种错流速度下浓差极化比；

(2)假设浓差极化比不变，计算 10atm 的通量；

(3)说明并判断浓差极化比不变的假设是否正确？

【解】 (1)浓差极化比可由下式计算：

$$\frac{c_m}{c_b}=\exp\left(\frac{J}{k}\right)$$

其中 J 已知，k 可由传质系数关联式计算。

对 $u=0.75\text{m/s}$，Reynold 数为

$$Re=\frac{\rho ud}{\mu}=\frac{10^3\times0.75\times6\times10^{-3}}{1.1\times10^{-3}}=4091$$

$u=4.5\text{m/s}$ 时，$Re=24545$。

首先判断流动是层流还是湍流。两种流速下均为湍流。

对管式湍流状态，传质系数可直接利用下式计算：

$$k=\frac{D}{d_h}\times 0.04Re^{0.75}Sc^{0.33}$$

Schmidt 数为

$$Sc=\frac{\mu}{\rho D}=\frac{1.1\times 10^{-3}}{10^3\times 4.2\times 10^{-10}}=2619$$

$u=0.75\text{m/s}$ 时,传质系数为

$$k=\frac{4.2\times 10^{-10}}{6\times 10^{-3}}\times 0.04\times (4091)^{0.75}\times (2619)^{0.33}$$
$$=1.87\times 10^{-5}\text{m/s}$$

当 $u=4.5\text{m/s}$ 时,$k=7.37\times 10^{-5}\text{m/s}$。

对 $u=0.75\text{m/s}$,

进而可计算浓差极化比。

$$\frac{c_{\text{m}}}{c_{\text{b}}}=\exp\left(\frac{33.5\times 10^{-3}/3600}{1.92\times 10^{-5}}\right)=1.62$$

$u=4.5\text{m/s}$ 时,$c_{\text{m}}/c_{\text{b}}=1.2$。

(2)10atm 时通量可由 $J_{\text{v}}=L_{\text{p}}(\Delta p-\Delta\pi)$ 计算。首先要确定水渗透系数 L_{p},该值反映膜的性质,与流速无关。当 $u=0.75\text{m/s}$ 时,

$$\Delta\pi=ac_{\text{m}}^{\text{b}}=0.05\times(1.62\times 50)^{1.1}=6.28\text{atm}$$

$$L_{\text{p}}=\frac{J}{\Delta p-\Delta\pi}=\frac{33.5}{20-6.28}=2.44\text{L/(m}^2\cdot\text{h}\cdot\text{atm)}$$

当 $u=4.5\text{m/s}$ 时,$\Delta\pi=ac_{\text{m}}^{\text{b}}=0.05\times(1.2\times 50)^{1.1}=4.5\text{atm}$

$$L_{\text{p}}=\frac{J}{\Delta p-\Delta\pi}=\frac{48.9}{20-4.5}=3.15\text{L/(m}^2\cdot\text{h}\cdot\text{atm)}$$

取不同流速下 L_{p} 的平均值

$$\overline{L}_{\text{p}}=\frac{2.44+3.15}{2}=2.80\text{L/(m}^2\cdot\text{h}\cdot\text{atm)}$$

10atm 时的通量为

$u=0.5\text{m/s}$,$J=2.80\times(10-6.28)=10.42\text{L/(m}^2\cdot\text{h)}$

$u=4.5\text{m/s}$,$J=2.80\times(10-4.5)=15.40\text{L/(m}^2\cdot\text{h)}$

(3)浓差极化比不是常数。10atm 时通量较低,所以浓差极化也较轻,假设不完全正确。

气体分离过程计算

【例 13-17】 用改性聚二甲基硅氧烷为皮层(1μm)的复合膜分离二氧化碳和氮气等摩尔混合物。假定渗余混合物中二氧化碳和氮气摩尔比为 1∶4,原料侧压力为 $p_{\text{h}}=0.25\text{MPa}$,渗透物侧压力为 $p_{\text{p}}=0.05\text{MPa}$。原料流量为 $q_{\text{f}}=10000\text{m}^3\text{(STP)/h}$。两

种气体的渗透系数分别为 $P_{CO_2}=81\text{Barrer}$、$P_{N_2}=5.3\text{Barrer}$，假设原料和渗透物侧的气体完全混合。试计算渗透物组成、二氧化碳通量及回收率。

1Barrer=1×10^{-10} cm^3(STP)cm/(cm^2·s·cmHg)

【解】 $\alpha_{CO_2/N_2}=P_{CO_2}/P_{N_2}=81/5.3=15.3$，压强比 $\varphi=p_h/p_p=5$ 渗透物组成可由下式计算：

$$B=0.5\left(1+\frac{\varphi}{\alpha-1}+\varphi x_{r,i}\right)$$

$$=0.5\left(1+\frac{5}{14.3}+5\times0.2\right)=1.175$$

$$x_{p,CO_2}=B-\left[B^2-\frac{\alpha\varphi}{(\alpha-1)}x_{r,i}\right]^{0.5}$$

$$=1.175-\left[(1.175)^2-\left(15.3\times\frac{5}{14.3}\right)\times0.2\right]^{0.5}=0.60$$

根据质量衡算可求出二氧化碳回收率

$$q_r=q_f-q_p=10000-q_p$$

采用物料平衡方程计算

$$x_{f,CO_2}q_f=x_{p,CO_2}q_p+x_{r,CO_2}q_r$$

$$0.5\times10^4=0.6q_p+0.2\times(10000-q_p)$$

$$q_p=7500\text{m}^3/\text{h}$$

所以二氧化碳回收率为

$$\eta_{CO_2}=\frac{0.6\times7.5\times10^3}{0.5\times10^4}=0.9$$

进而二氧化碳的通量

$$J_{CO_2}=\frac{P_{CO_2}}{l(p_h x_{r,CO_2}-p_l x_{p,CO_2})}$$

$$=\frac{81\times10^{-10}}{10^{-4}\times(190\times0.2-38\times0.6)}$$

$$=1.23\times10^{-3}\text{cm}^3(\text{STP})/(\text{cm}^2\cdot\text{s})$$

【例13-18】 用不对称聚苯撑氧复合膜进行空气富氮。分离层膜厚为1μm，该膜对氧的渗透率 P_{O_2} 为50Barrer、膜的分离因子 α_{O_2/N_2} 为4.2，进料流中的操作压力为10atm，渗透物流侧的压力为1bar，假定空气中氮浓度为0.79，渗余物中氮浓度达到0.95，渗余物流量 q_f 为10m^3/h。现要求生产含氮95%的富氮气10m^3/h，试计算单级过程所需膜面积。

气体分离级联计算

【解】 第一段的截留物作为第二段的原料（$x_{r,1}=x_{f,2}$，$q_{r,1}=q_{f,2}$）。已知第二段 $q_{r,2}=10\text{m}^3/\text{h}$，原料侧氧的对数平均浓度为

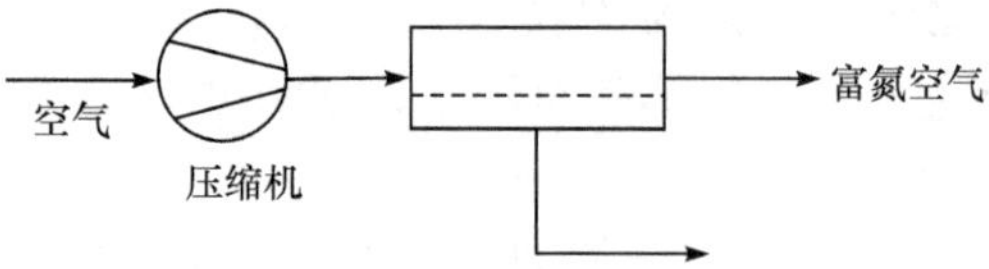

图 13-2　生产富氮空气流程图

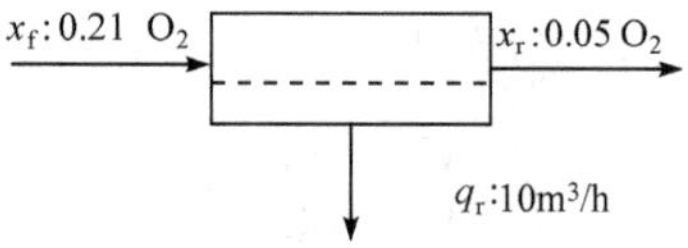

图 13-3　生产富氮空气示意图

$$x_2=\frac{x_{f,2}-x_{r,2}}{\ln\frac{x_{f,2}}{x_{r,2}}}=\frac{0.10-0.05}{\ln\frac{0.10}{0.05}}=0.072$$

(1) 先计算第二段,氧浓度从 10%降到 5%。

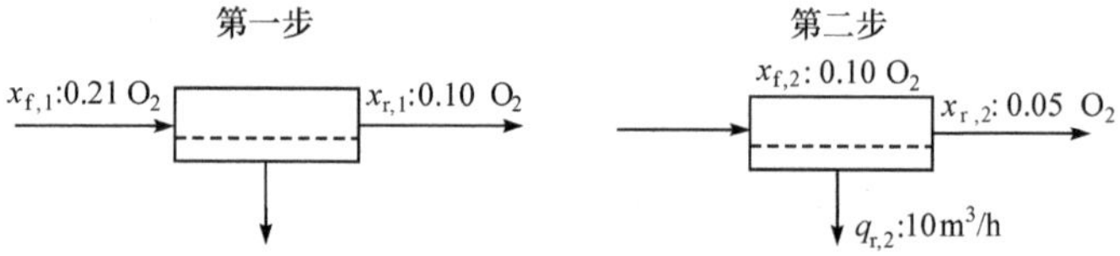

图 13-4　富氮系统两段计算示意图

$$\alpha_{O_2/N_2}=4.2$$

$$P_r=\frac{P_t}{P_h}=\frac{1}{10}=0.1$$

$$B=0.5\left[1+\frac{1}{(\alpha-1)P_r}+\frac{x_{r,i}}{P_r}\right]$$

$$=0.5\left[1+\frac{1}{3.2\times0.1}+\frac{0.072}{0.1}\right]=2.4225$$

渗透物中氧的浓度

$$x_{p,O_2}=B-\left[B^2-\frac{\alpha}{(\alpha-1)P_r}x_{r,i}\right]^{0.5}$$

$$=2.4225-\left(2.4225^2-\frac{4.2}{3.2\times0.1}\times0.072\right)^{0.5}=0.2$$

由物料衡算可以求出原料和渗透物流量,进而求出所需膜面积。

$$q_{f,2}=q_{p,2}+10$$

$$0.1q_{f,2}=0.20q_{p,2}+10\times0.05$$

得　$q_{f,2}=15\text{m}^3/\text{h}$ 和 $q_{p,2}=5\text{m}^3/\text{h}$

$$J_{O_2}=\frac{P_{O_2}}{l}(p_h x_2-p_l x_{p,2})$$
$$=0.137(10\times 0.072-1.0\times 0.2)$$
$$=0.071\text{m}^3(\text{STP})/\text{m}^2\cdot\text{h}\cdot\text{bar}$$
$$q_{O_2}=q_p\times 0.20=1\text{m}^3/\text{h}$$

$P_{O_2/l}$ = 50Barrer/1μm = 0.137m^3(STP)/(m^2 · h · atm)

第二段膜面积

$$A_2=\frac{q_{O_2}}{J_{O_2}}=\frac{1.0}{0.071}=14.08\text{m}^2$$

(2)计算第一段：

$$q_{r,1}=q_{f,2}=15\text{m}^3/\text{h}$$

第一段中氧的对数平均浓度

$$x_1=\frac{0.21-0.10}{\ln\frac{0.21}{0.1}}=0.148$$

$$B=0.5\left(1+\frac{1}{3.2\times 0.1}+\frac{0.148}{0.1}\right)=2.8025$$

渗透物中氧浓度

$$x_{p,O_2}=2.8025-\left(2.8025^2-\frac{4.2}{3.2\times 0.1}\times 0.148\right)^{0.5}=0.36$$

则 $q_{f,1}=q_{p,1}+15$

$0.21q_{f,1}=0.36q_{p,1}+0.1\times 15$

得 $q_{f,1}=25\text{m}^3/\text{h}$ 和 $q_{p,1}=10\text{m}^3/\text{h}$

$$J_{O_2}=\frac{p_{O_2}}{l}(p_h x_1-p_l x_{p,1})$$
$$=0.137(10\times 0.148-1.0\times 0.36)$$
$$=0.153\text{m}^3(\text{STP})/(\text{m}^2\cdot\text{h}\cdot\text{bar})$$
$$q_{O_2}=q_p\times 0.36=3.6\text{m}^3/\text{h}$$

第一段膜面积

$$A_1=\frac{q_{O_2}}{J_{O_2}}=\frac{3.6}{0.153}=24.52$$

故总膜面积

$$A_{总}=A_1+A_2=38.6\text{m}^2$$

这表明有可能得到两股产物流，即第一段的富氧物流和第二段的富氮物流，如图 13－5 所示意。

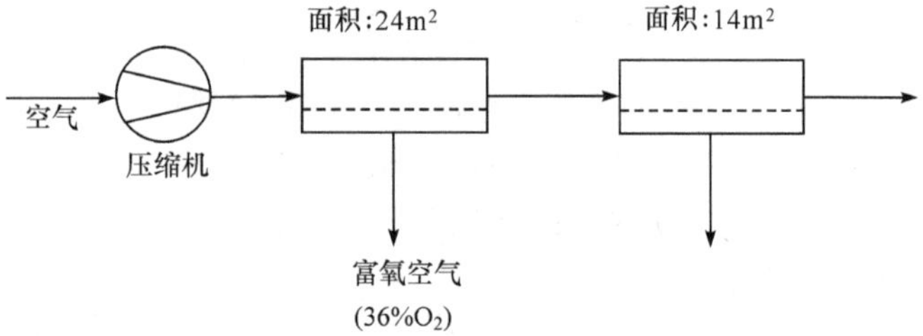

图 13-5　空气分离为两股产物流:富氧物流和富氮物流

渗透气化

【例 13-19】 用聚乙烯醇-壳聚糖共混复合膜进行高浓度酒精渗透气化脱水生产无水乙醇。过程采用常压进料,在料液温度为 60℃,下游侧压力 p_2 为 1.013kPa 的条件下进行渗透气化脱水,当进料液中乙醇浓度为 95.0%(质量分率),测得渗透物中的乙醇浓度为 0.9%(质量分率),总渗透量为 0.39 kg/m²·h。

已知在 60℃时,乙醇和水的相对分子质量分别为 46.07 和 18.02,蒸气压分别为 47.855kPa 和 19.862kPa。假定液相活度系数可由 Van Laar 方程计算:

$$\ln\gamma_e = 1.6276\left[\frac{0.9232x_w}{1.6276x_e + 0.9232x_w}\right]^2$$

$$\ln\gamma_w = 0.9232\left[\frac{1.6276x_e}{1.6276x_e + 0.9232x_w}\right]^2$$

试求在此浓度下,膜分别对水和乙醇的通量、渗透系数、以及膜的分离因子 $\alpha_{e/w}$。其中,下标 e、w 分别表示乙醇与水,x 为摩尔分率。

【解】 先将以上数据换算为摩尔分率表示:

已知乙醇和水相对分子质量分别为 46.07 和 18.02。

$$x_e = \frac{0.95/46.07}{\frac{0.95}{46.07} + \frac{(1.0-0.95)}{18.02}} = 0.8814$$

$$x_w = 1.0 - 0.8814 = 0.1186$$

$$y_e = \frac{0.009/46.07}{\frac{0.009}{46.07} + \frac{0.991}{18.02}} = 0.0035$$

$$y_w = 1.0 - 0.0035 = 0.9965$$

求算出相应的进料混合物活度系数

$$\gamma_e = \exp\left[1.6276 \times \left(\frac{0.9232 \times 0.1186}{1.6276 \times 0.8814 + 0.9232 \times 0.1186}\right)^2\right]$$

$$= 1.0082$$

$$\gamma_w = \exp\left[0.9232 \times \left(\frac{1.6276 \times 0.8814}{1.6276 \times 0.8814 + 0.9232 \times 0.1186}\right)^2\right] = 2.2187$$

从已知的总通量,可以求出组合的摩尔通量为

$$J_e = \frac{0.39 \times 0.009}{46.07} = 7.62 \times 10^{-5} \quad \text{kmol/m}^2 \cdot \text{h}$$

$$J_w = \frac{0.39 \times 0.991}{18.02} = 0.02145 \quad \text{kmol/m}^2 \cdot \text{h}$$

那么平均渗透系数

$$P_{Me} = \frac{7.62 \times 10^{-5}}{1.0082 \times 0.8814 \times 47.855 - 0.0035 \times 1.013} = 1.79 \times 10^{-6} \text{kmol/(m}^2 \cdot \text{h} \cdot \text{kPa)}$$

$$P_{Mw} = \frac{0.02145}{2.2187 \times 0.1186 \times 19.862 - 0.9965 \times 1.013} = 5.086 \times 10^{-3} \text{kmol/(m}^2 \cdot \text{h} \cdot \text{kPa)}$$

用下式计算进料中乙醇浓度为 95%质量分率时的分离因子。

$$\alpha_{W/e} = \frac{(100 - w_p)/w_p}{(100 - w_f)/w_f} = \frac{(100 - 0.9)/0.9}{(100 - 95)/95} = 2092$$

得分离因子为 2092。

渗透系数与料液浓度有关,在某一浓度范围内可取平均值,但误差会较大。

【例 13-20】 电渗析生产淡水:若将含盐量为 4.6 mmol/L 的原水处理成淡水,产量为 $7\text{m}^3/\text{h}$,要求经电渗析处理后淡水含盐量为 0.95 mmol/L。试确定电渗析器组装方式,求出隔板平面尺寸、流程长度、膜对数、工作电压、操作电流及耗电量。

电渗析

【解】 (1)计算总流程长度。假定在临界电流密度状态下运行,且临界电流密度相同,可求得总流程长度。则

$$L = \frac{2.3FV^{(1-n)}d}{K\eta}\lg\frac{c_i}{c_1} = \frac{2.3 \times 96.5 \times 0.2}{0.03 \times 0.8}\lg\frac{4.6}{0.95} = 1260\text{cm}$$

采用聚乙烯异相膜,隔板厚度 2mm,粘普通鱼鳞网,$K = 0.03$,电流效率取 0.8,取 $n = 1$。

(2)组装方式选择。由于淡水产量较大,而所需流程长度较短,则可选用全部并联组装方式。

(3)膜对数计算。水在隔板流水道中的流速取 $V = 10\text{cm/s}$,流水道宽度 $B = 6.7\text{cm}$,得膜对数为

$$N_D = 278\frac{Q}{BdV} = \frac{278 \times 7}{6.7 \times 0.2 \times 10} = 146 \text{ 对}$$

用塑料隔板 146 对,阴膜 146 张,阳膜 147 张(靠极框边均为阳膜)。

隔板或膜的有效面积利用系数 α 按 0.7 计算。

(4)计算隔板尺寸、隔板或膜面积 A 为

$$A=\frac{BL}{\alpha}=\frac{6.7\times1260}{0.7}=12060\text{cm}^2$$

800mm × 1600mm 为国内常用电渗析器的尺寸。

采用 800mm×1600mm 的隔板，其面积为 12800cm²，有效面积为 12800×0.7=8960cm²

(5)计算极限电流密度，按下式计算：

$$i_{\lim}=Kc_{\text{m}}V^n$$

式中，c_{m}为淡室中水的对数平均浓度，即

$$c_{\text{m}}=\frac{c_{\text{di}}-c_{\text{do}}}{\ln\dfrac{c_{\text{di}}}{c_{\text{do}}}}=\frac{4.6-0.95}{\ln\dfrac{4.6}{0.95}}=2.32\text{mmol/L}$$

浓度以 mmol/L 表示时的 K 值。

将 $V=10\text{cm/s}$，$n=1$，$K=0.03$ 代入上式得

$$i_{\lim}=0.03\times10\times2.32=0.696\approx0.7\text{mA/cm}^2$$

(6)确定工作电压。由于膜对数较多，考虑组装方式选二级一段，中间设共电极，每膜对电压取 3.5V，则膜堆电压

$$U_{\text{S}}=NU_{\text{P}}=73\times35=256\text{V}$$

那么工作电压为

$$U=U_{\text{S}}+U_{\text{e}}=256+15=271\text{V}$$

每对电极极区电压取 15V。

(7)计算操作电流。则

$$I_{\text{D}}=2Ai_{\lim}\times10^{-3}=2\times8960\times10^{-3}\times0.7=12.5\text{A}$$

(8)计算耗电量。电渗析器耗电量

由于有共电极，操作电流应为二级电流之和。

$$W_{\text{i}}=\frac{UI_{\text{D}}}{Qm}\times10^{-3}$$

式中，m 为整流器效率，约等于 0.95～0.98，取 0.97，则

$$W_{\text{i}}=\frac{UI}{Qm}10^{-3}=\frac{271\times12.5}{7\times0.97}\times10^{-3}=0.5\text{kW}\cdot\text{h/m}^3$$

可选用聚乙烯异相膜，粘普通鱼鳞网；采用 800mm × 1600mm 的隔板，隔板厚度 2mm 所组装的电渗析器。

根据以上计算，所组装的电渗析器共 146 对膜对，采用二级一段的并联组装方式，中间设共电极；该电渗析器运行过程中的操作电流为 12.5A、电压为 271V、耗电量为 0.5 kW·h/m³。

脱盐用电渗析器级联设计。

【例 13－21】 某工程中，需除去糖类水溶液中所含的盐分。溶液中各组分质量浓度为糖类 50g/L、食盐 10g/L 以及微量有机物，试设计每小时处理量为 3m³，除去盐分 90%的工艺过程。所采用的电渗析器有效膜面积为长 900mm、宽 470mm，膜间距为

0.75mm。极限电流密度可按 $i_{\lim}=kc_mV^n$ 计算，取 n 为 0.794，k 为 0.0983。

【解】 设膜面线速度为 5cm/s，则

$$\frac{i_{\lim}}{c_m}=0.0983\times 5^{0.794}=0.3528\text{A}/(\text{cm}^2\cdot\text{N})$$

当操作温度为 25℃时，f_1 为 1.0 并考虑到其中含有微量有机物，取安全系数为 0.7。

则可求得操作电流密度

$$\frac{i_D}{c_m}=0.3528\times 0.7=0.2470\text{A}/(\text{cm}^2\cdot\text{N})$$

设电流效率为 90%时，求得电渗析器进出口电解质当量浓度比为

$$\frac{c_{di}}{c_{do}}=\exp\left[\frac{\eta\left(\frac{i_D}{c_m}\right)L}{FdV}\right]=\exp\left(\frac{0.9\times 247\times 90}{96500\times 5\times 0.075}\right)=1.7382$$

采用三级连续操作，用下式求得脱盐的循环流量

$$Q_R=Q_F\frac{\sqrt[n]{c_F/c_P}-1}{\frac{c_i}{c_0}-1}=3\times\frac{\sqrt[3]{10}-1}{1.7382-1}=4.69\text{m}^3/\text{h}$$

故各级所需膜对数

$$N_s=\frac{Q_R}{VdW}=\frac{4.69\times 10^6}{5\times 47\times 0.075\times 3600}=73.9\text{ 对}$$

每级一台装入 80 对膜的电渗析器。

因此，可设计成具有部分循环的三级连续操作式，三级连续操作的脱盐物料衡算结果如图 13-6 所示。

根据以上计算结果，可采用 DSAI—3×3/80 型规格的电渗析器。

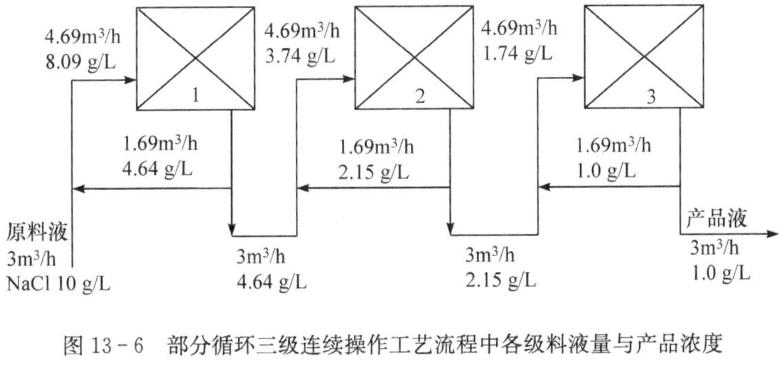

图 13-6 部分循环三级连续操作工艺流程中各级料液量与产品浓度

已知该糖水溶液的平均当量，以 NaCl 计为 58.5，各级电流值分别为

第一级 $$I_{D1}=\frac{(c_{di1}-c_{do1})FQ}{MN\eta}$$

$$=\frac{(8.09-4.64)\times 3\times 10^3\times 26.8}{58.5\times 80\times 0.90}=65.9\text{A}$$

第二级 $I_{D2}=\frac{(c_{di2}-c_{do2})FQ}{MN\eta}$

$=\frac{(3.74-2.15)\times 3\times 10^3\times 26.8}{58.5\times 80\times 0.90}=30.4A$

第三级 $I_{D3}=\frac{(c_{di3}-c_{do3})FQ}{MN\eta}$

$=\frac{(1.74-1.00)\times 3\times 10^3\times 26.8}{58.5\times 80\times 0.90}=14.1A$

电渗析工艺级联计算及不同工艺的合理性比较

【例 13-22】 采用电渗析工艺进行碳酸氢盐水型原水脱盐,原水盐含量为 1220.97mg/L,其组成如表 13-3 所示,要求产水量为 12 m^3/h,产品水中盐含量低于 250 mg/L。现采用 DSAII—1×1/200 型电渗析器,该型号的隔板外形尺寸为 400mm×1600 mm,隔板的有效宽度 W 为 0.34m,厚度 d 为 0.9mm,标准台装膜对数为 200 对;电流效率为 0.95,操作水温为 32℃。另外已知本电渗析器在该水型下的工艺参数经验计算式:

$$I_{lim}=0.00515c_{di}^{0.958}V^{0.658}$$

试按(1)等电压连续式,已知三级操作电压分别为 119.69V,108.7V 和 98.42V。(2)一级多段连续式工艺进行设计计算。原水的水质如表 13-3 所示。

表 13-3 原水水质组成

组分	Na^+	K^+	Ca^{2+}	Mg^{2+}	Fe^{2+}
含量/(mg/L)	351.00	5.20	12.14	12.15	0.20
组分	NH_4^+	Cl^-	HCO_3^-	CO_3^{2-}	
含量/(mg/L)	4.00	264.83	550.80	20.65	

【解】 (1) 按等电压操作工艺参数计算

采用等电压操作工艺,通常选用较低电压的那一级作为预算基础,故取第三级电压作为系统的操作电压进行预算。根据 DSAII—1×1/200 型电渗析器的性能,提供的操作电流为极限电流的 0.92 倍、电流效率为 0.95,故对第一级:

$$V=\frac{Q}{Wdn_s}=\frac{12}{3600\times 0.34\times 0.0009\times 200}$$

$$=0.0546m/s=5.446cm/s$$

极限电流 $I_{lim}=0.00515c_{di}^{0.95}V^{0.658}$

$=0.00515\times 1220.97^{0.958}\times 5.446^{0.658}$

$$=14.23\text{A}$$

操作电流　$I_D=0.92I_{\lim}\dfrac{U_3}{U_1}=14.23\times0.92\times\dfrac{98.42}{119.69}$

$$=10.76\text{A}$$

进出口浓度差

$$\Delta c=\frac{70.84N\eta I_D}{QF}=\frac{70.84\times200\times0.95\times10.76}{12\times26.8}$$

$$=450.33\text{mg/L}$$

其中 70.84 为原水的平均当量。

出口浓度

$$c_{do}=c_{di}-\Delta c=1220.97-450.33=770.64\text{mg/L}$$

其余各级计算步骤与第一级计算相同，计算得 $c_{do3}=240.4\text{mg/L}$，通过预算获得的第三级的对数平均浓度为

$$(c_m)_3=\frac{(c_{di}-c_{do})_3}{\ln\left(\dfrac{c_{di}}{c_{do}}\right)_3}=\frac{(451.3-240.4)}{\ln\dfrac{451.3}{240.4}}=334.8\text{mg/L}$$

故第三级的运行电压

$$U_3=k'C_m^{\alpha}U^{\beta}N=0.065\times334.8^{0.1589}\times5.446^{0.67}\times200=101.9\text{V}$$

此值与预算假定的操作电压为 98.42V 差异较大，故第二次假定运行电压为 101.9V，重复上述计算，第二次计算假定的运行电压与计算值吻合。

计算结果与不等电压运行相比，脱盐率略有下降，但仍能满足设计指标。

(2)一级多段脱盐工艺参数计算

假定各段流速相同，则每段的组装膜对数应为

$$N=\frac{Q}{WdU}=\frac{12}{0.34\times0.0009\times0.055\times3600}=198.06\text{ 对}$$

最后一段的脱盐率为

$$\varepsilon=A\exp(-\gamma U)=0.73\exp(-0.0653\times0.055)\times0.92=0.47$$

则最后一段入口浓度为

$$c_{di}=\frac{c_{do}}{1-\varepsilon}=\frac{250}{1-0.47}=471.6\text{mg/L}$$

最后段的运行电流为

$$I_D=\frac{(c_{di}-c_{do})QF}{Nc_m\eta}=\frac{(471.6-250)\times12\times26.8}{198\times70.84\times0.95}=5.35\text{A}$$

由于同一级各段运行电流相等，并选用最后一段的电流，则脱盐系统所需的膜对数为

$$N=\frac{(c_{di}-c_{do})}{\eta c_m I_D}=\frac{(1220.97-250)\times12\times26.8}{0.95\times70.84\times5.35}=867.3\text{ 对}$$

故所需段数为 867.3/198.06=4.38 段。脱盐系统总压降为

取 5 段

$$\Delta p=0.0106\times 5.446^{0.864}\times 5=0.225\text{MPa}$$

计算结果表明,此脱盐流程不仅水流压降大,而且所需总膜对数多,显然是不合理的组装形式。

本章主要符号说明

符　号	意　义	单　位
A	膜面积	m^2
c_{di}, c_{do}	分别为电渗析淡水进出口浓度	mg/L
c_i	溶质浓度	mg/L
c_m	膜表面的溶质浓度、进出口对数平均浓度	mg/L
d	淡水隔板厚度	cm
d_P	膜孔径	cm
d_S	溶质颗粒的直径	μm
D	扩散系数	m^2/h
E	扩散活化能	kJ/mol
F	法拉第常数	26.8 A
H	亨利常数、溶解度常数	
ΔH_v	热焓	kJ/mol 或 kJ/kg
l_m	膜厚	μm
I_{lim}	极限电流密度	mA/cm^2
J	渗透通量	kg/m^2h 或 l/m^2h
K	总传热系数	W/m^2K
N	膜对数	
Δp	跨膜压力差	MPa
P	渗透率或渗透系数	$cm^3(STP)cm/(cm^2\cdot s\cdot MPa)$
p_0	物料的饱和蒸气压	MPa
p_2	膜下游侧气相总压	MPa
Q	渗透流率	$kg/(m\cdot h\cdot Pa)$ 或 m^3/h
R	截留率或脱除率	
r	压力比 p_P/p_F	
T_0	测定极限电流时的水温	℃
ΔT_m	两流体主体流的温差	℃
t	实际操作水温	℃
U	水流线速度	cm/s
W	电渗析隔板宽度	cm
x	料液摩尔分率	
x_s	溶质摩尔分率	
y	渗透物的摩尔分率	
希腊字母		
α	分离因子	

ρ_0	单位过滤液中的滤饼质量	
ρ_s	溶质密度	kg/m^3
ϕ	水型系数或组成换算系数	
δ	膜的边界层厚度	μm
$\Delta\pi$	溶液渗透压差	MPa
γ_A	溶液中组分 A 的活度系数	
ε	孔隙率	
τ	膜孔曲折因子	
λ	气体分子平均自由程	μm
λ_m	膜的热导系数	W/(m·K)
μ	黏度系数	Pa·s

上、下标

0	膜上游侧、开始时
A	溶液中 A 组分
B	溶液中 B 组分
b	主体流
di	进口
do	出口
f	进料
i	组分
l	膜下游侧
p	渗透物
R	截留物、渗余物
m	膜
S	溶质、溶胀
t	时间为 t 时

参考文献

1 何潮洪，冯霄. 化工原理. 北京：科学出版社，2001

2 Mulder M. Basic principles of membrane technology, Kluwer Academic Publishers, (Second edition), Twente , The Netherlands, 1996

3 Humphrey J L, Keller G E. Separation process technology, McGraw-Hill, New York, USA, 1997

4 Cheryan M. Ultrafiltration and microfiltration handbook, Technomic Publishing Co., Inc., Pennsylvania, USA, 1998

5 刘茉娥，陈欢林. 新型分离技术基础，第二版. 杭州：浙江大学出版社，1999

6 时钧，袁权，高从■，膜技术手册. 北京：化学工业出版社，2001

7 朱长乐，刘茉娥. 膜科学技术. 杭州：浙江大学出版社，1992

8 Seader J D, Henley E J. Separation process principles, John Wiley & Sons, Inc., New York, USA, 1998

9 日本膜学会. 王志魁译. 膜分离过程设计法. 北京：科学技术文献出版社，1988

10 刘茉娥等. 膜分离技术. 北京：化学工业出版社，1998

11 张维润等. 电渗析工程学. 北京:科学出版社,1995
12 王学松. 膜分离技术与应用. 北京:科学出版社,1994
13 高以烜,叶凌碧. 膜分离技术基础. 北京:科学出版社,1989
14 朱长乐,刘茉娥等. 化学工程手册(第18篇). 薄膜过程. 北京:化学工业出版社,1987
15 Coulson J M, Richardson J F. Chemical Engineering, 4th ed, Vol 2, Butterworth-Heinemann, Oxford, 1991
16 Geankoplis C J. Transport processes and unit operations. 3rd ed. New Jersey: Prentice-Hall, Inc. 1993

习　　题

1. 目前国内外大多采用________法制备非对称分离膜。
   (A)共聚　(B)拉伸　(C)相转化　(D)核径迹
2. 无机陶瓷膜表面分离层的常用制备方法为________。
   (A)成型-烧结　(B)涂布　(C)等离子体沉积　(D)溶胶-凝胶
3. 目前国外反渗透膜常用________法或________法制备。
   (A) 界面缩聚　(B)接枝聚合　(C)等离子体聚合　(D)原位聚合
4. 荷电膜除典型的阳、阴离子交换膜外,还包括________等超滤、纳滤膜。
   (A)透析膜　(B) 电解隔膜　(C)醋酸纤维素膜　(D)磺化聚砜膜
5. ________过程所使用的膜为疏水微孔滤膜。
   (A)反渗透　(B)超过滤　(C)膜蒸馏　(D)渗透蒸发
6. 超滤膜的截留相对分子质量,通常取实例S曲线上的截留率为________时所对应的相对分子质量来表征。
   (A)50%　(B)70%　(C)90%　(D)100%
7. 洗滤(diafiltration)是大分子重过滤,实际上就是一种特殊的________过程。
   (A)反渗透　(B)超过滤　(C)微滤　(D)渗析
8. ________是电渗析中的主要传递过程,也是电渗析脱盐或浓缩的依据。
   (A)反离子迁移　(B)同名离子迁移　(C)电解质的渗析　(D)水的渗析
9. 单位体积中膜面积最大的组件是________。
   (A)板框式　(B)卷式　(C)管式　(D)中空纤维式
10. 超过滤的浓差极化的定义为________。
    (A)膜面浓度/主体流浓度　(B)透过液浓度/主体流浓度
    (C)膜面浓度/透过液浓度　(D) 主体流浓度/透过液浓度
11. 膜分离过程属于过程________。
    (A)传质分离　(B)机械分离　(C)平衡分离　(D)浓差分离
12. 微孔膜的孔径通常在________范围。
    (A)0.02～0.1μm　(B)0.1～2.0μm

(C)0.002～0.02μm (D)0.02～20.0μm

13. 复合膜一定是________膜。
(A)对称 (B)非对称 (C)均相 (D)用相转化法制得

14. 渗透系数 P 的大小________。
(A)与 D 及 S 有关
(B)与 D 及 S 无关
(C)与操作压力及温度有关
(D)有时与 DS 的积抵消，其数值基本不变

15. 电渗析可根据实际生产需要，由一系列________组装成。
(A)阴离子交换膜 (B)阳离子交换膜
(C)阴、阳离子交换膜任意排列 (D)阴、阳离子交换膜交替排列

16. 用一扩散池测定纳滤膜对葡萄糖(M_w＝180g/mol)、蔗糖(M_w＝342 g/mol)和甘露糖(M_w＝504 g/mol)的截留系数。一个腔室内装有浓度为18g/L的糖水，另一个腔室为纯水，45min后，葡萄糖、蔗糖和甘露糖的体积分别增加1.0%，0.6%和0.51%。已知膜的水渗透系数为 $L_p=10^{-5}$g/(cm^2·s·atm)，糖腔室的体积为56mL，膜面积为13.2cm^2，计算这几种糖的截留系数。

17. 有水力渗透系数 L_P 等于 2×10^{-8}L/(cm^2·s·MPa)，溶质的透过系数 P 为 4×10^{-8}L/(cm^2·s)的反渗透膜，在操作压力为4.0MPa、水温为25℃条件下进行实验。试初步计算透过膜的水和溶质通量值。若进水浓度为6000m/L，试计算制成水的溶质脱除率。

18. 现有一张微孔滤膜，厚度为100μm，表面孔隙率为30%。将膜孔内充满水后，以测得 CO_2 的通量来计算膜的曲折因子。膜的一侧为 CO_2，在25℃下，测得膜对 CO_2 的通量为 $J_{CO_2}=1.56\times10^{-4}$mol/(m^2·s)。已知 CO_2 在水中的扩散系数为 $D=1.92\times10^{-9}$m^2/s，计算该膜的曲折因子。

19. 在压力为10bar时，利用直径为7.5cm的透析池，进行水透过膜的渗透实验，测得1h后水的透过量为4.6 mL。将浓度为10g /L蔗糖(M_W＝342g/mol)水溶液放入透析池的一个腔室内，已知该腔室体积为44mL，另一腔室为纯水，进行渗透平衡实验，2h后蔗糖室内的液体体积增加了0.57mL，而蔗糖的浓度下降了1.16 %。试根据以上两个实验结果，计算膜的反射系数 σ，水力渗透系数 L_P 和溶质渗透系数 ω。

20. 假定某一反渗透膜的水渗透系数 L_P 为 5×10^{-4}m/(h·bar)，在40bar及盐浓度为10000ppm时，该膜对NaCl和 Na_2SO_4 的截留率分别为95.0%和99.8%，试计算膜对两种盐的溶质渗透系数。

21. 25℃及18bar下某RO膜对5000ppm的NaCl溶液的截留率为95%，已知膜的水渗透系数为 $L_P=5\times10^{-5}$g/(cm^2·s·bar)。计算30bar下的截留率。

22. 用渗透气化膜过程脱除异丙醇中的水,所用复合膜的亲水皮层厚度为 5μm,假定在 70℃下,异丙醇不会透过亲水膜。水在无限稀溶液中的活度系数 $\gamma^{\infty}=3.9$。测得原料中水含量与水通量的实验结果如下:

异丙醇中水(质量)%	1	2	3	4	5
J_w/[kg/(m^2·h)]	0.04	0.15	0.5	0.9	0.14

(1) 画出水通量随溶液浓度及活度的变化曲线;

(2) 计算各组成下,水的渗透系数[单位为 cm^3·cm/(cm^2·s·cmHg)]。

23. 某聚丙烯微孔膜厚度为 20μm、孔隙率为 50%,使该微孔膜孔内充满水,用于测定氧通量。已知 298K 下,氧在水中的亨利定律常数为 3.3×10^{-5} mmHg,扩散系数为 2.1×10^{-5} cm^2/s,氧在聚丙烯中的渗透系数为 $P=1.6$Barrer。试求通过水进行渗透的那部分氧通量所占比例。

24. 某乳清溶液含 1%NaCl,处理量为 20m^3,利用电渗析将盐含量减少 90%。求所需时间。已知电流效率为 0.9,电流为 100A,电渗析共 100 个腔室。

25. 已知废水中悬浮颗粒直径为 1μm,今用毛细管微滤膜组件处理,膜组件共装有 400 根毛细管,其长为 0.5m、内径 1mm。废水以 5m/s 的速度进入毛细管。假定悬浮液的黏度与水的相同,浓差极化比 $c_m/c_b=10$。试计算入口压力为 1.5bar 时,该膜组件的渗透物通量和压降。

26. 采用醋酸纤维素中空纤维膜进行苦咸水脱盐实验,苦盐水中的含盐量以 NaCl 计为 1000ppm,所得通量为 2000 L/(m^2·d),本征截留率为 94%,传质系数为 $k=5.4\times10^{-6}$m/s。试计算浓差极化比和渗透物浓度。

27. 某反渗膜用于 0.1%NaCl 溶液脱盐,其实际截留率为 $R_{int}=94\%$,当反渗透过程的传质系数为 $k=5.4\times10^{-5}$m/s,其通量为 2000L/(m^2·d),试计算浓差极化比和实际截留率。

28. 膜在 2bar 下的纯水通量为 100 L/(m^2·h),将该膜用于浓缩某一聚合物溶液。在 5bar 下经过一段时间后,超滤通量降为 10 L/(m^2·h),并保持不变。假定所形成的凝胶层由 5nm 的颗粒构成,孔隙率为 50%,其渗透性可由 Kozony-Carman 方程。试估算膜阻力并计算凝胶层厚度。若操作压力升至 6bar,试计算此时的通量和凝胶层厚度。

29. 假定物流在膜分离器中完全混合,原料溶质浓度为 10g/L,流量为 5 m^3/h;渗透物溶质浓度为 1g/L,流量为 4 m^3/h;截留物浓度为 46g/L,流量为 1 m^3/h。计算截留率、分离因子、回收率。

30. 某一气体富氧过程,其跨膜压强比 $p_h/p_l=5$,且设进料浓度近似与截留物浓度相等 $x_f\approx x_r$,原料空气含氧 21%。分别计算选择性为 $P_{氧气}/P_{氮气}=2.0$、2.2、3.0、5.0 和 10 时的渗透物中氧的浓度。

31. 蒸气渗透或气体分离过程中，原料和渗透物压强比一定，且原料液流与渗余液流的浓度近似相等时，渗透物浓度最高。今已知某一复合膜对空气中甲苯蒸气浓度为 0.5%(体积分率)时的渗透选择性为 200，分别计算压强比为 10、100 和 1000 时渗透物组成。

32. 单程反渗透过程用于海水脱盐[3.5%(质量分率)NaCl]。所用复合膜对盐的截留率为 99.3%，其在 25bar 时的纯水通量为 1500 L/(m^2 · d)，当操作压强为 55bar，温度为 25℃时，该过程回收率为 0.4，渗透压可用 van't Hoff 定律计算。试计算渗透物浓度。如处理量为 1m^3/h，计算膜面积。

33. 在 20℃下，用反渗透过程处理含硫酸钠 7.6g/L 的物料，可获得浓缩液及回用水。若处理流量为 3 m^3/h，过程的回收率为 92.5%，盐截留率为 R=99.5%，操作压力为 60bar，水渗透系数为 L_p=10 L/(m^2 · h · bar)。试计算反渗透过程的膜面积。

34. 采用反渗透法脱盐，将水中的含盐量从 5000ppm（以 NaCl 计）降低到 300ppm。已知膜的水渗透系数为 3.0 L/(m^2 · h · bar)，在 Δp=15bar，含盐量为 5000ppm 情况下，对盐的截留率为 97%。设水的流量为 25m^3/h，。分别计算操作压强为 15bar 和 30bar 下过程所需膜面积。

35. 用管式纳滤膜浓缩低相对分子质量蛋白质，该管式膜直径为 1.5cm，对蛋白质的截留率为 100%，水的渗透系数为 4.35 L/(m^2 · h · bar)。操作压力为 40bar，原料流量为 3.6m^3/h，流速为 2m/s 下，将原料中蛋白质浓度从 1%(质量分率)浓缩至 20%。计算所需膜面积。该条件下浓差极化不能忽略。蛋白质溶液的渗透压为 $\pi=0.7c^{1.2}$，扩散系数为 $D_{蛋白质}=5\times10^{-10}$m/s。

36. 用纳滤过程净化农药污染的地表水，已知污染水中三种残留农药的含量分别为 10μg/L、14μg/L 和 17μg/L。膜对这 3 种微污染物的截留率分别为 92%、95%和 90%。假定渗透物中农药总浓度不能超过 5μg/L，求最大回收率；若要求渗透物中某一农药浓度不超过 2μg/L，且农药总浓度不能超过 5μg/L，求最大回收率。

37. 采用间歇微滤过程浓缩细胞悬浮物，将细胞悬浮液浓度从 1%浓缩至 10%，在浓缩过程中通量可保持在 100 L/(m^2 · h)。设初始发酵液体积为 0.5m^3，微滤膜面积为 0.5m^2。假设膜对细胞的截留率为 100%，计算间歇操作所需时间。

38. 用间歇渗透气化过程脱除发酵液中的丁醇。当发酵液中丁醇浓度从 6%降至 0.6%时，其体积减少了 13%，试计算渗透物中丁醇的浓度。

第14章 传质实验

基本内容

14.1 填料塔吸收操作及体积吸收系数测定

本实验要求了解填料吸收塔的结构及操作，在不同空塔气速下，观察填料塔的流体力学状况，掌握填料塔体积吸收系数的测定。

14.2 筛板塔精馏操作及效率测定

本实验要求了解筛板精馏塔的结构及操作，掌握精馏过程的基本操作方法，学习测定精馏塔全塔效率和单板效率的实验方法。

14.3 转盘塔萃取实验

通过本实验熟悉转盘萃取塔的实验装置和流程，测定体积传质系数，计算每米有效萃取高度的传质单元数和萃取效率。

14.4 干燥特性曲线的测定

通过本实验学习测定物料在恒定干燥条件下的干燥曲线，掌握根据干燥曲线求取干燥速率曲线以及计算恒速阶段的干燥速率、临界含水量、传质系数和传热系数的实验方法，考察干燥条件对干燥过程特性的影响。

精选题及解答

填料塔吸收操作及体积吸收系数测定

一、填料塔吸收操作及体积吸收系数测定

本实验物系为水-空气-氨气。由旋涡泵产生的空气与来自液氨钢瓶的氨气混合后形成低浓度的含氨气体，进入填料塔底部，吸收剂即水从塔顶喷淋下来，含氨气体与水在填料表面进行传质，经吸收后的尾气从塔顶排出，液相从塔底经液封装置排出。

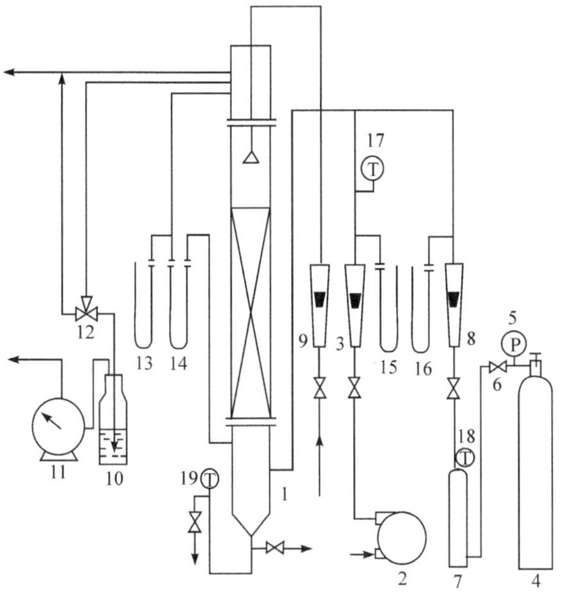

图 14－1　填料塔吸收操作及体积吸收系数测定装置示意图
1—填料吸收塔；2—旋涡泵；3—空气转子流量计；4—氨气钢瓶；
5—氨气压力表；6—氨气减压阀；7—氨气稳压罐；8—氨气转子流量计；
9—吸收瓶；10—湿式流量计；11—三通旋塞；12—水转子流量计；
13、14、15、16— U 形管差压计；17、18、19—温度计

【例 14－1】 为什么要测 $\Delta p-u$ 的关系曲线？　　$\Delta p-u$ 关系曲线

【答】 测出在一定喷淋密度下的 $\Delta p-u$ 关系曲线(图 14－2)，可以得到一定喷淋密度 L 下的液泛气速，根据液泛气速可以确定

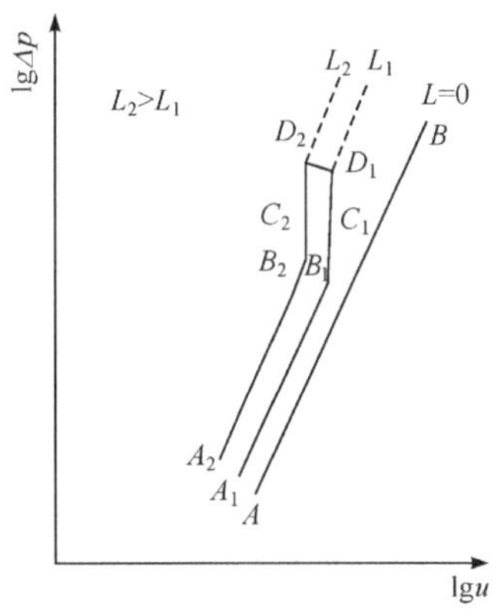

图 14－2　填料层的压力降 Δp 与
空塔气速 u 的关系

在该喷淋密度下实际操作气速的范围。一般实际操作气速取泛点气速的 60%～80%,因为气速过大(接近或超出液泛气速),操作不稳定且易液泛,而气速过小,又会使得气液接触不充分致使传质不完全。

系统的稳定性

【例 14-2】 哪些操作条件会影响本实验系统的稳定性?如何判定系统稳定与否?

【答】 实验系统的稳定性主要取决于气相(包括空气、氨气)的压力;由于氨易溶于水,因此系统较容易稳定,具体操作过程中观察全塔压降不变时即可认为系统稳定。

Π形液封装置

【例 14-3】 液相从塔底排出为什么要经过Π形液封装置?

【答】 本吸收系统是液相介质自塔顶经过塔的填料层到塔底排出,气相介质自塔底经过塔的填料层到塔顶排出,若塔底没有Π形液封装置(如图 14-3),由于填料层的阻力较大,气相介质就会通过塔底的排液管进入下水系统,塔底有了Π形液封装置,液相介质可以通过溢流流入下水系统,而气相介质在气相压力 p 作用下通过填料层到塔顶,再排出,这样气相与液相就可以在填料层进行传质吸收。

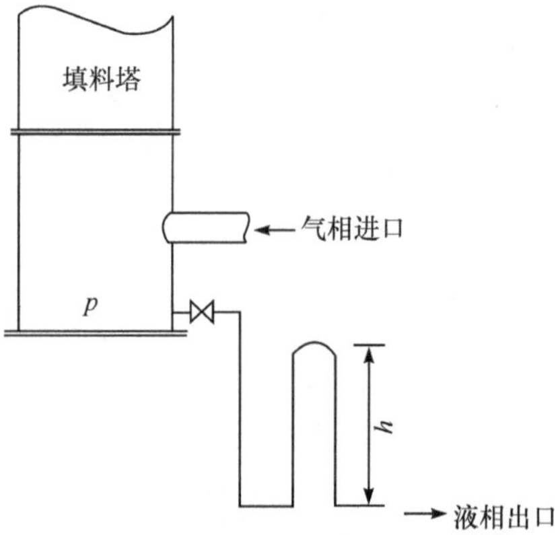

图 14-3　常压塔塔底Π形液封装置

通过以上分析可知,对于常压装置该Π形液封的高度 h 是由塔底气相压力 p(表压)决定的,只要该Π形高度形成的静压 $h\rho g$ 大于塔底气相压力 p 即可达到液封的目的。

【例 14-4】 针对本实验，若保持其他条件不变，分别改变气相流量和液相流量，传质系数 K_ya 将如何变化？

气相流量和液相流量对传质系数 K_ya 的影响

【答】 改变液相(即水)的流量或气相(即空气)的流量，将得到不同的传质系数 K_ya，通过实验结果可见，传质系数 K_ya 随气相(即空气)流量的变化幅度远大于随液相(即水)流量的变化幅度，这是由于氨气易溶于水，即水吸收氨的传质阻力主要集中在气相，气相流量对传质系数 K_ya 的影响较大。

【例 14-5】 本实验中其他条件不变而空气流量适当增加时，出塔气、液组成会如何变化？

空气流量适当增加对出塔气、液组成的影响

【答】 参见图 14-4，液相(水)流量 L 不变，气相(空气)流量 G 增加时：

因为 $k_ya \propto G^{0.7}$；$k_xa \propto L^{0.7}$，所以 k_ya 增大，k_xa 不变。

因为 $\dfrac{1}{K_ya}=\dfrac{1}{k_ya}+\dfrac{m}{k_xa}$，所以 K_ya 增大，但 K_ya 的增加比率比 G 的增加比率小。

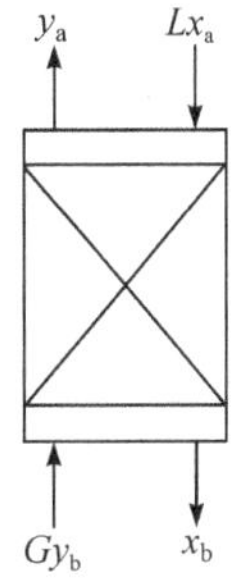

图 14-4　吸收塔

$H_{OG}=G/(K_ya)$，G 增大使得 H_{OG} 增大。

$N_{OG}=h/H_{OG}$，h 不变，所以 N_{OG} 减小。

$S=mG/L$，G 增大而 m、L 不变，故 S 增大。

由 N_{OG} 减小、S 增大可知 $(y_b-mx_a)/(y_a-mx_a)$ 减小，又因为 y_b、x_a 不变，所以 y_a 增大。

$$K_ya\cdot h\cdot \Delta y_m = G\cdot (y_b-y_a) = L\cdot (x_b-x_a) \qquad (1)$$

由(1)式较难看出 x_b 的变化情况，采用反证法：设 x_b 减小，则 $\Delta y_b=(y_b-mx_b)$ 增大，又 $\Delta y_a=(y_a-mx_a)$ 增大，则 Δy_m 增大。由于 K_ya 增大，所以 $K_yah\Delta y_m$ 增大。但此时 x_b 减小将使得 $L(x_b-x_a)$ 减小，式(1)无法成立，这就说明原假设是错误的。同理可证明"x_b 不变"也是错误的，所以 x_b 增大。

【结论】 其他条件不变，G 增加时，y_a 增大，x_b 增大。

【例 14-6】 本实验中其他条件不变而水流量适当增加时，出塔气、液组成会如何变化？

水流量适当增加对出塔气、液组成的影响

【答】 由于本实验水吸收氨的过程属气膜控制，因此 $K_ya \approx k_ya \propto G^{0.7}$，因为 G 不变，所以 K_ya 基本不变，故 H_{OG} 不变，N_{OG} 也不

变。

因为 L 增加,所以 S 减小,而 N_{OG} 不变,根据 N_{OG} - S - $(y_b - mx_a)/(y_a - mx_b)$ 趋势图,$(y_b - mx_a)/(y_a - mx_a)$ 增大。

因为 y_b、x_a 不变,所以 y_a 减小。

根据上题的式(1),y_a 减小则 $G(y_b - y_a)$ 增大,但 L 也增大,所以无法从物料衡算确定 x_b 的变化趋势。

现结合平均推动力的方法进行分析:由上题的式(1),因为 $K_y a$、h 不变,故 Δy_m 增大,又因为 $\Delta y_a = (y_a - mx_a)$ 减小,所以 Δy_b 一定增大,而 $mx_b = y_b - \Delta y_b$,因此 x_b 减小。

【结论】 其他条件不变,L 增加时,y_a 减小,x_b 减小。

L/G 与吸收率

【例 14-7】 本实验条件下,若增加空气的流量,则水流量是否按比例增加(即 L/G 不变)就可保证吸收率不变?

【答】 当水流量与空气流量按比例增加(即 L/G 不变)时,由于 $K_y a$ 的增加幅度小于 G 的增加幅度,因此 H_{OG} 增加,N_{OG} 减少,根据 N_{OG} - S - $(y_b - mx_a)/(y_a - mx_a)$ 趋势图,$(y_b - mx_a)/(y_a - mx_a)$ 下降,从而 y_a 上升,即吸收率下降。可见按比例增加水流量并不能保证吸收率不变,而是应将水量的增加比率大于空气流量的增加比率。

筛板塔精馏操作及效率测定

二、筛板塔精馏操作及效率测定

本装置由塔釜、塔体、全凝器、加料系统、回流系统、储槽(原料、产品、釜液)以及测量、控制仪表等组成。其装置流程如图 14-5 所示。

精馏塔采用筛板塔,料液为乙醇溶液,精馏塔内径 ϕ68mm,共 7 块塔板,其中精馏段 5 块,提馏段 2 块;精馏段板间距为 150mm,提馏段板间距为 180mm,筛孔孔径为 ϕ1.5mm,正三角形排列,孔间距 4.5mm,开孔数 104 个。塔釜内以电加热方式,装有 3 支额定功率为 3kW 的螺旋管电加热器。

由塔顶往下数的第 3 和第 4 块板上的进口堰处设有液相取样口(图中 D、E 处),可测取第 3 和第 4 块板上的液相组成,另外在装置上分别设有进料液、塔顶产品和釜液的取样口(图中 A、B、C 处)。

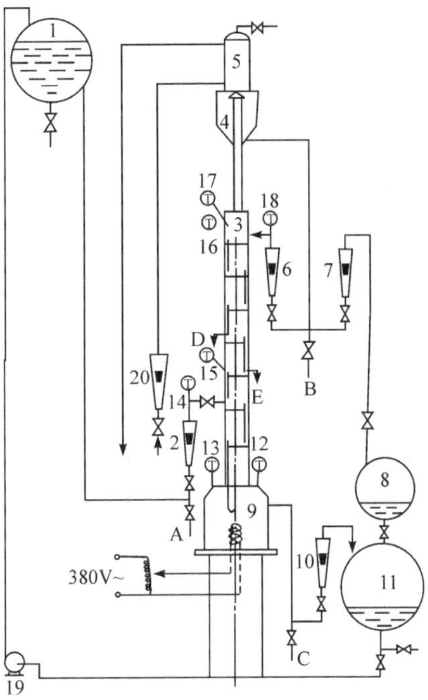

图 14－5　筛板塔精馏操作及效率测定装置示意图

1—原料液罐；2、6、7、10、20—转子流量计；3—筛板精馏塔；4—集液器；
5—全凝器；8—产品储槽；9—塔釜；11—釜液储槽；12—压力表；
13、14、15、16、17、18—测温点；19—离心泵；A、B、C、D、E—采样点

【例 14－1】 为何要控制釜液面高于釜液出口高度？怎样控制液面？　　控制釜液面高度

【答】 因为本装置是通过浸在料液里的电加热器产生蒸气，若釜液面高度低于釜液出口高度时，电加热器就会干烧而被烧毁。控制进出塔的物料平衡就可以控制液面稳定，显然最简捷的方法就是调节釜液出口阀门。

【例 14－2】 怎样判定精馏塔操作已经达到稳定？　　系统稳定的判定方法

【答】 塔的各项操作运行参数不随时间而变时，精馏塔操作就已经达到稳定。根据相律：

平衡物系的自由度＝组份数－相数＋2

＝2－2＋2

＝2

本精馏装置为常压操作，一个自由度（压力）已经确定，只要

另一个自由度(温度)一定,则气、液相的组成便确定。因此可通过观察灵敏板温度的变化情况来判定精馏塔操作是否已经达到稳定。

从塔顶到塔底温度逐渐递升,浓度逐渐递减。各塔板上的温度必随着浓度的改变而改变,对于本实验装置,经实验测定,整个塔中加料板上一块板的组成随浓度的变化最明显,因此这块板为本实验装置的灵敏板。对于整个系统只要这块板上的温度恒定就可以认为各板组成变化已经趋于稳定。

全回流操作到部分回流操作应采取的措施

【例 14-3】由全回流操作改变到部分回流操作应采取什么措施使过程尽快稳定?

【答】应该采取渐变的措施。使得全塔的浓度梯度和温度梯度渐变而不混乱,即进料量由零逐渐调节到给定值 F,相应的塔顶和塔釜出料量也应由零逐渐增加到 D 和 W。最终塔顶和塔釜出料量之和与进料量相一致,使得塔釜液面稳定,确保全塔的系统稳定。

塔顶排气阀的作用

【例 14-4】为什么要在塔顶冷凝器上安装排气阀?

【答】本实验的精馏为常压精馏,在塔顶冷凝器上安装排气阀的作用是:

(1) 为了排出不凝性气体。因为不凝性气体的存在将会使得塔顶冷凝器传热系数明显下降,造成的结果是乙醇蒸气不能完全冷凝,进而影响塔的正常操作。

(2) 塔顶冷凝器上安装排气阀可保证精馏塔常压操作。

全回流操作时各参数变化趋势

【例 14-5】测定全塔平均效率 E_t 和单塔效率 E_{mV}的意义何在?

【答】测定 E_t 的目的是为设计塔提供依据,E_t 反映了整个塔的平均传质效果,其经验值一般在 0.5～0.7。测定 E_{mV}的目的是为研究、选定塔板类型提供依据,板式塔中塔板是气液接触的场所,单板效率直接反映单独一层塔板上传质的优劣。同样的分离物系、同样的操作条件,塔板形式不同则分离效果不一样。

【例 14-6】全回流操作时,空塔气速增加则全塔效率 E_t、气相单板效率 E_{mV}如何变化?

【答】本实验在全回流操作时,随着塔釜加热电压的提高,上升蒸气量增大，空塔气速随之提高。通常当空塔气速小于精馏塔的设计气速时，随着空塔气速的提高，气液接触更加充分，全塔效率 E_t、单板效率 E_{mV} 也相应提高，但通常情况下提高的幅度不大。

全回流下的空塔气速 u 与全塔效率 E_t、气相单板效率 E_{mV}。

【例 14-7】 塔顶冷回流对塔内回流液量有何影响？如何校正？

冷回流校正

【答】 塔顶冷回流即回流液的温度 t_R 低于该组成下的泡点温度，也就是回流温度低于第一块塔板上的液相温度，这样离开第一块板的一部分上升蒸气将被冷凝成液体，因而塔内的实际液流量将大于塔外的回流量。对第一块板作物料和热量衡算，近似可得

$$L = L_0 \cdot \left[1 + \frac{c_{pL}(t_1 - t_R)}{r}\right]$$

故实际回流比

$$R_{内} = \frac{L}{D} = \left[1 + \frac{c_{pL}(t_1 - t_R)}{r}\right] \cdot \frac{L_0}{D}$$

【例 14-8】 本实验中保持 F、x_F、q、V' 不变，增加回流比 R，则塔底组成 x_W 和塔顶组成 x_D 如何变化？

增加回流比 R，塔底组成 x_W 和塔顶组成 x_D 的变化

【答】 由 $V=V'+(1-q)F$ 可知，F、q、V' 不变则 V 不变；

又 $D=V/(R+1)$，R 增加则 D 减小；

$W=F-D$，F 不变而 D 减小，所以 W 增大；

$L=V-D$，V 不变而 D 减小，故 L 增大；

$L'=L+qF$，q、F 不变，L 增大，所以 L' 增大。

从塔板的分离能力考察：因为 L/V 增大，L'/V' 增大，精馏段和提馏段的理论板数不变，所以精馏段的分离能力提高、提馏段的分离能力下降，结合 x_F 不变，可得 x_D 增大、x_W 增大。

【结论】 x_D 增大，x_W 增大。

三、转盘塔萃取实验

转盘塔萃取实验

本实验为液-液萃取装置，采用的是转盘萃取塔，原料为煤油-苯甲酸，萃取剂为水。转盘轴与塔顶直流电机连接，调节直流电压可改变电机转速。转盘转速由转速传感器和数字显示仪测量。

转盘转速对萃取传质系数及萃取率的影响

【例 14-1】 其他条件不变而转盘转速变化时,萃取传质系数及萃取率将如何变化?

【答】 当转盘中心轴转动时,因剪切应力的作用,一方面使连续相产生旋涡运动,另一方面促使分散相液滴变形、表面破裂更新加快,有效地增大传质面积,因此随着转盘转速的增加,萃取传质系数会提高,萃取率也会提高。但须注意当转盘转速增加至超过某一转速后,随着转盘转速的增加,萃取传质系数和萃取率反而下降。这是因为随着转盘转速的增加,搅拌程度更加剧烈,使得液滴破碎得更小,最终分散相过于细小而乳化,破坏了塔的操作,从而使得萃取传质系数和萃取率下降。因此转速的正确选择对转盘萃取塔萃取传质十分重要,适宜的转速主要取决于物系的特性、转盘大小和塔内部结构参数。

萃取过程的液泛

【例 14-2】 萃取过程是否会产生液泛?如何判断液泛?

【答】 在萃取过程中,保持转盘转速不变,逐渐增加分散相或连续相流量到一定程度就会出现液泛,如维持两液相流量不变,改变转盘转速也会发生液泛。

萃取液泛是在塔内某一小室充满密集的细小液滴或在塔内出现第二个两相分层区。液泛现象产生后,会使部分甚至大部分轻相向着塔底运动,而重相反而向塔顶移动。

控制萃取过程稳定的方法

【例 14-3】 为使萃取过程尽快稳定,需要控制哪些参数?如何控制?

【答】 (1) 控制转盘萃取塔的转速恒定。可通过直流稳压器的输出调节旋钮来控制直流马达输入电压恒定,以达到转速恒定;

(2) 原料和萃取剂流量应恒定。通过原料和萃取剂流量调节阀的开度控制流量恒定;

(3) 原料和萃取剂流量恒定后,塔顶萃取液通过溢流而无需进行流量调节,调节塔底萃余液的流量以使得塔顶安定区内油、水相分界面稳定。实际装置中是通过倒 U 形装置[即图 14-6中的 6(虹吸管)]中的调节阀阀组调节萃余液的流量,这样可以比较平稳地进行流量调节以保持油、水相分界面稳定。

分散相的选择

【例 14-4】 本实验为什么不宜用水作为分散相?

【答】 (1) 由于分散相液滴在连续相中的沉降速度与连续相的黏

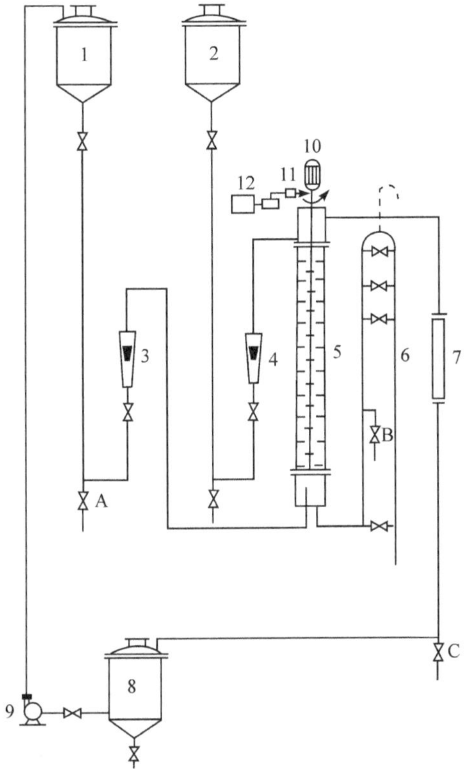

图 14－6　萃取装置流程示意图

1—原料液储槽；2—萃取剂储槽；3—原料流量计；4—萃取剂流量计；5—转盘萃取塔；6—虹吸管；7—观察量筒；8—萃取相收集槽；9—离心泵；10—直流电机；11—转速传感器；12—转速数字显示仪；A、B、C—取样阀

度有很大的关系，为了减小塔径，提高两相分离效果，通常将黏度大的一相作为分散相，煤油 $\mu=3\mathrm{cP}$，水 $\mu=1\mathrm{cP}$。

(2) 从成本安全考虑，应将成本高，易燃物料作为分散相。

(3) 从溶液对转盘萃取塔润湿的难易程度考虑，水比煤油的润湿性好。

四、干燥特性曲线的测定

干燥实验

本实验装置有空气循环式和废气排放式二种，将待干燥的物料(黄沙)预先润湿，装在一个铁制的长方形浅盘中，表面抹平，再置于干燥箱中，与天平相连。测定恒定干燥条件下物料干燥失重所对应的时间，可得在恒定干燥条件下的干燥特性曲线

$(X-\tau, U-X)$。

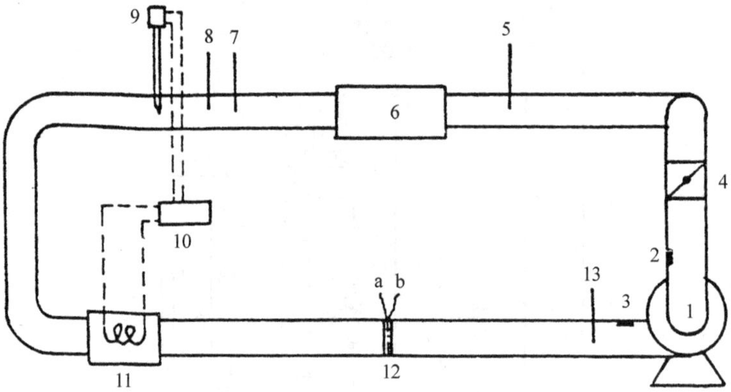

图 14-7　空气循环式干燥装置示意图

1—风机；2—空气补充阀；3—废气排放阀；4—风门；5、8、13—温度计；6—干燥室；7—湿球温度计；9—电导仪；10—电子继电器；11—电加热器；12—孔板流量计；a、b—孔板流量计引压管

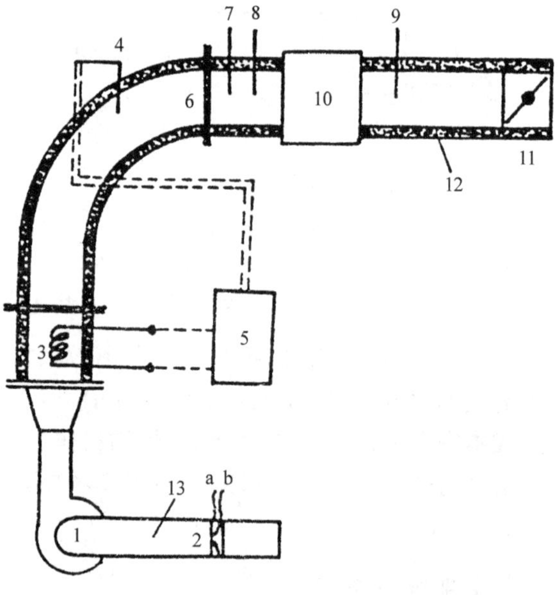

图 14-8　废气排放式干燥装置示意图

1—风机；2—1/4 圆弧喷嘴；3—电加热室；4—热电偶；5—温控仪；6—均流网；7、9—温度计；8—湿球温度计；10—干燥室；11—风门；12—保温层；13—风管；a、b—喷嘴引压管

恒定干燥条件

【例 14-1】如何恒定干燥条件?

【答】 需维持干燥介质(本实验为空气)的流速、湿度、温度以及干燥介质和待干燥物料的接触方式不变。

【例 14-2】 若提高空气的温度或增加空气的流量，干燥速率曲线、恒速干燥速率、临界含水量、平衡含水量有何变化？

提高空气温度和增加空气流量的影响

【答】 若提高干燥介质空气的温度或增加空气的流量，物料表面气化过程速度加快，干燥速率曲线会上移，即恒速干燥速率会增大，使得黄沙表面较空气性质未改变前提早成为干区，气化面移向黄沙内部，于是临界含水量增加。

当空气的温度增加时，黄沙温度增加，使得黄沙的平衡含水量下降；而空气的流量增加，黄沙的物性参数不会改变，故平衡含水量不会改变。

【例 14-3】 若被干燥介质(黄沙)的厚度增加，其干燥速率曲线、恒速干燥速率、临界含水量、平衡含水量有何变化？

被干燥介质(黄沙)的厚度对干燥的影响

【答】 被干燥介质(黄沙)的厚度虽增加，但干燥介质(空气)的条件不变，所以其干燥速率曲线中的恒速段不变；但由于厚度增加使得干燥介质(黄沙)内部水分移至表面的时间加长，当黄沙表面"干区"时，相对于未增加厚度之前，单位质量物料所含水分增加，即临界含水量增加，同时降速干燥阶段加长，但平衡含水量不变。因此实际干燥过程中，需尽量降低被干燥介质的厚度以减少干燥时间。

【例 14-4】 相对而言空气循环式和废气排放式各有什么特点？

空气循环式和废气排放式的比较

【答】 空气循环式的优点是节约能源，缺点是不能严格满足恒定的干燥条件，因为空气的湿度在不断增大，干燥速率较小；而废气排放式(即敞开式)的优点是能满足恒定的干燥条件，干燥速率较大，但能源浪费也较大。

【例 14-5】 实验中测得某个干燥条件下恒速段的干球温度 $t=78.5℃$，湿球温度 $t_w=45.3℃$，恒速干燥速率为 $U_c=2.65kg/(m^2\cdot h)$，计算该条件下恒速段的传质系数 k_H 和传热系数 α。

恒速段的传质系数 k_H 和传热系数 α 的计算

【答】 根据 $t_w=45.3℃$ 查空气的湿度图，得到空气的饱和湿度 $H_w=0.066$，根据 $t=78.5℃$、$t_w=45.3℃$ 查空气的湿度图得到空气的湿度 $H=0.050$，又根据 $t_w=40℃$ 查出水的汽化潜热

$r_w=2388.9$kJ/kg。

恒速阶段单位时间、单位面积上物料表面向空气主体传递的水分G_w[单位为 kg/(m^2 · s)]保持不变,其干燥的传质推动力是干燥物料的表面相对湿度即空气的饱和湿度与空气相对湿度之差。

$$\left.\begin{aligned} G_w &= k_H(H_w - H) \\ U_c &= G_w \end{aligned}\right\} \Rightarrow k_H = \frac{U_c}{H_w - H}$$

得到恒速段传质系数 $k_H = U_c/(H_w - H) = 2.65/(0.066 - 0.050) = 165.6$kg/(m^2 · h);

恒速阶段空气单位时间、单位面积向物料表面传递的热量Q[单位为 kJ/(m^2 · s)]即是物料表面水分汽化的吸收热量。

$$\left.\begin{aligned} Q &= A_1\alpha(t - t_w) \\ Q &= A_2 r_w Uc = r_w k_H(H_w - H) \end{aligned}\right\} \Rightarrow \alpha = \frac{A_2 r_w U_c}{A_1(t - t_w)}$$

其中,A_1 是传热面积;A_2 是传质面积。

由于本实验的被干燥物料是置于一浅盘中的黄沙,忽略侧面积,因此 $A_1=2A_2$。故

$$\alpha = \frac{r_w U_c}{2(t - t_w)} = \frac{2388.9 \times 2.65}{2 \times (78.5 - 45.3)} = 95.63\text{kJ/(m}^2 \cdot \text{h} \cdot ℃)$$

本章主要符号说明

符　号	意　义	单　位
A	面积	m^2
a	填料的比表面积	m^2/m^3
α	传热系数	kJ/(m^2 · h · K)
c_p	定压比热容	kJ/(kmol · K)
D	塔顶流率	kmol/s
E_t	全塔效率	
E_{mv}	气相单板效率	
F	原料流率	kmol/s
G	气相流率	kmol/s
G_w	水分蒸发量	kg/(m^2 · s)
H	湿度	kg/kg
h	填料层高度	m
K_y	总传质系数	kmol/(m^2 · s)

k	传质系数	kmol/(m^2 · s)
L	液相流率	kmol/s
L	喷淋密度	m^3/(m^2 · s)
L	精馏塔回流量	kmol/s
M	摩尔质量	kg/kmol
m	相平衡常数	
N	传质通量	kmol/(m^2 · s)
N_e	实际塔板数	块
N	理论塔板数	块
p	压力	Pa
Q	传热量	W
R	回流比	
r	气化潜热	kJ/mol
T	绝对温度	K
t	温度	℃
t_w	湿球温度	℃
u	流速	m/s
U	干燥速率	kg/(m^2 · s)
V	蒸气流率	kmol/s
W	塔底流率	kmol/s
X	液相组成	
X	含水量	
X_c	临界含水量	
Y	气相组成	
q	进料热状况参数	
Δp	压力降	Pa
ρ	密度	kg/m^3

参考文献

1 浙江大学化工学院化工原理实验室,化工原理实验指导书,1999

2 何潮洪,冯霄. 化工原理,北京:科学出版社,2001

3 吴嘉. 化工原理仿真实验. 北京:化学工业出版社,2001

4 浙江大学化工学院化工原理实验室,化工原理实验教学法指导书(内部交流)

5 陈维杻. 传递过程与单元操作. 下册,杭州:浙江大学出版社,1993

6 何潮洪,窦梅,钱栋英. 化工原理操作型问题的分析. 北京:化学工业出版社,1998

习题参考答案

第8章　质量传递基础

1. 答:增大;下降。

2. 答:P/p_{Bm};总体流动对传质的影响。

3. 答:等于;大于。

4. 答:(A)。

5. 答:(B)。

6. 答:(A)。

7. 答:(1)4.7×10^{-7} kmol/(m^2·s);(2)$p_A=10.13-50.6z$ kPa。

8. 答:$\ln\left(\frac{1-x_A}{1-x_{A1}}\right)=\frac{z}{\delta}\ln\left(\frac{1-x_{A2}}{1-x_{A1}}\right)$。

9. 答:0.8×10^{-7} kmol/(m^2·s)。

10. 答:$t_F=\frac{\rho_A(z_F^2-z_0^2)RTp_{Bm}}{2M_A D_{AB}P(p_{A1}-p_{A2})}$

11. 答:1388s。

12. 答:$y_{A2}=0$,$N_A=4.22\times10^{-5}$ kmol/(m^2·s)。

第9章　气 体 吸 收

1. 答:(A)。　2. 答:(A),(C)。　3. 答:(C),(A)。　4. 答:(D)。　5. 答:(D)。　6. 答:(D)。
7. 答:(C)。　8. 答:(B),(B)。　9. 答:(C)。　10. 答:难。　11. 答:0.0119 kmol/m^3。
12. 答:$>$,$>$。　13. 答:液相,气相。　14. 答:低,高。　15. 答:减少,增加。　16. 答:大于,上方。
17. 答:变大,变大。　18. 答:L/mG,操作线斜率与平衡线斜率之比。
19. 答:流动状况、填料特性、气液物性、操作条件。
20. 答:低浓时,气、液流率沿塔高基本不变,总体积传质系数沿塔高基本不变。
21. 答:平均气相总推动力。　22. 答:减小,靠近,增加。　23. 答:L/mG,塔底。　24. 答:不变,增大。
25. 答:不变,变大。　26. 答:不变。　27. 答:越大,越大。　28. 答:变小。　29. 答:基本不变,变大。
30. 答:传质方向从液相到气相。若总压增大到 5atm,传质方向从气相到液相。
31. 答:$x_b=0.006$;$h=5.9$m。
32. 答:1.32 倍;$x_b=0.0228$;$N_{OG}=7.84$。
33. 答:12.4m。
34. 答:(1)3.91m^3/h;(2)$h=7.2$m;(3)1.43 倍。
35. 答:(1)$x_b=0.016$,$c_{A,b}=0.889$kmol/m^3;(2)$L=329.2$kg/h;(3)$h=3.9$m。
36. 答:1320kmol/(m^2·h)。
37. 答:$x_b=0.0046$,$x_b=0.0074$。

38. 答：

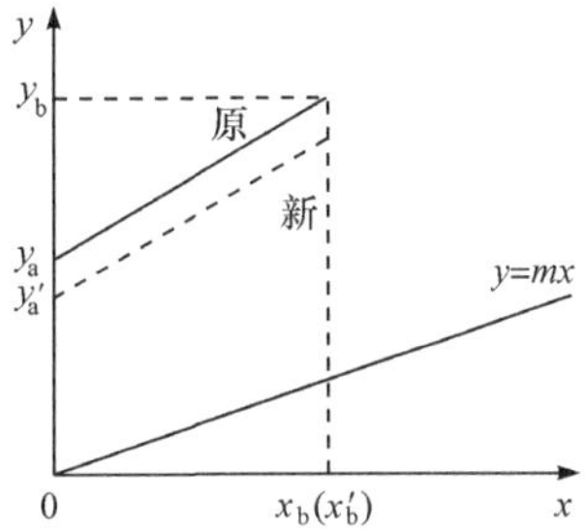

附图 1

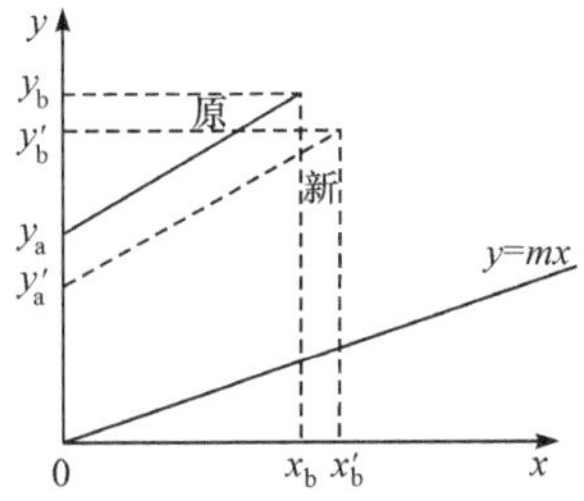

附图 2

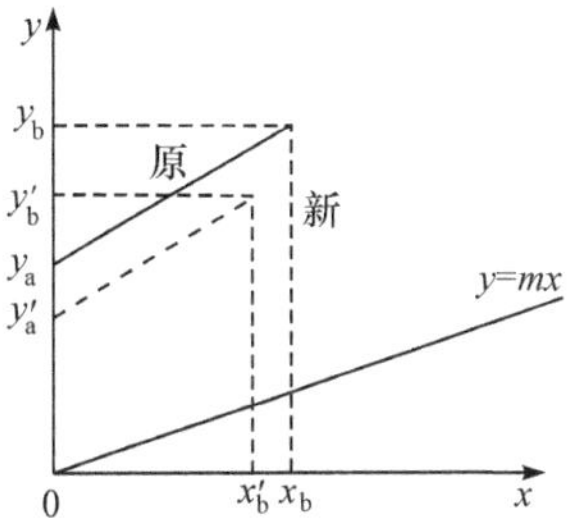

附图 3

回收率不变($\eta=1-\frac{y_a}{y_b}$)，y_a 下降，x_b 变小。

39. 答：气体出塔浓度将变大；液体出塔浓度将变小。

40. 答：y_a 变大；x_b 变小。

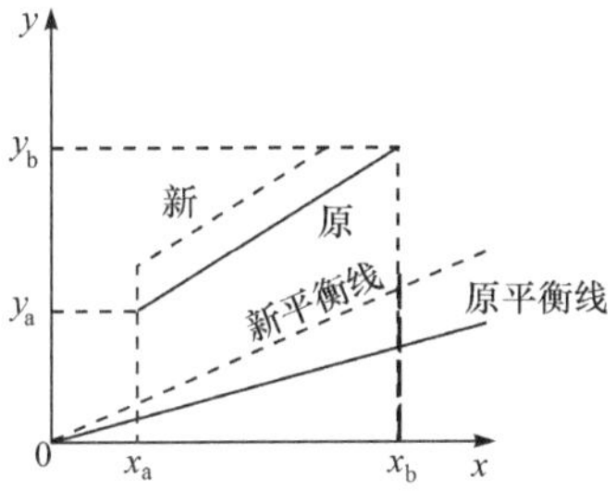

第 40 题答图

41. 答：(1)y_{a1}变大，y_{a2}变大，x_a 变大，x_b 变大；(2)y_{a1}减小，y_{a2}减小，x_a 减小，x_b 减小。

42. 答：(1)y_a 变大，x_{b1}变大，x_{b2}变大；　(2)y_a 变大，x_{b1}变大，x_{b2}变大；
　　(3)y_a 减小，x_{b1}减小，x_{b2}减小；　(4)y_a 变大，x_{b1}变大，x_{b2}变大。

第 10 章　蒸　　馏

1. 答：各组分在全浓度范围内都服从拉乌尔定律的溶液。

2. 答：逐渐降低；逐渐升高。

3. 答：离开该板的气液两相达到平衡时，这种板称为理论板。

4. 答：离开某段填料的气液两相达到平衡时，该段填料的高度。

5. 答：$t_4=t_3>t_2=t_1$。

6. 答：恒摩尔流假定。

7. 答：(B)，(A)。

8. 答：(B)。

9. 答：4.035。

10. 答：困难。

11. 答：(B)，(A)。

12. 答:F。
13. 答:对。
14. 答:1。
15. 答:减小 ,增大。
16. 答:塔顶操作压力小于塔底操作压力,塔顶含易挥发组分浓度大。
17. 答:具有恒沸物或 α 接近于 1 的,相对挥发度 α。
18. 答:水蒸气蒸馏时,料液与水不互溶;而直接蒸汽加热精馏时,料液与水互溶。前者中的水蒸气主要为加热剂,而后者既是加热剂、又是夹带剂。
19. 答:过量液沫夹带、严重漏液、气液分布不均、液体返混等中任选三个。
20. 答:板间距太小、开孔率太小、降液管截面太小、降液管底隙 h_0 太小。
21. 答:$t_F=88℃$。
22. 答:(1)$x_{W,简}=x_{W,平}$,$\overline{x_{D,简}}>x_{D,平}$,$V_{简}<V_{平}$;(2)$x_{W,简}<x_{W,平}$,$x_{D,简}>x_{D,平}$,$V_{简}=V_{平}$。
23. 答:(1)平:0.618,91.7kmol/h;简:0.72,62.2kmol/h。(2)平:0.66,0.45;简:0.71,0.35。
24. 答:0.603。
25. 答:(1)理论板数 8.07 块(不包括再沸器),$V=V=36.36$kmol/h;(2)理论板数 6.31 块(不包括再沸器),$V=V=38.91$kmol/h。
26. 答:(1)1.05,1390.2kW;(2)3.6,3123.1kW。
27. 答:(1)间:7.7 块(包括釜),直:9.0 块(包括釜);(2)间:8.6 块(包括釜),直:10.0 块(包括釜)。
28. 答:(1)$y_{m+1}=1.67x_m-0.022$;(2)$x_{W,max}=0.014$。
29. 答:(1)FD_2 段操作线斜率最小,D2 以上段操作线斜率其次,提馏段操作线斜率最大;(2)0.878。
30. 答:$x_W=0.348$,$D/F=0.19$。
31. 答:$x_D\uparrow$,$x_W\uparrow$。
32. 答:$\eta\uparrow$。
33. 答:$x_D\downarrow$,$x_W\downarrow$。
34. 答:x_D、x_W 均不变。
35. 答:$x_D\downarrow$,$x_W\downarrow$。
36. 答:(1)$D=431.8$kmol/h,$W=568.2$kmol/h,$R=1.83$,(2)$y_2=0.824$,(3)$x_D\downarrow$,$x_W\uparrow$,不能完成分离任务。
37. 答:(1) $y=1.8x-0.0776$;(2)$x_D=1$,$x_W=0.226$。

第 11 章　液液萃取

1. 答:萃取相与萃余相达到平衡后,萃取相中 A 组分浓度与萃余相中 A 组分浓度之比。
2. 答:相对挥发度。
3. 答:三角形相图中表示相互平衡的两点间的联结线。
4. 答:(D)。
5. 答:(C)。
6. 答:不对。
7. 答:6。
8. 答:(C),(A),(C),(C)。
9. 答:(B)。

10. 答:(B)。
11. 答:(A),(B)。
12. 答:(B)。
13. 答:(C)。
14. 答:(C)。
15. 答:(B)。
16. 答:(1)$x_{B,R}=0.975$,$x_{S,R}=0.025$,$y_{B,E}=0.07$,$y_{S,E}=0.93$,$R=49.06$kg,$E=30.94$kg;(2)42.32kg。
17. 答:(1)$x_F=0.0375$,42.8%;(2)$S=\infty$,$S=0$;(3)减小。
18. 答:(1)1.36,15.5%,3.75;(2)萃取相、萃余相浓度不变,萃取液浓度变大,萃余液浓度变小,选择性系数变大。
19. 答:萃取相浓度 y_E 变大、萃余相浓度 x_R 变大、萃余率不定。
20. 答:$S=7690$kg/h,6.48%。
21. 答:4 级。萃余相浓度和萃余率都增大。
22. 答:(1)$x_4=0.0195$,19.7%;(2)$x_4=0.0211$,21.4%;(3)$x_4=0.0210$,21.3%。
23. 答:增大,不定。
24. 答:$x_4=0.00325$,3.2%;远优于四级错流。
25. 答:$N=6$。
26. 答:变小。
27. 答:变大,变大。

第12章 干　燥

1. 答:(C)。 2. 答:(B)。 3. 答:(A)。 4. 答:(B)。 5. 答:(C)。 6. 答:(D)。 7. 答:(B)。
8. 答:(C)。 9. 答:(B)。 10. 答:(A)。 11. 答:(A)。 12. 答:(C)。 13. 答:(B)。
14. 答:(C)。 15. 答:不变、下降、下降、下降。
16. 答:高。 17. 答:上升,下降,不变,不变。
18. 答:露点。 19. 答:升高,不变。
20. 答:析出水分,产品返潮,甚至堵塞设备或管道。
21. 答:减少辐射和热传导的影响,使测量结果较为精确。
22. 答:H, t。
23. 答:饱和空气条件下相等,即 $t=t_w=t_d$。
24. 答:高。
25. 答:=、=、=。
26. 答:并流。
27. 答:较大,较小。
28. 答:该空气的湿球温度。
29. 答:湿度、温度、速度、与物料接触的状况。
30. 答:等于。
31. 答:不变,升高。
32. 答:高。
33. 答:传质过程与传热过程。

34. 答:空气预热温度高，单位质量干空气携带的热量多，干燥过程所需要的空气用量少，废气带走的热量相应减少，故热效率得以提高。

35. 答:(1)368.4kg 水/h;(2)12280 kg 绝干气/h;(3)12390.5 kg 湿空气/h;(4)631.6 kg/h。

36. 答:(1)略;(2)3.76 kg 绝干气/s;(3)274kW。

37. 答:562kJ/s。

38. 答:(1)5868.1 kg 湿空气/h;(2)132.8kW;(3)5.56h。

39. 答:(1)0.011kg 水/kg 绝干气;(2)2.38×10^3kg 绝干气/h;(3)1.47×10^5kJ/h。

40. 答:60.3kW。

第13章 膜分离

1. 答:(C)。 2. 答:(A、B)。 3. 答:(A、D)。 4. 答:(D)。 5. 答:(C)。 6. 答:(C)。 7. 答:(B)。 8. 答:(A)。 9. 答:(D)。 10. 答:(A)。 11. 答:(A)。 12. 答:(D)。 13. 答:(B)。

14. 答:(A、C、D)。 15. 答:(A、B、D)。

16. 答:葡萄糖:0.63、蔗糖:0.72、甘露糖:0.90。

17. 答:$J_V=7\times10^{-7}$ L/(cm^2 · s)，$J_S=2.27\times10^{-4}$ L/(cm^2 · s)，$R_0=94.6\%$。

18. 答:$\tau=1.3$。

19. 答:$L_P=2.9\times10^{-4}$cm/(bar · s):$\sigma=0.86$;$\omega=6.5\times10^{-9}$mol/(cm^2 · s · MPa)。

20. 答:$B_{NaCl}=0.23$ g/(m^2 · s);$B_{Na_2SO_4}=9.7\times10^{-3}$g/(m^2 · s)。

21. 答:$R=97.8\%$。

22. 答:1%:$P=2.5\times10^{-7}$;2%:$P=4.8\times10^{-7}$;3%:$P=1.1\times10^{-6}$;4%:$P=1.4\times10^{-6}$;5%:$P=1.7\times10^{-6}$cm^3(STP) · cm/(cm^2 · s · cmHg)。

23. 答:≈98%。

24. 答:$t=9.2$h。

25. 答:$q_v=6.8$L/h;$\Delta p=0.8$bar。

26. 答:$c_p=90$ppm。

27. 答:$c_m/c_b=1.5$;$R_{obs}=91\%$

28. 答:膜阻力 $R_m\approx4\%$、14.2μm;10 L/(m^2 · h),17.2μm。

29. 答:97.8%;0.021;0.8。

30. 答:31%;33%;38%;46%;57%。

31. 答:5%、29%、48%。

32. 答:312ppmNaCl,$A=26.0$m^2。

33. 答:$A=8.6$m^2。

34. 答:15bar:$A=1488$m^2;30bar:$A=386$m^2。

35. 答:$A=118$m^2。

36. 答:0.65;0.31。

37. 答:$t=9$h。

38. 答:$c_{p,丁醇}=42.1\%$。

浙江大学研究生入学考试试题及解答(化工原理)

1999 年试题及解答

一、选择题(20 分,每一选择 2 分)

1. 内径为 27mm 的自来水管其设计输水能力宜为__________。
   (A)0.2 m^3/h　　(B)2 m^3/h
   (C)20 m^3/h　　(D)200 m^3/h。

2. 如图 1 管中充满水,U 形差压计的读数为零,则__________。
   (A)管内流体肯定处于静止状态
   (B)管内流体肯定从 1 流向 2
   (C)管内流体肯定从 2 流向 1
   (D)以上三种答案都不对

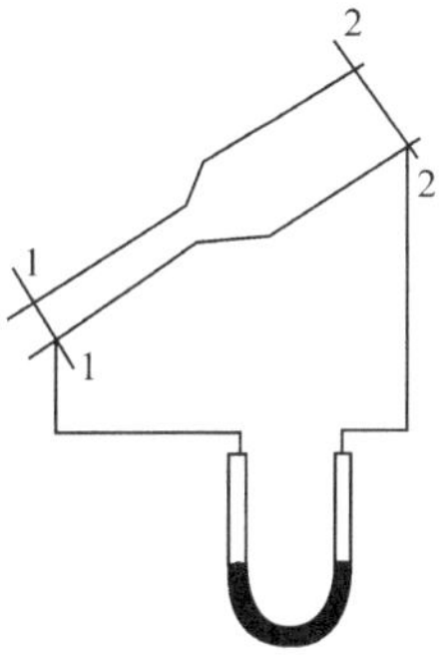

图 1

3. 用同一离心泵分别输送密度为 ρ_1 及 ρ_2 的两种流体,已知两者体积流量相等,$\rho_1=1.2\rho_2$,则__________。
   (A)扬程 $H_2=H_1$,轴功率 $N_2=1.2N_1$
   (B)扬程 $H_1=1.2H_2$,轴功率 $N_1=N_2$
   (C)扬程 $H_2=H_1$,轴功率 $N_2=N_1$
   (D)扬程 $H_2=1.2H_1$,轴功率 $N_2=1.2N_1$

4. 在直径为 D 的圆管外包覆厚度为 b 的保温层(导热系数为 k),保温层外壁的对流传热系数为 h。若 $D<k/h$,则对单位管长而言__________。
   (A)当 $b=k/h-D/2$ 时,热损失最小
   (B)当 $k/h=D+2b$ 时,热损失最大
   (C)当 $b=k/h-D/2$ 时,热损失最大
   (D)包上保温层后热损失总比原来(不包保温层时)要小

5. 冷水与热水通过间壁换热器换热,现冷水的流量增大,但保持其他进口条件不变,则传热平均推动力 Δt_m 及传热速率 Q 的变化为__________。
   (A)Δt_m增大、Q 增大　　(B)Δt_m变化趋势不定、Q 增大
   (C)Δt_m增大、Q 不变　　(D)Δt_m下降、Q 下降

6. 真空蒸发时,冷凝操作压强最低极限取决于__________。
   (A)冷凝水的温度　　(B)真空泵的能力

(C)当地大气压力　　(D)蒸发器的蒸发水量

7. 如图 2 吸收、解吸联合操作,若吸收塔的气体处理量增大,但保持其他操作条件不变,则

(1)吸收塔的出塔气体浓度__________。

(A)增大　　(B)不变

(C)减小　　(D)其变化趋势不定

(2)解吸塔的出塔气体浓度__________。

(A)增大　　(B)不变

(C)减小　　(D)其变化趋势不定

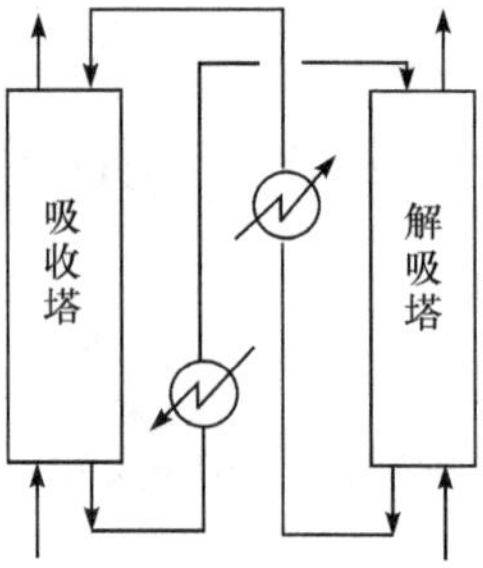

图 2

8. 精馏过程的操作线为直线,主要基于__________。

(A)塔顶泡点回流　　(B)恒摩尔流假定

(C)理想物系　　(D)理论板假定

9. 一操作中精馏塔,若保持 F、x_F、q、V'(塔釜上升蒸气量)不变,而增大回流比 R,则__________。

(A)x_D 增大、x_W 增大　　(B)x_D 增大、x_W 下降

(C)x_D 增大、x_W 不变　　(D)x_D 下降、x_W 下降

选择题答案

1. 答:B。 2. 答:D。 3. 答:A。 4. 答:C。 5. 答:B。 6. 答:A。 7. 答:(1)A,(2)A。 8. 答:B。 9. 答:A。

二、填空题(20 分,每空 1 分)

1. 一离心泵组成如图 3 的输水系统,当阀门 A 关小时,则流量 Q_B __________;流量 Q_C __________;压力 p_A __________;压力 p_B __________。

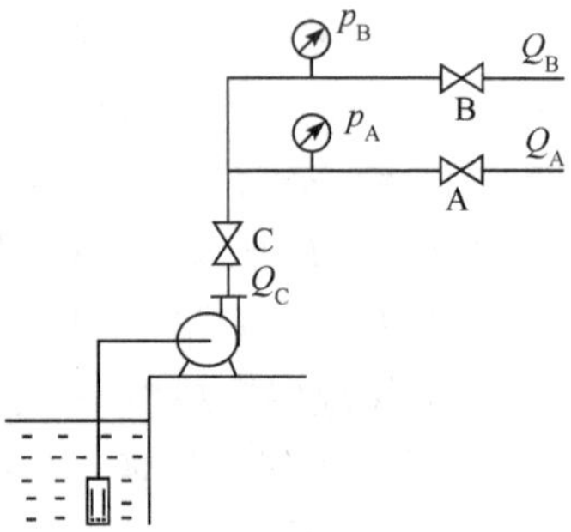

图 3

2. 在输送机械的流量调节中,旁路阀门的调节方法通常用于__________类型的输送机械。

3. 降尘室与沉降槽均为流固两相分离设备,它们的生产能力与该设备的__________有关,与__________无关。

4. 对转筒真空过滤机,操作转速快的缺点是____________________,转速慢的缺点是____。

5. 在列管式换热器的壳程中设置折流挡板的优点是________________________，缺点是______________________________。
6. 雷诺类比、柯尔本类比的一个重要应用目的是____。
7. 随着温度的增加，空气的黏度__________，空气的导热系数__________。
8. 传质单元高度主要取决于__________、__________等因素(任写两个)。
9. 在对筛板塔进行流体力学校核计算时，如发现单板压降偏大，则可通过改变______________________________等结构参数(任举一种)的方法，使之减小。
10. 萃取操作选择萃取剂的基本原则为____________________________________、______________________________(写出两个)。
11. 当某物料的干燥过程存在较长的降速阶段时，气流干燥器和流化床干燥器两者中选用____________________较为有利。

填空题答案

1. 答：$Q_B\uparrow$，$Q_C\downarrow$，$p_A\uparrow$，$p_B\uparrow$。
2. 答：正位移泵(或往复式泵)。
3. 答：底面积，高度。
4. 答：滤饼层太薄，不易刮取；生产能力小。
5. 答：增强湍流程度，提高传热系数；阻力增大。
6. 答：从摩擦系数来估算传热系数。
7. 答：增加，增加。
8. 答：气液流量，填料特性，系统物性等。
9. 答：增大开孔率(开孔区面积)等。
10. 答：溶剂的选择性要好，分配系数 k_A 大，溶剂易回收等。
11. 答：流化床干燥器。

三、分析题(10 分)

为回收高温气体 B 中的热量，采用如图 4 流程：气体 B 先与循环水传热，使其水温升高然后再与低温气体 A 传热，使气体 A 的温度升高。实际操作结果表明，当保持气体 A、B 的流量及其进口温度不变，而增大循环水量，则循环水的最高温度 T_{W1} 将下降。请分析其内在原因。(提示：综合运用传热单元数法和平均推动力法)

【解】 因为循环水量增大，因此水的传热效率均下降[对Ⅰ、Ⅱ换热器]。用反证法。

设 $T_{W1}\uparrow$。因为 $\varepsilon_{水1}=\dfrac{T_{W1}-T_{W2}}{T_{W1}-t_1}$，$T_{W2}=T_{W1}-\varepsilon_{水1}(T_{W1}-t_1)=(1-\varepsilon_{水1})(T_{W1}-t_1)+t_1$，所以 $T_{W2}\uparrow$。

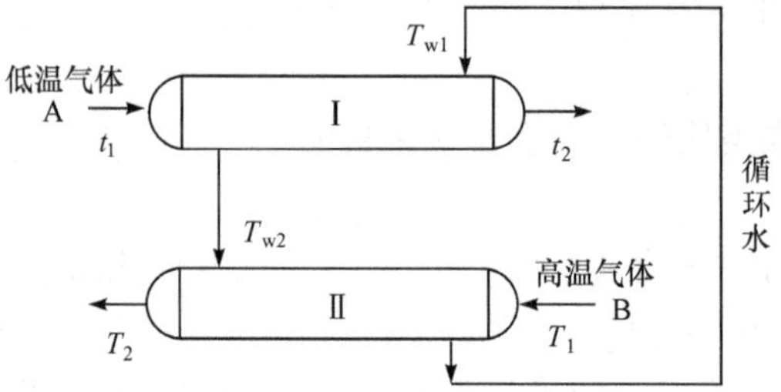

图 4

对换热器Ⅰ:热流体(水)的进出口温度均升高,$\Delta t_m \uparrow$,而 K 基本不变,所以 $Q\uparrow$。

对换热器Ⅱ:$Q\uparrow \rightarrow T_2\downarrow$,使得$(T_2-T_{W2})\downarrow$,$(T_1-T_{W1})\downarrow$,换热器Ⅱ的平均推动力下降,使 $Q\downarrow$,从而引起矛盾。

同理可证"T_{W1}不变"也不可能(略)。

因此必有 $T_{W1}\downarrow$。

四、计算题(共 50 分)

1. (10 分)拟在直径为 1m 的填料塔中用清水逆流吸收空气混合物中的可溶组分,混合气的处理量为 30 kmol/h,气液相平衡关系为 $y=2x$。已知该可溶组分的进口浓度为 8%(摩尔分率,下同),现要求其出口浓度不大于 1%,取操作液气比 $L/G=2$,此时气相总体积传质系数 $K_ya=0.0186\ \text{kmol/m}^3\text{s}$。试求:

   (1)操作液气比为最小液气比的多少倍?

   (2)所需的填料层高度。

【解】(1) $\left(\dfrac{L}{G}\right)_{\min}=\dfrac{y_b-y_a}{x_b^*-x_a}=\dfrac{0.08-0.01}{0.08/2-0}=1.75$

$$\left(\frac{L}{G}\right)\bigg/\left(\frac{L}{G}\right)_{\min}=\frac{2}{1.75}=1.14$$

(2)$\dfrac{L}{G}=m$,操作线与平衡线平行,故

$$\Delta y_m=\Delta y_b=\Delta y_a=y_a-mx_a=0.01$$

$$N_{OG}=\frac{y_b-y_a}{\Delta y_m}=\frac{0.08-0.01}{0.01}=7$$

$$H_{OG}=\frac{G}{K_ya}=\frac{\frac{30}{3600}/(\frac{\pi}{4}\times 1^2)}{0.0186}=0.571\text{m}$$

所以

$$h=H_{OG}N_{OG}=0.571\times 7=4\text{m}$$

2. (10分)用连续干燥器干燥含水1.5%(湿基)的物料，干燥器对湿物料的处理能力$G_1=2.56$ kg/s。物料进口温度为25℃；产品出口温度为35℃，其中含水0.2%(湿基)。绝干物料的比热容为1.842 kJ/(kg·K)。原湿空气的湿度为0.0165 kg/kg，在预热器内加热到95℃后再送入干燥器，干燥器中不再补充热量。已知空气离开干燥器时干球温度为65℃，干燥器的热损失为586kJ/kg汽化水。试求：

(1)干燥产品流率；

(2)空气消耗速率(单位为kg干空气/s)。

【解】已知$w_1=0.015$，$w_2=0.002$

$$X_1=\frac{w_1}{1-w_1}=\frac{0.015}{1-0.015}=0.01522\text{kg/kg 干物料}$$

$$X_2=\frac{w_2}{1-w_2}\approx 0.002\text{kg/kg 干物料}$$

$$G_C=G_1(1-w_1)=2.56\times(1-0.015)=2.52\text{kg 干物料/s}$$

(1)干燥产品流率G_2

$$G_2=G_C(1+X_2)=2.52\times(1+0.002)=2.53\text{kg 干燥产品/s}$$

(2)空气消耗速率

由于出口H_2未知，因此不能马上求出L，但由于出口温度已知，因此可通过热量衡算求出，

$$q_d=\frac{I_2-I_1}{H_2-H_0}+\frac{G_2c_m(t_{m2}-t_{m1})}{W}+q_l-c_lt_{m1} \tag{1}$$

据题$H_0=0.0165$kg/kg，$q_d=0$，所以

$H_1=0.0165$kg/kg，又$t_1=95$℃，故

$$I_1=(1.01+1.88H_1)t_1+2492H_1$$
$$=(1.01+1.88\times0.0165)\times95+2492\times0.0165=140\text{kJ/kg 干空气}$$

$t_2=65$℃

$$I_2=(1.01+1.88H_2)\times65+2492H_2=65.65+2614.2H_2$$

$$c_m=(1-w_2)c_s+w_2c_l=(1-0.002)\times1.842+0.002\times4.187$$
$$=1.8467\text{kJ/(kg·K)}$$

$$W=G_C(X_1-X_2)=2.52(0.01522-0.002)=0.0333\text{kg 水/s}$$

$q_l=586$kJ/kg水

将上述数据代入式(1)得

$$0=\frac{65.65+2614.2H_2-140}{H_2-0.0165}+\frac{2.53\times1.8467(35-25)}{0.0333}+586-4.187\times25$$

$H_2=0.02344$kg/kg

$$L = \frac{W}{H_2 - H_0} = \frac{0.0333}{0.02344 - 0.0165} = 4.76\text{kg 干空气}/\text{s}$$

3. (15 分)在连续精馏塔中分离苯-甲苯溶液,塔釜间接蒸汽加热,塔顶全凝器,泡点回流。进料中含苯 35%(摩尔分率,下同),进料量为 100 kmol/h,以饱和蒸气状态进入第三块板。已知塔顶馏出液量为 40 kmol/h,系统的相对挥发度为 2.5,精馏段操作线方程为 $y=0.8x+0.16$,各板的板效率均为 1。试求:

(1)塔顶、塔底的出料组成;

(2)提馏段的操作线方程;

(3)离开第四块板的液相组成。

【解】 $x_F=0.35$, $F=100\text{kmol/h}$, $q=0$, $D=40\text{kmol/h}$, $\alpha=2.5$。

(1)精馏段操作线方程为

$$y = 0.8x + 0.16 = \frac{R}{R+1}x + \frac{x_D}{R+1}$$

$$\frac{R}{R+1} = 0.8 \qquad R = 4$$

$$\frac{x_D}{R+1} = 0.16 \qquad x_D = 0.8$$

$$W = F - D = 100 - 40 = 60\text{kmol/h}$$

$$100 \times 0.35 = 40 \times 0.8 + 60x_W$$

$$x_W = 0.05$$

(2) $V' = V - (1-q)F = V - F = (R+1)D - F = (4+1) \times 40 - 100 = 100\text{kmol/h}$

$$L' = V' + W = 100 + 60 = 160\text{kmol/h}$$

提馏段操作线方程为

$$y = \frac{L'}{V'}x - \frac{Wx_W}{V'} = \frac{160}{100}x - \frac{60 \times 0.05}{100} = 1.6x - 0.03$$

(3)利用逐板计算法求理论板数 N

$$y_1 = x_D = 0.8$$

$$x_1 = \frac{y_1}{\alpha - (\alpha - 1)y_1} = \frac{0.8}{2.5 - 1.5 \times 0.8} = 0.6154$$

$$y_2 = \frac{R}{R+1}x_1 + \frac{x_D}{R+1} = 0.8 \times 0.6154 + 0.16 = 0.6523$$

$$x_2 = \frac{0.6523}{2.5 - 1.5 \times 0.6523} = 0.4287$$

$$y_3 = 0.8 \times 0.4287 + 0.16 = 0.503$$

$$x_3=\frac{0.503}{2.5-1.5\times0.503}=0.2882$$

第三块板加料,因此 y_4-x_3 满足提馏段操作线方程,则

$$y_4=1.6x_3-0.03=1.6\times0.2882-0.03=0.4311$$

$$x_4=\frac{0.4311}{2.5-1.5\times0.4311}=0.2326$$

4. (15 分)如图 5 所示,用管路连接水槽 A、B、C。已知管径都为 ϕ32mm×2.5mm,点 O 至槽 A、B、C 的管长分别为 6m、3m、5m(包括进出口、弯头及三通管件的局部当量长度),三槽水面维持恒定;支管 OC 上有一闸阀 k,全开时的阻力系数为 0.17,管的摩擦因数估计为 0.02,流体为常温水。试求:

(1)闸阀的局部阻力系数为多少时 OB 管段的流速为零?

(2)当闸阀全开时各管段内水的流向和流量。

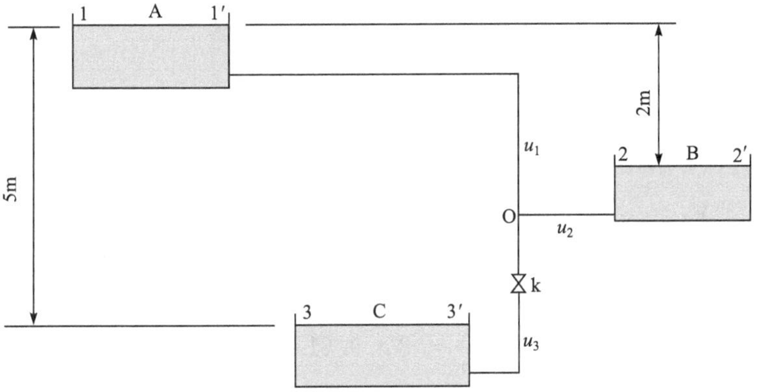

图 5

【解】首先判断流向。支管 AO、OC 中的流向必为 A→O 和 O→C,但支管 BO 中的流体流向则要通过计算判断,即需预先计算当闸阀 k 的阻力系数为多少时支管 OB 中的流速为零。根据机械能衡算式,得

$$E_{t1}-E_{t0}=\lambda\frac{l_{AO}}{d}\frac{u^2}{2} \tag{1}$$

$$E_{t1}-E_{t3}=\left(\lambda\frac{l_{AO}+l_{OC}}{d}+\zeta_{阀}\right)\cdot\frac{u^2}{2} \tag{2}$$

式(1)、(2)中消去 u,且 $E_{t0}=E_{t2}$(支管 OB 中流速为零)得

$$\zeta_{阀}=\lambda\frac{l_{AO}}{d}\cdot\frac{E_{t1}-E_{t3}}{E_{t1}-E_{t2}}-\lambda\frac{l_{AO}+l_{OC}}{d}$$

又

$$E_{t1}-E_{t3}=(z_1g+\frac{p_0}{\rho})-(z_3g+\frac{p_0}{\rho})=(z_1-z_3)g=5\times 9.81=49.05\text{J/kg}$$

$$E_{t1}-E_{t2}=(z_1-z_2)g=(5-3)\times 9.81=2\times 9.81=19.62\text{J/kg}$$

所以
$$\zeta'_{阀}=0.02\times\frac{6}{0.027}\times\frac{49.05}{19.62}-0.02\times\frac{6+5}{0.027}=2.96$$

即当闸阀处于阻力系数为 2.96 的开度时，支管 OB 中流速为零。因为 $\zeta_{阀全开}=0.17<2.96$，因此当闸阀全开时，支管 OB 中流体流向为 B→O，即为汇合管路。

在截面 1 - 1′、3 - 3′间列机械能衡算式，得

$$E_{t1}=E_{t3}+\lambda\frac{l_{AO}}{d}\cdot\frac{u_1^2}{2}+(\lambda\frac{l_{OC}}{d}+\zeta_{阀})\frac{u_3^2}{2}$$

$$=E_{t3}+\frac{8\lambda l_{AO}}{\pi^2d^5}V_1^2+8\frac{\lambda l_{OC}/d+\zeta_{阀}}{\pi^2d^4}V_3^2=E_{t3}+B_1V_2^2+B_3V_3^2 \qquad (3)$$

同理在截面 2 - 2′、3 - 3′间列机械能衡算式，得

$$E_{t2}=E_{t3}+B_2V_2^2+B_3V_3^2 \qquad (4)$$

及质量衡算

$$V_3=V_1+V_2 \qquad (5)$$

由式(3)、(4)解出 V_1、V_2，代入式(5)得

$$V_3=\sqrt{(E_{t1}-E_{t3}-B_3V_3^2)/B_1}+\sqrt{(E_{t2}-E_{t3}-B_3V_3^2)/B_2} \qquad (6)$$

式中
$$E_{t1}=z_1g+\frac{p_0}{\rho}=5\times 9.81+0=49.05\text{J/kg}$$

$$E_{t2}=z_2g+\frac{p_0}{\rho}=3\times 9.81+0=29.43\text{J/kg}$$

$$E_{t3}=z_3g+\frac{p_0}{\rho}=0$$

$$B_1=\frac{8\lambda l_{AO}}{\pi^2d^5}=\frac{8\times 0.02\times 6}{\pi^2\times 0.027^5}=6.779\times 10^6$$

$$B_2=\frac{8\lambda l_{OB}}{\pi^2d^5}=\frac{8\times 0.02\times 3}{\pi^2\times 0.027^5}=3.389\times 10^6$$

$$B_3=\frac{8(\lambda l_{OC}/d+\zeta_{阀})}{\pi^2d^4}=\frac{8(0.02\times 5/0.027+0.17)}{\pi^2\times 0.027^4}$$
$$=5.908\times 10^6$$

代入式(6)试差得

$$V_3=2.20\times 10^{-3}\text{m}^3/\text{s}$$
$$V_1=1.73\times 10^{-3}\text{m}^3/\text{s}$$
$$V_2=4.7\times 10^{-4}\text{m}^3/\text{s}$$

2000 年试题及解答

一、填空题(共 20 分,每题 2 分)

1. 流体在管内流动时会引起机械能损失,这是由于________________、________________。

2. 离心泵在设计流量下工作时泵效率最高,这是由于________________;而大型泵的效率通常高于小型泵的,则是由于______________________________。

3. 在进行流态化操作时,床层的压降不随气速增大而增大,这是由于____。

4. 某一热流体流经一段直管后,再流入同一内径的弯管段,则弯管段的传热系数比直管段的________________,因为____。

5. 对于相同的生产能力,多效蒸发比单效蒸发操作费用__________、设备费用__________。

6. 将相对挥发度为 2.47 的某二元混合物在全回流操作的塔中进行精馏,现测得全凝器中冷凝液组成为 0.98,塔顶第二层塔板上升的气相组成为 0.969,则塔顶第一层塔板的气相默弗里板效为__________。

7. 对于难溶气体的吸收,可采取哪些措施以提高吸收速率?________________________、______________________________。

8. 恒沸精馏的原理是____。

9. 在设计或研制新型气液传质设备时,要求设备具有____________________、____________________、____________________。

10. 临界湿含量与哪些因素有关?(举其中四个因素)____________________、____________________、____________________、____________________。

填空题答案

1. 答:流体是实际流体(或流体有黏性),存在速度梯度(或有相对静止的壁面)。

2. 答:水力损失最小,大型泵容积效率较高。

3. 答:这是由于在流化床内,不管气速如何变化,颗粒与流体的相对速度不变,故流体通过床层的阻力不变。

4. 答:大,流体在弯管内流动时会因离心力而形成二次环流,加剧了湍流程度,使传热系数增大。

5. 答:少,多。

6. 答:60.4%

7. 答:提高液相流量以增大液相的湍动程度,采用化学吸收法。

8. 答:在混合液中加入第三组分,该组分与原混合液中的组分形成新的恒沸物,其沸点明显低于原溶液中的组分沸点或原恒沸物的沸点,使混合液变成"纯组分-恒沸物"组成,从而可以用一般的精馏方法分离。

9. 答:传质效率高、生产能力大、操作弹性宽、塔板压降小、结构简单。(以上答案中任选三个。)

10. 答:物料结构、形状、大小、厚度、温度,空气温度、速度、湿度、流向,有效扩散系数。(以上答案中任选四个。)

二、选择题(共 20 分,每题 2 分)

1. 如图 1 所示,高位槽 A 通过一并联管路向槽 B 输送液体,两槽液面维持恒定。输液时要求排液管 FG 上的阀门 k_1 关闭。现由于操作不慎,阀 k_1 未关严,试判断,与 k_1 关闭时相比,下列哪一结论正确。__________

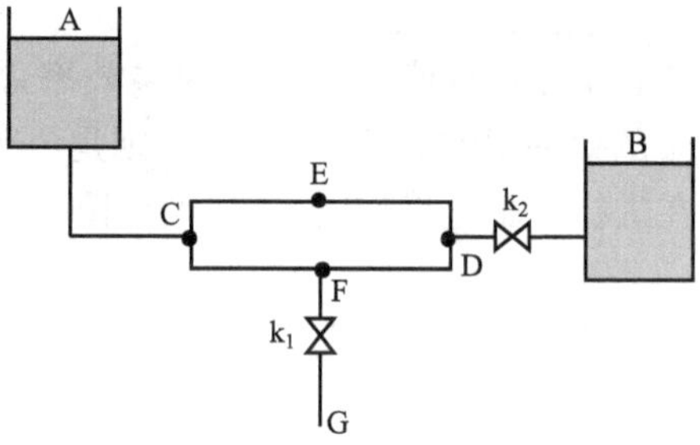

图 1

(1)D 处的压力下降,总管 AC 内流量下降
(2)E 处的压力下降,支管 CF 内流量增大
(3)C 处的压力下降,支管 CED 内流量增大
(4)E 处的压力上升,支管 CED 内流量下降

2. 随着流体流量的增大,流体通过下列哪种流量计时,其压降变化幅度最小?__________

(1)孔板流量计　(2)文丘里流量计　(3)转子流量计

3. 离心泵的安装高度与__________。
(1)泵的结构无关　(2)液体流量无关
(3)吸入管路的阻力无关　(4)被输送的流体密度有关

4. 推导过滤基本方程式的一个最基本依据是__________。
(1)滤液通过滤饼时呈湍流流动　(2)假定滤渣大小均一
(3)滤液通过滤饼时呈层流流动　(4)假设过滤介质的阻力可忽略不计

5. 如图 2 所示,冷、热两流体在套管换热器中进行换热(均无相变化)。现冷流体流量 m_2 减少,则__________。

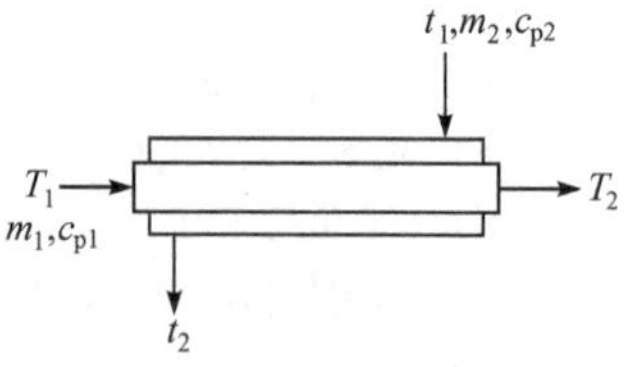

图 2

(1)总换热量 Q 减小,冷、热流体出口温度 t_2、T_2 均上升
(2)总换热量 Q 不变,冷、热流体出口温度 t_2、T_2 也不变
(3)总换热量 Q 增大,冷、热流体出口温度 t_2、T_2

均下降

(4)总传热系数 K 不变,总传热量 Q 也不变

6. 温度相差 100℃的两灰体间进行辐射传热,现因某种原因,两者的温度各下降了10℃,则此时的辐射传热量与原来的相比将__________。

(1)不变　(2)变大　(3)变小　(4)不确定

7. 在逆流操作的填料解吸塔中,若降低解吸气进塔的溶质浓度,其他操作条件不变,则__________。

(1)液相、气相出塔浓度均下降　(2)气相出塔浓度上升,回收率增大

(3)液相出塔浓度下降,回收率下降　(4)气相出塔浓度下降,回收率下降

8. 间接蒸汽加热的连续精馏塔操作时,由于某种原因,加热蒸汽压力下降了,而进料热状况、浓度及进料量不变,同时回流比 R 恒定,则馏出液浓度 x_D 及流量 D、残液浓度 x_W 及流量 W、提馏段的液气比 L'/V' 变化为__________。

(1)x_D 及 D 下降,x_W 上升,L'/V' 上升

(2)x_D 下降,x_W 及 W 上升,L'/V' 下降

(3)x_D 及 D 上升,W 下降,L'/V' 下降

(4)x_D 上升,x_W 及 W 上升,L'/V' 上升

9. 用某一萃取剂 S 对某二元混合液进行单级萃取,下述对最大萃取液浓度有影响的因素是__________。

(1)操作温度　(2)混合液的初始浓度

(3)萃取剂量　(4)萃取器结构。

10. 对于恒速干燥阶段,下列描述错误的是__________

(1)干燥速度与物料种类有关　(2)干燥速度与气体的流向有关

(3)干燥速度与气体的流速有关　(4)干燥速度与气体的性质有关

选择题答案

1. 答:(2)。 2. 答:(3)。 3. 答:(4)。 4. 答:(3)。 5. 答:(1)。 6. 答:(3)。 7. 答:(1)。 8. 答:(4)。 9. 答:(1) 10. 答:(1)。

三、分析题(10 分)

一精馏塔用以分离浓度为 x_F、量为 F 的某二元理想混合液。要求分离后塔顶馏出物浓度为 x_D、塔底釜液浓度为 x_W。原为泡点进料。现分别采取:(1)冷液进料;(2)将料液预热至汽液混合状态后再进料。试分析:

1. 对于以上二种热状况进料,能否采取调节回流比的方法达到分离要求?请写出分析过程。

2. 以上三种热状况进料所需要的能耗(包括原料预热所需的热量)哪一个最低?

假设设备热损失忽略不计。

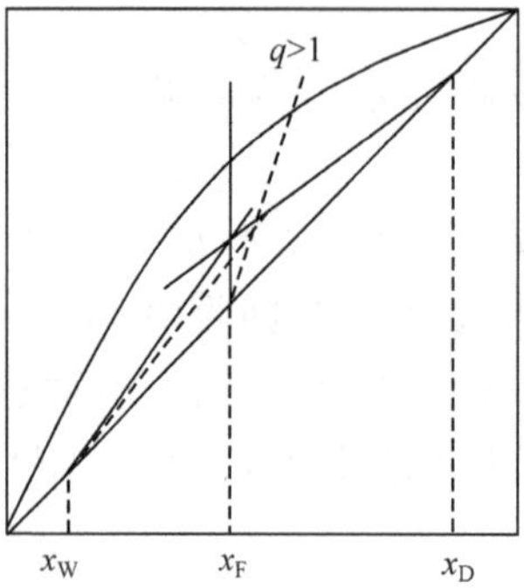

图 3

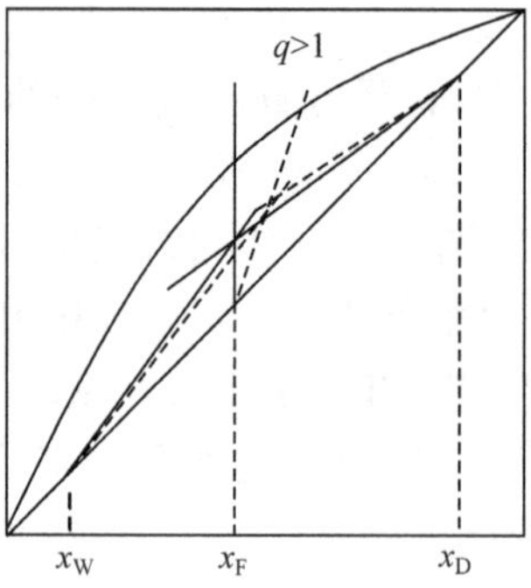

图 4

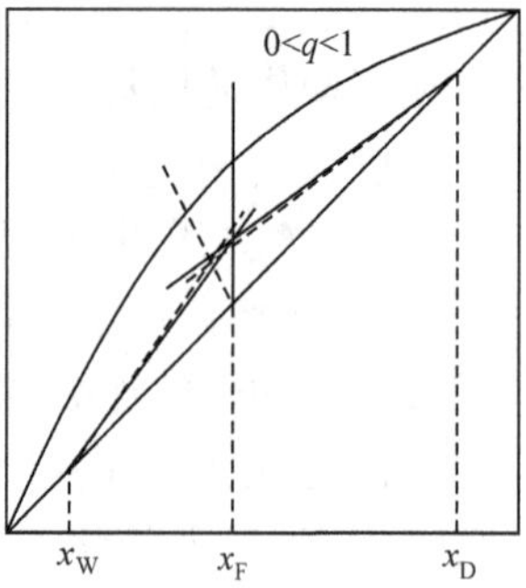

图 5

【解】 1. 设泡点进料时,平衡线与操作线如图 3 所示。此时用 N 块板达到了分离要求,回流比为 R。

现分析一下冷液进料及气液混合状态下进料时的情形。

冷液进料时,$q>1$。设 x_D,x_W,R 不变,则 q 线及操作线如图 3 虚线所示,可见达到分离要求所需的理论板数 $N_1<N$。为使在一定的板数 N 下达到分离要求,采取减小回流比至 R_1 即可,见图 4 所示。

同理,对气液混合状态($0<q<1$)进料,也可调节回流比至 R_2($R_2>R$),使得理论板数一定下,达到分离要求,见图 5 所示。

2. 能耗分析

对包括原料预热器在内的精馏塔作焓衡算,则

$$Fi_F + Q_F + Q_B = Di_D + Wi_W + Q_C \tag{1}$$

式中,i——物料焓。

即

$$\begin{aligned} Q_F + Q_B &= Q_C + Di_D + Wi_W - Fi_F \\ &= (R+1)Dr_D + Di_D + Wi_W - Fi_F \end{aligned} \tag{2}$$

式中,r——馏出液的冷凝潜热。

从题意及物料衡算可知,上式中三种进料热状况下的 D,W,F,r_D,i_D,i_W,i_F 都相同,而只有 R 值不同。又从第 1 小题的分析结论可知 $R_1<R<R_2$,可见,

$$(Q_F + Q_B)_1 < (Q_F + Q_B)_{原} < (Q_F + Q_B)_2 \tag{3}$$

即冷液进料时,总能耗最低。

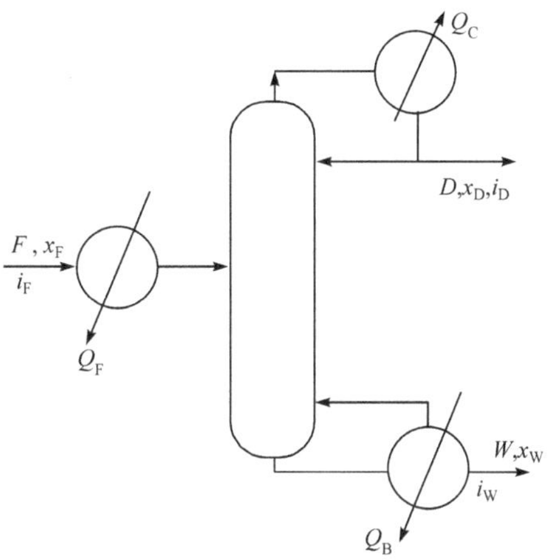

图 5 精馏塔焓衡算图

四、计算题(共 50 分)

1. (15 分)如图 6 所示,常温水由高位槽经一ϕ89mm×3.5mm 的钢管流向低位槽,两槽液位恒定。管路中装有孔板流量计和一个截止阀。已知直管与局部阻力的当量长度(不包括截止阀)总和为 60m。截止阀在某一开度时其局部阻力系数为 7.5,此时读数 R_1=185mmHg 柱。试求:

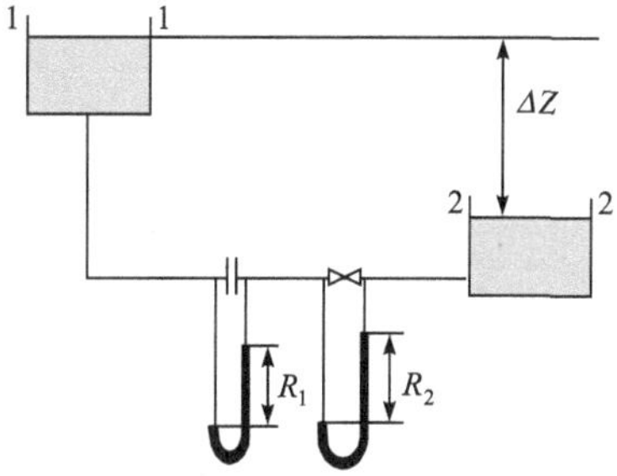

图 6

(1)此时管路中的流量及两槽液面的位差 ΔZ;

(2)此时阀门前后的压强差及汞柱压差计的读数 R_2;

(3)若将阀门关小,使流速减为原来的 0.9 倍,则读数 R_1 为多少毫米汞柱?截止阀的阻力系数变为多少?

已知孔板流量计的流量与压差关系式为 $V=3.32\times10^{-3}\sqrt{\dfrac{\Delta p}{\rho}}$,式中,$\rho$ 为流体密度,单位为kg/m³;Δp 为孔板两侧压差,单位为 Pa;V 为流量,单位为m³/s。流体在管内呈湍流流动,管路摩擦因数 $\lambda=0.026$。汞的密度为13600kg/m³。

【解】(1)在截面 1-1、2-2 间列机械能衡算式,有

$$\Delta Zg = W_f = \left(\lambda\frac{l+l_e}{d}+\zeta_{阀}\right)\frac{u^2}{2} \tag{1}$$

又由题意可知,孔板流量计两侧的压差为

$$\Delta p = R_1(\rho_0 - \rho)g$$
$$=0.185 \times (13.6 - 1) \times 10^3 \times 9.81 = 2.29 \times 10^4 \text{Pa} \tag{2}$$

所以,管内流量为

$$V = 3.32 \times 10^{-3} \sqrt{\frac{\Delta p}{\rho}}$$
$$=3.32 \times 10^{-3} \sqrt{\frac{2.29 \times 10^4}{10^3}} = 1.59 \times 10^{-2} \text{m}^3/\text{s} \tag{3}$$

管内流速为

$$u = \frac{V}{\frac{1}{4}\pi d^2} = \frac{1.59 \times 10^{-2}}{\frac{1}{4}\pi \times 0.082^2} = 3.0 \text{m/s} \tag{4}$$

将 u 代入式(1),得

$$\Delta Z = \left(0.026 \times \frac{60}{0.082} + 7.5\right) \times \frac{3^2}{2 \times 9.81} = 12.2 \text{m}$$

(2)在阀前后列机械能衡算式,得流体通过阀门的压强差为

$$\Delta p_{阀} = \zeta_{阀} \frac{u^2}{2}\rho = 7.5 \times \frac{3^2}{2} \times 10^3 = 3.4 \times 10^4 \text{Pa}$$

运用静力学方程,可得汞柱压差计的读数为

$$R_2 = \frac{\Delta p_{阀}}{(\rho_0 - \rho)g} = \frac{3.4 \times 10^4}{(13.6 - 1) \times 10^3 \times 9.81} = 0.273 \text{m} = 273 \text{mmHg}$$

(3)当流速减为原来的 0.9 倍时,则

$$\frac{u'}{u} = \frac{V'}{V} = \sqrt{\frac{\Delta p'}{\Delta p}} = \sqrt{\frac{R_1'}{R_1}}$$

得 $$R_1' = 0.9^2 R_1 = 0.81 \times 185 = 150 \text{mmHg}$$

再由式(1),得

$$\Delta Z g = \left(\lambda \frac{l + l_e}{d} + \zeta_{阀}'\right) \frac{u'^2}{2}$$

$$\zeta_{阀}' = \frac{2\Delta Z g}{u'^2} - \lambda \frac{l + l_e}{d}$$
$$= \frac{2 \times 12.2 \times 9.81}{(0.9 \times 3)^2} - 0.026 \times \frac{60}{0.082} = 13.8$$

2. (13 分)某厂采用一套管式换热器冷凝 2000kg/h 甲苯蒸气,冷凝温度为 110℃,甲苯的气化潜热为 363kJ/kg,其冷凝传热系数为 5600W/m² · ℃。冷却水于 20℃及 5000kg/h 的流量进入套管内管(内管尺寸为 ϕ57mm×3.5mm)。水的

物性可取为：密度为 995kg/ m³；比热容为 4.174kJ/(kg · K)；导热系数为 0.62W/(m·K)；黏度为 8×10^{-4} Pa · s。忽略壁及垢层的热阻，且不计热损失。求：

(1)冷却水的出口温度及套管管长；

(2)由于气候变热，冷却水进口温度升为 30℃，在水流量不变情况下，该冷凝器能冷凝多少苯蒸气。

【解】(1)由热量衡算可求出冷却水出口温度 t_2。

热量衡算式为

$$Q_{吸} = Q_{放}$$

代入已知量，得

$$2000 \times 363 = 5000 \times 4.174 \times (t_2 - 20)$$

得
$$t_2 = 54.8℃$$

由传热速率方程计算套管管长

$$Pr = \frac{c_p\mu}{\lambda} = \frac{4.174 \times 10^3 \times 8 \times 10^{-4}}{0.62} = 5.39 \qquad (在\ 0.6 \sim 160\ 范围内)$$

$$Re = \frac{du\rho}{\mu} = \frac{d \cdot \left(\frac{4m_2}{\pi d^2}\right)}{\mu}$$

$$= \frac{4 \times 5000}{8 \times 10^{-4}\pi \times 0.05 \times 3600} = 4.42 \times 10^4 \qquad (> 10^4，为湍流)$$

设套管足够长，可由下式求水侧的传热系数 α_i：

$$\alpha_i = 0.023\frac{\lambda}{d}Re^{0.8}Pr^{0.4} \qquad (水被加热，n\ 取\ 0.4)$$

$$= 0.023 \times \frac{0.62}{0.05} \times (4.42 \times 10^4)^{0.8} \times (5.39)^{0.4}$$

$$= 2912 \text{W/(m}^2 \cdot \text{K)}$$

$$\frac{1}{K} = \frac{1}{\alpha_o} + \frac{1}{\alpha_i}\frac{d_o}{d_i} = \frac{1}{5600} + \frac{1}{2912} \times \frac{57}{50} = 5.7 \times 10^{-4} \text{m}^2 \cdot \text{K/W}$$

$$K = 1754.2 \text{W/(m}^2 \cdot \text{K)}$$

$$\Delta t_m = \frac{\Delta t_1 - \Delta t_2}{\ln\frac{\Delta t_1}{\Delta t_2}} = \frac{(110-20)-(110-54.8)}{\ln\frac{110-20}{110-54.8}} = 71.2℃$$

$$A = \pi dL = 0.1571L$$

将上述各量代入传热速率方程：

$$Q = KA\Delta t_m$$

得
$$L = \frac{2000 \times 363 \times 10^3/3600}{1754.2 \times 0.1571 \times 71.2} = 10.3\text{m}$$

校核：
$$\frac{L}{d}=\frac{10.3}{0.05}=206>50$$

可见，上述计算结果有效。

(2)根据题意，可认为总传热系数 K 不变，则由

$$Q_{吸}=Q_{传}$$

$$\frac{5000}{3600}\times 4.174\times 10^3\times(t_2'-30)=1754.2\times 0.1571\times 10.3\times\frac{t_2'-30}{\ln\dfrac{110-30}{110-t_2'}}$$

得
$$t_2'=64.2℃$$

故此时换热器的冷凝量为

$$m_1=\frac{5000\times 4.174\times(64.2-30)}{363}=1967\text{kg/h}$$

3. (10分)在填料层高度为4m的常压逆流吸收塔内，用清水吸收空气中的氨。已知入塔空气中含氨5%(体积分率)，塔顶空气中含氨0.5%(体积分率)，实际液气比为0.98，又已知在该塔操作条件下，氨水系统的平衡关系为 $y=mx$(式中，m 为常数，x、y 分别为液、气相中氨的摩尔分率)，且测得与含氨1.77%(体积分数)的混合气体充分接触后的水中氨浓度为18.89g/1000g水。

(1)求该填料塔的气相总传质单元高度(单位为m)；

(2)现水温上升，其他操作条件不变，试分析气、液相出塔浓度如何变化？

【解】(1)按题意，此题属于低浓度气体吸收。

当 $y=0.0177$ 时，与其平衡的液相浓度为

$$x=\frac{18.89/17}{\dfrac{18.89}{17}+\dfrac{1000}{18}}=0.0196$$

所以平衡常数为

$$m=\frac{y}{x}=\frac{0.0177}{0.0196}=0.903$$

$$S=\frac{mG}{L}=\frac{0.903}{0.98}=0.921$$

$$N_{OG}=\frac{1}{1-S}\ln\left[(1-S)\frac{y_b-mx_a}{y_a-mx_a}+S\right]$$
$$=\frac{1}{1-0.921}\times\ln\left[(1-0.921)\times\frac{0.05}{0.005}+0.921\right]$$
$$=6.8$$

所以气相总传质单元高度为

$$H_{OG}=\frac{h}{N_{OG}}=\frac{4}{6.8}=0.59\text{m}$$

(2)水温上升时,m 增大。由于气、液流量不变,故 $S(=mG/L)$ 增加;又 H_{OG}基本不变,故 N_{OG}也不变,从而$(y_b-mx_a)/(y_a-mx_a)$下降,使得 y_a 增大。再根据物料衡算

$$x_b = x_a + G(y_b - y_a)/L$$

可知,x_b 下降。即水温上升时,y_a 增大,x_b 下降。

4. (12 分)某湿物料用热空气进行干燥。已知空气的初始温度为 16℃,初始湿含量为 0.005kg 水/kg 干空气,现将空气预热至 100℃后进入干燥室,从干燥室出来的空气温度为 60℃。湿物料进干燥室前温度为 20℃,湿基湿含量为 5%,出干燥室的温度为 60℃,湿基湿含量为 0.3%;干燥后的产品量为 1000kg/h,其比热容为 1.25kJ/(kg·K)。干燥室内无补充热量,设备热损失估计为外加总热量的 5%。试求:

(1)干空气用量(单位为 kg/h);

(2)预热器内所加入的热量(单位为 kJ/h)。

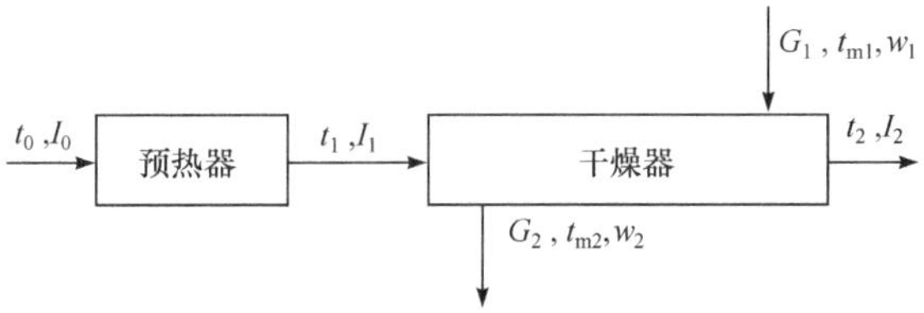

图 7　干燥过程示意图

【解】(1)干空气用量计算,先对干燥器作热量衡算,见图 7,则

$$q = q_P = \frac{I_1 - I_0}{H_2 - H_0} = \frac{I_2 - I_0}{H_2 - H_0} + 5\% q_P + q_M - c_l t_{m1}$$

即
$$0.95 \cdot \frac{I_1 - I_0}{H_2 - H_0} = \frac{I_2 - I_0}{H_2 - H_0} + \frac{G_2 c_{m2}(t_{m2} - t_{m1})}{W} - c_l t_{m1} \tag{1}$$

由题意知

$$\begin{aligned} I_0 &= (1.01 + 1.88H_0)t_0 + 2492H_0 \\ &= (1.01 + 1.88 \times 0.005) \times 16 + 2492 \times 0.005 \\ &= 28.8\text{kJ/kg 干空气} \\ I_1 &= (1.01 + 1.88H_0)t_1 + 2492H_0 \\ &= (1.01 + 1.88 \times 0.005) \times 100 + 2492 \times 0.005 \\ &= 114.4\text{kJ/kg 干空气} \\ I_2 &= (1.01 + 1.88H_2)t_2 + 2492H_2 \\ &= (1.01 + 1.88H_2) \times 60 + 2492H_2 \\ &= 2604.8H_2 + 60.6 \end{aligned}$$

$$G_2 = 1000\text{kg/h},\ c_{m2} = 1.25\text{kJ/(kg·K)},\ t_{m1} = 20℃,\ t_{m2} = 60℃,$$
$$c_l = 4.187\text{kJ/(kg·K)}$$

$$W = G_2 \frac{w_1 - w_2}{1 - w_1} = 1000 \times \frac{0.05 - 0.003}{1 - 0.003} = 47.14\text{kg/h}$$

代入式(1),得

$$H_2 = 0.0152\text{kg 水/kg 干空气}$$

干空气用量

$$L = \frac{W}{H_2 - H_0} = \frac{47.14}{0.0152 - 0.005} = 4626.9\text{kg 干空气/h}$$

(2)预热器中加入的热量

$$Q_P = L(I_1 - I_0) = 110\text{kW} = 3.96 \times 10^5\text{kJ/h}$$

2001 年试题及解答

一、填空题(9 分,每空 1 分)

1. 测流体流量时,随着流体流量的增大,转子流量计两端压差值_________;孔板流量计两端压差值_________。
2. 因次分析法的目的在于____。
3. 在化工过程中,流动边界层分离的弊端主要是__________________________;而其可能的好处则主要表现在______________________________。
4. 为提高蒸发操作中蒸气的利用率,可采用___________________________、__________________________等的方案。
5. 对热空气掠过某湿物料层表面所进行的干燥过程,若空气流速、温度不变,湿度增加,则恒速阶段干燥速率 U_c __________;物料的临界含水量 X_c __________。

填空题答案

1. 答:不变;增大。
2. 答:以无因次数群代替变量使实验关联工作简化、可靠。
3. 答:增大阻力损失;促进传热与传质。
4. 答:多效蒸发;额外蒸汽的引出(冷凝水自蒸发的利用、热泵蒸发等)。
5. 答:下降;下降。

二、选择题(每题 2 分,共 16 分)

1. 如右图,流体在倾斜变径管中流动,则 U 型压差计上读数 R 的大小反映__________。

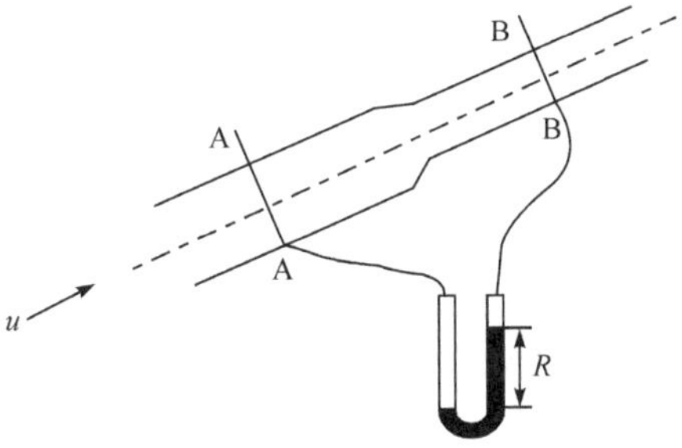

   (A)A、B 两截面间的动能变化和位能变化之和
   (B)A、B 两截面间的流动阻力损失和动能变化之和
   (C)A、B 两截面间的压差值
   (D)A、B 两截面间的流动阻力损失

2. 拟采用一个降尘室和一个旋风分离器来除去某含尘气体中的灰尘,则较适合的安排是＿＿＿＿＿。
(A)降尘室放在旋风分离器之前　(B)降尘室放在旋风分离器之后
(C)降尘室与旋风分离器并联　(D)方案(A)、(B)均可
3. 对板框压滤机和叶滤机的恒压过滤操作,若洗涤压力与过滤压力相同,洗液的黏度与滤液的黏度相等,则它们相应的洗涤速率与最终过滤速率的比值分别为＿＿＿＿＿。
(A)0.25 和 1　(B)1 和 0.25　(C)1 和 1　(D)0.5 和 0.5
4. 穿过三层平壁的稳定导热过程,已知各层温差为 $\Delta t_1=40℃$,$\Delta t_2=35℃$,$\Delta t_3=5℃$,则第一层的热阻 R_1 与第二、三层热阻 R_2、R_3 的关系为＿＿＿＿＿。
(A)$R_1>(R_2+R_3)$　(B)$R_1=(R_2+R_3)$
(C)$R_1<(R_2+R_3)$　(D)无法比较
5. 有一套管换热器,在内管中空气从 20℃被加热到 50℃,环隙内有 120℃的水蒸气冷凝,则内管壁的温度接近＿＿＿＿＿℃。
(A)35　(B)77.5　(C)120　(D)100
6. 沸腾传热过程中,增大过热度,其沸腾对流传热系数＿＿＿＿＿。
(A)增大　(B)减小
(C)不变　(D)可能增大,也可能减小
7. 设计筛板塔时,若改变某一结构参数,会引起负荷性能图的变化。下面叙述中正确的一组是＿＿＿＿＿。
(A)板间距降低,使雾沫夹带线上移　(B)板间距降低,使液泛线上移
(C)塔径增大,使液泛线下移　(D)降液管面积增加,使雾沫夹带线下移
8. 有一个多级错流萃取过程,用纯溶剂 S 对某混合液 A+B 进行萃取,已知 B 与 S 完全不互溶。现保持进料中 B 量及萃取剂量 S 不变,但进料组成 x_F 增加(这里的组成专指 A 在混合液中的含量,下同),则＿＿＿＿＿。
(A)萃取相组成增大,萃余相组成下降　(B)萃取相组成下降,萃余相组成增大
(C)萃取相组成增大,萃余相组成增大　(D)萃取相组成下降,萃余相组成下降

选择题答案

1. 答:B。 2. 答:A。 3. 答:A。 4. 答:B。 5. 答:C。 6. 答:D。 7. 答:D。 8. 答:C。

三、分析题(10 分)

如下图,用长 L、直径 d_1 的管 1 和长 L、直径 d_2 的管 2 串联($d_1>d_2$),将容器 A 中的液体送到容器 B 内。已知容器 A、B 液面上方的表压分别为 p_1、p_2($p_1>p_2$),两容器间的液位差和管路中所有局部阻力损失可忽略不计。现由于生产急

需,拟采用库存的一长 L、直径 d_2 的管 3 来增大管路的输送能力。有人提出在管 1 上并联管 3,另有人提出应在管 2 上并联管 3。试分析比较上述两种方案的流量大小(或给出证明)。假设管内流动均为湍流,且所有摩擦因数可近似认为是一常数 λ。

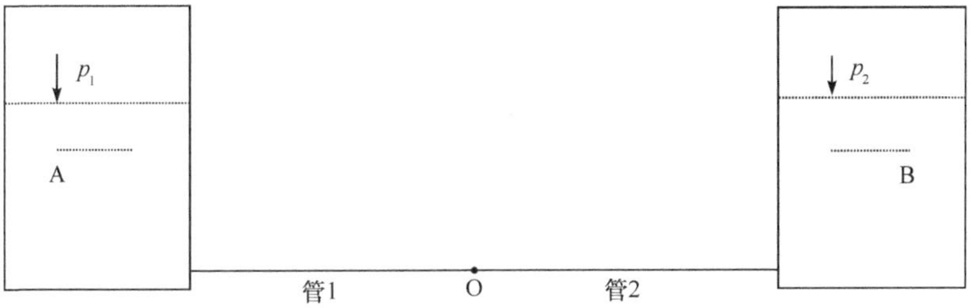

【解】由于管 2 的阻力比较大,故将管 3 并联在管 2 上时整个管路总阻力下降较大,此时流量增幅也较大。

四、计算题(共 65 分)

1. (10 分)在一管路系统中,用一台离心泵将密度为 1000kg/m^3 的清水从敞口地面水池输送到高位密封储槽(其表压为 $9.81\times10^4\text{Pa}$),两端液面的位差 $\Delta z=10\text{m}$,管路总长 $L=50\text{m}$(包括所有局部阻力的当量长度),管内径均为 40mm,摩擦因数 $\lambda=0.02$。试求:

(1)该管路的特性曲线方程;

(2)若离心泵的特性曲线方程为 $H=40-222Q^2$(式中,H 为压头,单位为 m;Q 为流量,单位为 m^3/min),求该管路的输送量(单位为 m^3/min)。

【解】(1)
$$h_e=\Delta z+\frac{\Delta p}{\rho g}+\frac{\Delta u^2}{2g}+\frac{8}{\pi^2 g}\cdot\lambda\cdot\frac{l+\sum l_e}{d^5}Q^2$$
$$=10+\frac{9.81\times10^4}{1000\times9.81}+0+\frac{8}{\pi^2\times9.81}\times0.02\times\frac{50}{0.04^5}Q^2$$
$$=20+807722Q^2$$

注意此时 Q 的单位是 m^3/s,若换成 m^3/min,则

$$h_e=20+807722\left(\frac{Q'}{60}\right)^2=20+224.4Q'^2$$

(2) $h_e=\text{H}$

$20+224.4Q'^2=40-222Q'^2$

$Q'=0.212\text{m}^3/\text{min}$

2. (10 分)一列管式换热器,传热面积为 12m^2。拟用流量为 3200kg/h 的水[比热容 $c_p=4.18\text{kJ/(kg}\cdot\text{K)}$]逆流冷却流量为 7500kg/h、初温为 95℃的油[比热容

$c_p=2.1\text{kJ/(kg·K)}$],水的进口温度存在波动,为 15±4℃。现要求油的出口温度低于 67℃,问此换热器是否能满足要求?已知总传热系数为 250W/(m²·K)。

【解】对给定的换热面积,由于进口水温下降,将使油的出口温度下降,故只需考虑最高进口水温时(即 19℃),该换热器是否能满足要求即可。

所需换热量

$$Q=m_1c_{p1}(T_1-T_2)=\frac{7500}{3600}\times 2.1\times(95-67)=122.5\text{kW}$$

$$Q=m_2c_{p2}(t_2-t_1)$$

其中,T_1、T_2 分别为热流体的进、出口温度;t_1、t_2 分别为冷流体的进、出口温度。

$$122.5=\frac{3200}{3600}\times 4.18(t_2-19)$$

$$t_2=52℃$$

$$\Delta t_m=\frac{(67-19)-(95-52)}{\ln\dfrac{(67-19)}{(95-52)}}=45.5℃$$

所需换热面积

$$A=\frac{Q}{K\Delta t_m}=\frac{122.5\times 10^3}{250\times 45.5}=10.8\text{m}^2<12\text{m}^2$$

所以,该换热器能满足要求。

3. (20 分)在一具有 N 块理论板的精馏塔中分离苯-甲苯混合液。进料量 $F=100\text{kmol/h}$,进料中苯的摩尔分率 $x_F=0.45$,泡点进料 $q=1$,加料板为第四块理论板(从上往下数),塔釜上升蒸气量 $V'=140\text{kmol/h}$,回流比 $R=2.11$。已测得塔顶出料中苯的摩尔分率为 $x_D=0.901$。试求:

(1)精馏段、提馏段的操作线方程;

(2)离开第 1~4 块理论板的苯的液相组成;

(3)此时加料位置是否合适?

(4)若加料板下移一块理论板,其余(F、x_F、q、V'、R)不变,则 x_D 将如何变化?已知苯-甲苯体系的相对挥发度 $\alpha=2.47$。

【解】(1)精馏段操作线方程为

$$y=\frac{R}{R+1}x+\frac{x_D}{R+1}=\frac{2.11}{2.11+1}x+\frac{0.901}{3.11}=0.6784x+0.2897$$

$$D=\frac{V}{R+1}=\frac{V'+(1-q)F}{R+1}=\frac{140+0}{3.11}=45\text{kmol/h}$$

$$W=F-D=100-45=55\text{kmol/h}$$

$$L' = V' + W = 140 + 55 = 195\text{kmol/h}$$

$$x_W = \frac{Fx_F - Dx_D}{W} = \frac{100 \times 0.45 - 45 \times 0.901}{55} = 0.081$$

提馏段操作线方程为

$$y = \frac{L'}{V'}x - \frac{wx_W}{V'} = \frac{195}{140}x - \frac{55 \times 0.081}{140} = 1.393x - 0.03182$$

(2)第 4 块板加料,因此求 y_2、y_3、y_4 用精馏段操作线方程,求 y_5 才用提馏段操作线方程。

平衡线为

$$y = \frac{\alpha x}{1 + (\alpha - 1)x} \quad 或 \quad x = \frac{y}{\alpha - (\alpha - 1)y}$$

$$x_1 = \frac{y_1}{\alpha - (\alpha - 1)y_1} = \frac{0.901}{2.47 - 1.47 \times 0.901} = 0.7865$$

$$y_2 = 0.6784x_1 + 0.2897 = 0.6784 \times 0.7865 + 0.2897 = 0.8233$$

$$x_2 = \frac{y_2}{\alpha - (\alpha - 1)y_2} = \frac{0.8233}{2.47 - 1.47 \times 0.8233} = 0.6535$$

$$y_3 = 0.6784 \times 0.6535 + 0.2897 = 0.733$$

$$x_3 = \frac{0.733}{2.47 - 1.47 \times 0.733} = 0.5264$$

$$y_4 = 0.6784 \times 0.5264 + 0.2897 = 0.6468$$

$$x_4 = \frac{0.6468}{2.47 - 1.47 \times 0.6468} = 0.4257$$

(3)由于 $q=1$,因此进料线与精馏段操作线的交点 d 的横坐标 $x_d = x_F = 0.45$。因为 $x_3 = 0.5264$,$x_4 = 0.4257$,所以 $x_4 < x_d < x_3$。从而第 4 板块加料位置最好。合适。

(4)偏离最佳加料位置,而 F、x_F、q、V'、R 不变,使全塔分离能力下降,即 $x_D \downarrow$,$x_W \uparrow$。

4. (10 分)有一连续干燥器在常压下操作,生产能力为 1000kg/h(以干燥产品计),物料水分由 12%降为 3%(均为湿基),空气的初温为 25℃,湿度为 0.01kg/kg,经预热器后升温至 70℃,干燥器出口废气为 45℃,设空气在干燥器进出口处焓值相等。问:

(1)在 H-t 图上的空气状态图如何?

(2)空气用量(单位为 m^3/h,初始状态下)为多少?

【解】(1)

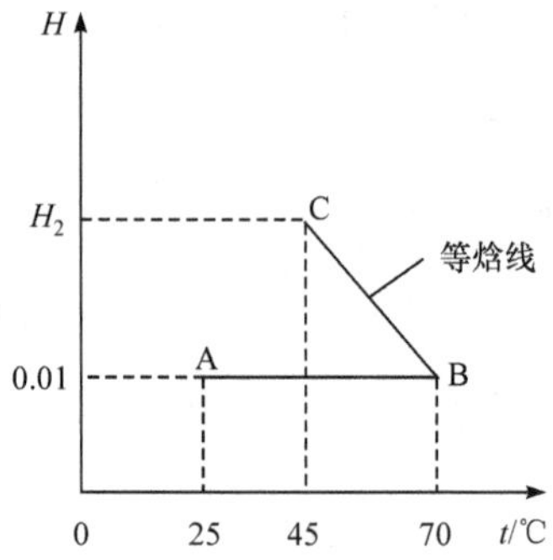

(2) $I_B = I_C$

$$(1.01 + 1.88 \times 0.01) \times 70 + 2492 \times 0.01$$
$$= (1.01 + 1.88H_2) \times 45 + 2492H_2$$
$$H_2 = 0.02\text{kg/kg}$$

除去水分量

$$W = G_2 \frac{w_1 - w_2}{1 - w_1} = 1000 \times \frac{0.12 - 0.03}{1 - 0.12} = 102.3\text{kg/h}$$

$$L_{干} = \frac{W}{H_2 - H_0} = \frac{102.3}{0.02 - 0.01} = 10230\text{kg/h}$$

初始空气的湿比容

$$\nu_H = (0.773 + 1.244 \times 0.01) \times \frac{273 + 25}{273} = 0.857\text{m}^3/\text{kg 干空气}$$

故空气用量为

$$L_{干}\ \nu_H = 10230 \times 0.857 = 8770\text{m}^3/\text{h}$$

5. (15 分)如下图,拟用两个一样的填料塔(塔径、填料高度均相同)来吸收混合气体中的可溶组分(溶质)。混合气含溶质 5%(体积分数),以 0.022kmol/(m² · s)流速进入塔 1 的底部,要求溶质的吸收率为 99%,吸收剂为清水,总量(2L)为 1.81 kmol/(m² · s),并分成相同的两股分别进入塔 1、2。已知操作条件下的平衡关系为 $y=35x$,气相体积总传质系数 $K_ya=0.0252$ kmol/(m³ · s)。

(1)试证明离开第 1 塔的气相组成 y_c 满足关系 $y_c=\sqrt{y_a y_b}$;

(2)试求塔 1(或塔 2)所需的填料层高度。

【解】(1)因为通过塔 1、2 的 L、G 相同,且两塔 h 一样,所以每个塔的 H_{OG}、N_{OG}、S 均相同。

$$(N_{OG})_1 = (N_{OG})_2$$

$$\frac{1}{1-S_1}\ln\left[(1-S_1)\frac{y_b - mx_a}{y_c - mx_a} + S_1\right] = \frac{1}{1-S_2}\ln\left[(1-S_2)\frac{y_c - mx_a}{y_a - mx_a} + S_2\right]$$

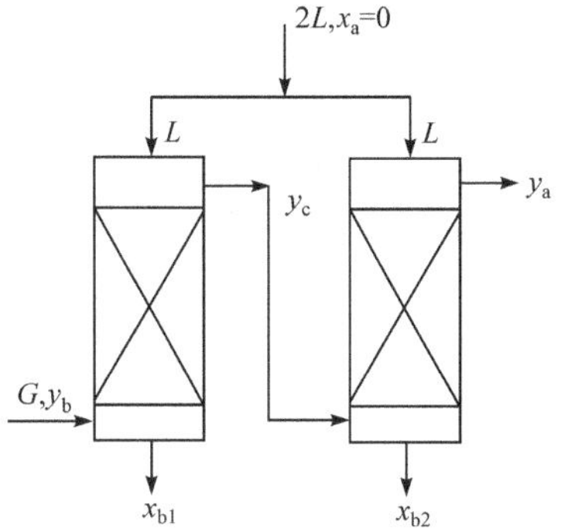

因为 $$S_1 = S_2$$

所以 $$\frac{y_b - mx_a}{y_c - mx_a} = \frac{y_c - mx_a}{y_a - mx_a}$$

因为 $$x_a = 0$$

所以 $$y_c = \sqrt{y_a y_b}$$

(2) $y_b = 0.05, x_a = 0$

$$y_a = (1-\eta)y_b = (1-0.99)\times 0.05 = 0.0005$$

$$y_c = \sqrt{y_a y_b} = \sqrt{0.0005\times 0.05} = 0.005$$

$$S_1 = \frac{mG}{L} = \frac{35\times 0.022}{1.81/2} = 0.8508$$

$$(N_{OG})_1 = \frac{1}{1-0.8508}\ln\left[(1-0.8508)\times\frac{0.05}{0.005} + 0.8508\right] = 5.705$$

$$(N_{OG})_1 = \frac{G}{K_y a} = \frac{0.022}{0.0252} = 0.873\text{m}$$

所以 $h_1 = 5.705\times 0.873 = 5\text{m}$

2002 年试题及解答

一、填空题(15 分,每空 1 分)

1. 有一液膜沿一无限宽倾斜平板下流,设液膜厚为 δ,则液膜流动的水力当量直径为__________。
2. 阻力平方区是指______________________________;产生阻力平方区的原因是______________________________。
3. 泵的机械能损耗包括______________________________。
4. 某降尘室有三层隔板(板厚不计),设气流均布并为层流流动,颗粒沉降处于斯托克斯区。已知理论上能 100%除去的颗粒粒径为 60μm,则能 90%除去的颗粒粒径为__________ μm。
5. 在操作压力相同下,当滤液黏度与洗涤液黏度相同时,叶滤机洗涤速率 $\left(\frac{\mathrm{d}V}{\mathrm{d}\tau}\right)_{\mathrm{w}}$ 与最终过滤速率 $\left(\frac{\mathrm{d}V}{\mathrm{d}\tau}\right)_{\mathrm{e}}$ 的比值为__________。
6. 对流传热过程中,在其他条件相同下,短管的传热膜系数比长管的传热膜系数__________;原因是______________________________。
7. 涡流扩散系数与扩散系数的本质区别在于____。
8 . 对于溶解度系数很低的气体吸收,可采取哪些措施以提高吸收速率?(举一措施)______________________________。
9. 精馏塔设计时采用的参数 F、x_{F}、q、D、x_{D}、R 均为定值,若降低塔顶回流液的温度,则所需理论板数将__________。
10. 若用双膜理论描述,则萃取操作的传质过程为____。
11. 从塔板水力学性能的角度来看,引起塔板效率下降的原因为____(举三条)。
12. 降低废气出口温度可以提高干燥器的热效率,但废气出口温度不能过低,否则在随后的分离设备及管道中会出现____的现象。
13. 在测量湿球温度时,空气速度需大于 5m/s,这是为了____。

填空题答案

1. 答:4δ。
2. 答:管内阻力损失与流速平方成正比的流动区域;原因是流体质点与粗糙管壁上凸出的地方直接碰撞产生的惯性阻力损失占压倒地位。
3. 答:容积损失,水力损失,机械损失。
4. 答:56.9μm。
5. 答:1。
6. 答:大;管的入口处扰动较大。
7. 答:扩散系数是系统性质(或物性);而涡流扩散系数随流动状况及位置等条件而变。
8. 答:化学吸收或加大液体流量。
9. 答:减小。
10. 答:溶质由萃余相主体传至萃余相侧液膜,再传至液液相界面,然后通过萃取相侧液膜传至萃取相主体。
11. 答:过量雾沫夹带,严重漏液,气、液流分布不均匀。
12. 答:析出水分,产品返潮,甚至堵塞设备或管道。
13. 答:减少辐射和热传导的影响,使测量结果较为精确。

二、选择题(14 分,每题 2 分)

1. 如图 1 所示,高位槽 A 通过一分支管路向槽 B 和槽 C 输送液体,三槽液面维持恒定。现将阀 k 关小,试分析判断压力表 p 的读数变化__________。
   (1)变大　　(2)变小　　(3)不变　　(4)不确定

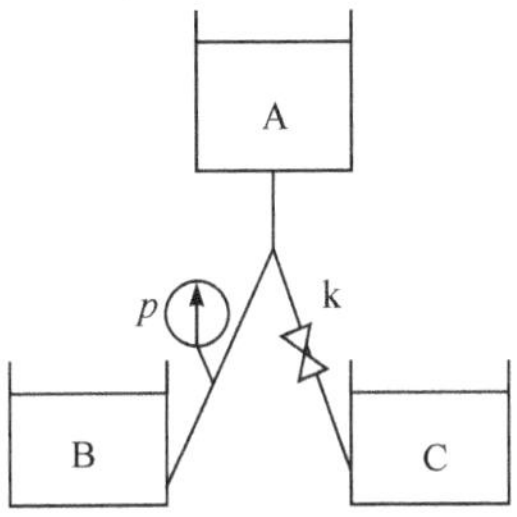

图 1

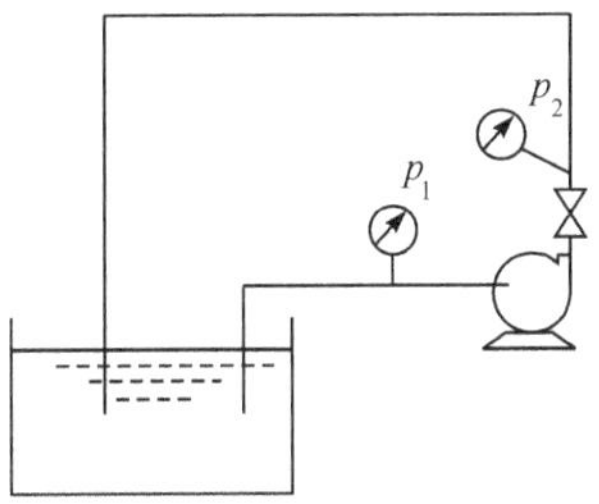

图 2

2. 图 2 为离心泵性能测定装置示意图。若水槽液面适量下降,则________________。
   (1)流量增加,扬程减小
   (2)流量减小,扬程增加
   (3)流量和扬程都不变,p_1 和 p_2(均为绝压)增加
   (4)流量和扬程都不变,p_1 和 p_2(均为绝压)减小
3. 冷热流体在换热器中进行无相变逆流传热,换热器用久后形成垢层,在同样的

操作条件下，与无垢层相比，结垢后的换热器的 K ________，Δt_m ________。

(1)变大　　(2)变小　　(3)不变　　(4)不确定

4. 为了提高蒸发器的生产强度，主要应设法________。

(1)采用多效蒸发　　(2)采用额外蒸气引出

(3)加大蒸发器的有效温度差　　(4)增加传热面积

5. 在逆流操作的填料解吸塔中，若降低解吸气进塔的溶质浓度，其他操作条件不变，则________________。

(1)液相、气相出塔浓度均下降

(2)气相出塔浓度上升，回收率增大

(3)液相出塔浓度下降，回收率下降

(4)气相出塔浓度下降，回收率下降

6. 某真空操作精馏塔，因故真空度减小，若仍保持 F、x_F、q、R、V' 不变，则塔底残液 x_W 的变化为________。

(1)变大　　(2)变小　　(3)不变　　(4)不确定

7. 测得某空气-水系统，空气的相对湿度为 98%，则该空气的干球温度 t，湿球温度 t_w，绝热饱和温度 t_{as} 及露点温度 t_d 之间的关系为________。

(1)$t=t_w=t_{as}=t_d$　　(2)$t>t_w=t_{as}>t_d$

(3)$t>t_w>t_{as}>t_d$　　(4)$t=t_w>t_{as}>t_d$

选择题答案

1. 答:(1)。　2. 答:(4)。　3. 答:(2),(1)。　4. 答:(3)。　5. 答:(1)。　6. 答:(1)。　7. 答:(2)

三、分析题(10 分)

1. (5 分)图 3 所示的不同型号组成的串联泵组，当将管路出口阀门逐渐开大使管路特性曲线处在 O 点以下时，试分析会发生什么现象？

【解】 对图 3 的串联泵组，当阀门开大使管路特性曲线处在 O 点以下区域时，泵 2 不但没有向流体提供能量，还将消耗部分流体能量。若泵 2 作为串联泵组的第一级而安装在泵 1 的前面则会增大泵 1 的吸入管阻力，严重时可能导致泵 1 产生汽蚀。

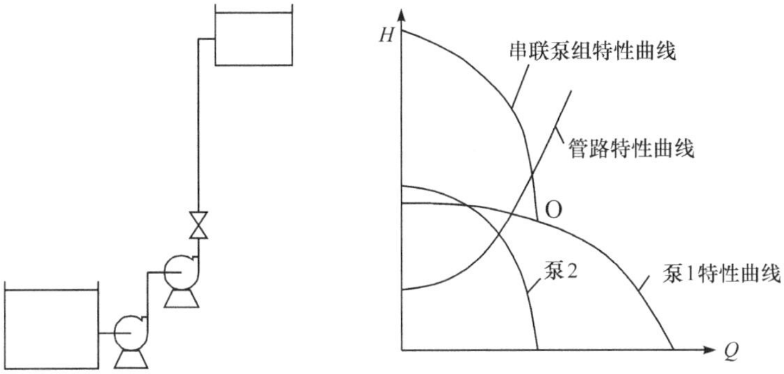

图 3

2. (5 分)图 4 所示的不同型号组成的并联泵组,当将管路出口阀门逐渐关小使管路特性曲线处在 O 点以上时,试分析泵 2 内的流体流动将会发生什么现象?

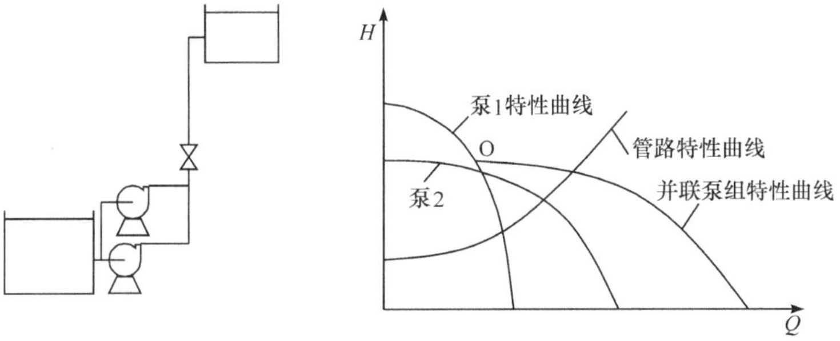

图 4

【解】对图 4 的并联泵组,当阀门关小使管路特性曲线处在 O 点以上区域时,流体将倒流入泵 2,严重时将使泵 2 的电机烧毁。

四、计算题(61 分)

1. (13 分)如图 5 所示离心泵输水管路,吸入管长 3m,泵出口至 O 点管长及 O′点至管出口管长各为 15m(均包括全部局部阻力的当量长度),管径均为 50mm。泵出口处至水池水面的垂直距离为 1m。设备 A 和设备 B 的阻力损失可表示为

$$h_{fA} = 0.025Q_A^2$$
$$h_{fB} = 0.016Q_B^2$$

设备与 O 点及与 O′点间的阻力损失可忽略不计。孔板流量计的孔径为 30mm,流量系数 $C_0 = 0.65$,U 型压差计中指示液为汞。

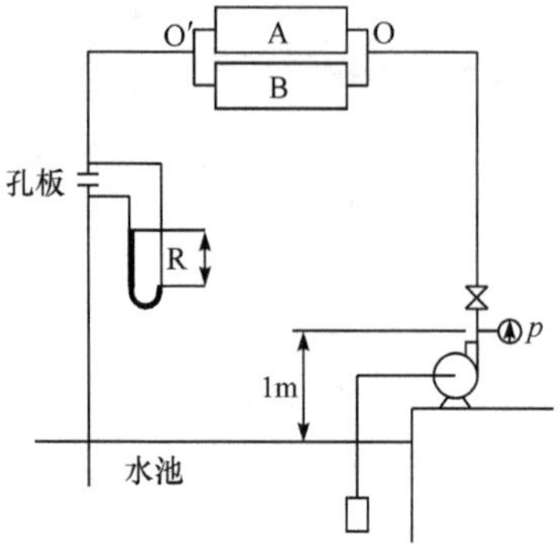

图 5

离心泵特性曲线方程为

$$H = 20 - 0.08Q^2$$

以上中流量以 m^3/h 表示，扬程和设备 A、B 的阻力损失以 m 表示，摩擦因数 $\lambda=0.03$。试求：

(1)管路中总流量；

(2)泵出口处压力表读数 p；

(3)孔板流量计读数 R。

孔板流量计的孔速 u_0 计算式为

$$u_0 = C_0\sqrt{\frac{2\Delta p}{\rho}}$$

式中，Δp 为孔板两侧的压差。汞的密度为 $13600kg/m^3$。

【解】(1)求流量 Q。

由机械能衡算式得

$$h_e = \sum h_f = \lambda\frac{\sum l}{d}\cdot\frac{u^2}{2g} + 0.025Q_A^2$$

$$= 0.03\times\frac{3+15+15}{0.05}\times\frac{8Q^2}{9.81\times\pi^2\times(0.05)^4\times3600^2} + 0.025Q_A^2 \quad (1)$$

$$= 0.0202Q^2 + 0.025Q_A^2$$

对并联管路：

$$0.025Q_A^2 = 0.016Q_B^2 \quad (2)$$

$$Q = Q_A + Q_B \quad (3)$$

又

$$H = 20 - 0.08Q^2 \quad (4)$$

联立式(1)～(4)，得

$$Q = 13.79m^3/h \qquad H = h_e = 4.77m \qquad u = 1.95m/s$$

(2)水池面至泵出口列机械能衡算式为

$$H = \frac{p}{\rho g} + Z + \frac{u^2}{2g} + \lambda\frac{l}{d}\cdot\frac{u^2}{2g}$$

得

$$p = 31660.2Pa(表压)$$

(3)由孔板流量计算式

$$u_0 = C_0\sqrt{\frac{2\Delta p}{\rho}} = C_0\sqrt{\frac{2R(\rho_0-\rho)g}{\rho}}$$

又

$$u_0 = \left(\frac{d}{d_0}\right)^2 u = 5.42m/s$$

所以得

$$R = 28.1cm$$

2. (10 分)如图 6 一加热釜,内放 1000kg 比热容为 4.18kJ/(kg·℃)的液体,用蛇管加热器加热,蛇管内通入 120℃饱和蒸汽。设釜内液体温度均匀,釜内液体在加热过程中不产生相变,蛇管内蒸汽与蛇管外液体之间的总传热系数 $K=10^3 W/(m^2 \cdot K)$,蛇管的传热面积为 $1m^2$。

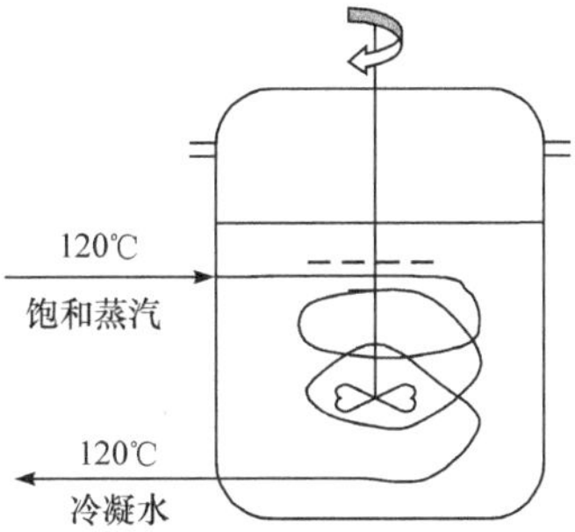

图 6

(1)若釜外壁保温良好,欲将釜内液体从 40℃加热到 100℃,试计算加热时间;

(2)若已知釜周围的环境温度为 20℃,又知釜的外壁与环境间的对流辐射联合总传热系数 $\alpha_T=12W/(m^2 \cdot K)$。釜外壁温度可认为与釜内液体温度相同。釜外壁散热面积为 $10m^2$。试计算釜内液体被加热可达到的最高温度(设液体不产生相变)。

【解】(1)设 $d\tau$ 时间内,液体温度升高了 dt,则根据热平衡,有

$$KA(120-t)d\tau = mc_p dt$$

分离变量,积分得

$$\tau = \frac{mc_p}{KA}\int_{40}^{100}\frac{dt}{120-t} = \frac{1000\times4.18\times1000}{1000\times1}\ln\frac{120-40}{120-100} = 5794.7s = 1.6h$$

(2)当釜内液体被加热达到最高温度 t_{max}时,单位时间蒸汽传给液体的热量和釜壁与环境之间的传热量(即热损失)相等。即

$$KA(120-t_{max}) = \alpha_T A(t_{max}-20)$$

解之得

$$t_{max} = 109.3℃$$

3. (15 分)在 202.6kPa(绝压)下的填料吸收塔中进行逆流吸收操作。入塔气体流量为 105.3kmol/h,溶质含量(摩尔分率)$y_b=0.05$,经塔吸收后回收率 ϕ 为 90%。已知进入系统的溶剂量为 60.6kmol/h,溶质含量(摩尔分率)$x_a=0.01$,操作条件下的气液平衡关系为 $y=0.08x$,试求:

(1)气相总传质单元数 N_{OG}和出塔溶液浓度 x_b;

(2)若系统回收率不变,将上述吸收过程按塔底溶液部分循环设计,如图 7 所示,循环量为 32.55kmol/h(溶液),且进入系统的新鲜溶剂量不变,试计算有循环时气相总传质单元数,与无循环时相比,孰大孰小?为什么?请画出两种情况的操作线示意图。

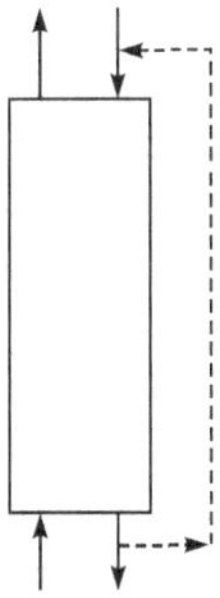
图 7

【解】(1) $G = \frac{G_B}{1-y_b} = \frac{100}{1-0.05} = 105.26kmol/h$

$$L = \frac{L_S}{1-x_a} = \frac{60}{1-0.01} = 60.61kmol/h$$

$$S=\frac{mG}{L}=\frac{0.08\times 105.26}{60.61}=0.139$$

$$y_a=y_b(1-\phi)=0.05\times(1-90\%)=0.005$$

$$N_{OG}=\frac{1}{1-S}\ln\left[(1-S)\frac{y_b-mx_a}{y_a-mx_a}+S\right]$$

$$=\frac{1}{1-0.139}\ln\left[(1-0.139)\frac{0.05-0.08\times 0.01}{0.005-0.08\times 0.01}+0.139\right]$$

$$=2.7$$

$$x_b=\frac{y_b-y_a}{L/G}+x_a=\frac{0.05-0.005}{60.61/105.26}+0.01=0.088$$

(2)采用溶液循环流程设计。

设实际入塔的吸收剂组成为 x_a',则

$$(L+L_R)x_a'=Lx_a+L_Rx_b$$

$$x_a'=\frac{Lx_a+L_Rx_b}{L+L_R}=\frac{60.61\times 0.01+32.55\times 0.088}{60.61+32.55}=0.037$$

$$S=\frac{mG}{(L+L_R)}=\frac{0.08\times 105.26}{60.61+32.55}=0.090$$

$$N_{OG}'=\frac{1}{1-S'}\ln\left[(1-S')\frac{y_b-mx_a'}{y_a-mx_a'}+S'\right]$$

$$=\frac{1}{1-0.090}\ln\left[(1-0.090)\times\frac{0.05-0.08\times 0.037}{0.005-0.08\times 0.037}+0.090\right]$$

$$=3.35$$

可见 $N_{OG}'>N_{OG}$,这是因为有循环时操作线更加靠近平衡线,使传质推动力变小,故 N_{OG} 变大。操作线如图 8 所示。

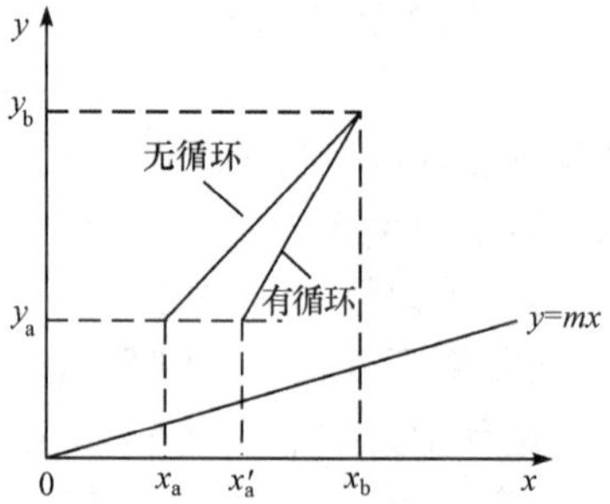

图 8

4. (15 分)用精馏塔分离某二元理想溶液,泡点进料,进料浓度为 $x_F=0.3$(摩尔分率)。若采出率(馏出液与料液之比)$D/F=40\%$, 回流比为 3,相对挥发度为

2.5,当所需理论板数为无穷多时,则塔顶馏出液浓度最大可达多少?并写出精馏段、提馏段两段的操作线方程。

【解】当理论板数为无穷多时,夹紧点出现的可能性有三个。

可能一:夹紧点出现在塔顶处,即 $x_D=1$。此时,

$$\frac{D}{F}x_D = 0.4 \times 1 > x_F = 0.3$$

可见,这是不可能的。

可能二:夹紧点出现在进料板处,即两段操作线、q 线、平衡线等四线交一。

因为 $$q = 1$$

所以 $$x_F = x_e = 0.3$$

$$y_e = \frac{\alpha x_e}{1+(\alpha-1)x_e} = \frac{2.5 \times 0.3}{1+1.5 \times 0.3} = 0.517$$

又精馏段操作线方程为

$$y = \frac{R}{R+1}x + \frac{x_D}{R+1} = \frac{3}{4}x + \frac{x_D}{4}$$

将 $x_e=0.3$,$y_e=0.517$ 代入上式得

$$x_D = 1.168 > 1$$

这也不可能。

可能三:夹紧点出现在塔底处,即 $x_W=0$,此时有

$$\frac{D}{F} = \frac{x_F}{x_D}$$

解之得

$$x_D = \frac{x_F}{\frac{D}{F}} = \frac{0.3}{0.4} = 0.75$$

这就是塔顶馏出液量最大浓度。此时,精馏段操作线方程为

$$y_{n+1} = \frac{3}{4}x_n + \frac{0.75}{4} = 0.75x_n + 0.1875$$

提馏段操作线方程为

$$y_{m+1} = \frac{L'}{V'}x_m - \frac{Wx_W}{V'} = \frac{RD+qF}{(R+1)D+(q-1)F}x_m$$

$$= \frac{R\frac{D}{F}+q}{(R+1)\frac{D}{F}+(q-1)}x_m = \frac{3 \times 0.4+1}{4 \times 0.4+0}x_m = 1.375x_m$$

5.(8 分)对常压下温度为 30℃、湿度为 0.01kg 水汽/kg 干气的空气,试求(1)该

空气的相对湿度及饱和湿度;(2)若保持温度不变,加入绝干空气使总压上升为 303.9 kPa (绝对),该空气的相对湿度及饱和湿度有何变化? (3)若保持温度不变,将常压空气压缩至 303.9kPa (绝对),则在压缩过程中每千克干空气可析出多少水? 已知 30℃时水的饱和蒸汽压为 4242 Pa 。

【解】(1) $p=\dfrac{PH}{0.622+H}=\dfrac{101.3\times0.01}{0.622+0.01}=1.603\text{kPa}$

$$\varphi=\frac{p}{p_s}=\frac{1.603}{4.242}=37.79\%$$

饱和湿度为

$$H_s=0.622\frac{p_s}{P-p_s}=0.622\times\frac{4.242}{101.3-4.242}=0.0272\text{kg 水 /kg 干气}$$

(2)加入绝干气 p、p_s 不变,φ=37.79%,故

$$H=0.622\times\frac{1.603}{303.9-1.603}=0.0033\text{kg/kg 干气}$$

饱和湿度降为

$$H_s=0.622\times\frac{4.242}{303.9-4.242}=0.0088\text{kg 水 /kg 干气}$$

(3)由 H_s=0.0088kg 水/kg 干气可得,在压缩过程中析出的水分为

$$0.01-0.0088=0.0012\text{kg 水/kg 干气}$$

2003年试题及解答

一、填空、选择题(共30分)

1. (2分)因次分析法的原理是____,其主要目的是____。

2. (2分)对于图1所示的并联管路,其阻力损失($\sum h_f$)满足__________。

   A. $(\sum h_f)_{A1B} > (\sum h_f)_{A2B}$

   B. $(\sum h_f)_{AB} > (\sum h_f)_{A1B} = (\sum h_f)_{A2B}$

   C. $(\sum h_f)_{AB} = (\sum h_f)_{A1B} + (\sum h_f)_{A2B}$

   D. $(\sum h_f)_{AB} = (\sum h_f)_{A1B} = (\sum h_f)_{A2B}$

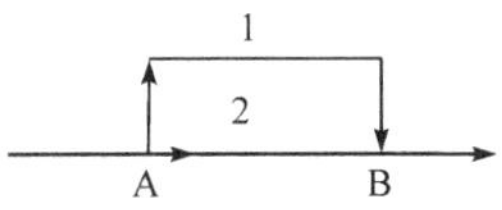

图1

3. (1分)流动边界层的含义是指____。

4. (2分)请举出往复泵与离心泵的其中两个主要不同点:____________________、____________________。

5. (4分)用一回转真空过滤机过滤某悬浮液,介质阻力可忽略不计。若因故滤浆的浓度下降,致使滤饼体积与所获滤液体积之比变为原来的80%(设滤饼比阻不变)。现若保持其余操作条件不变,则过滤机的生产能力(以每小时的滤液计)为原来的__________倍,滤饼厚度为原来的__________倍。

6. (2分)某含尘气体,依次经过一个降尘室和一个旋风分离器进行除尘。若气体流量适当增加(其余不变),则降尘室除尘效率__________,旋风分离器除尘效率__________。

7. (2分)在沿圆筒壁的一维稳定传热过程中,热流量 Q 沿半径增大方向__________,热流密度(热通量)q 沿该方向__________。

   A. 增大　　B. 减少　　C. 不变　　D. 不确定

8. (1分)请写出多原子气体热辐射的其中一个主要特点:____。

9. (2分)为了提高蒸发器的生产强度,主要应设法__________。

(1)采用多效蒸发 (2)增加换热面积

(3)增大加热蒸汽侧对流传热系数 (4)提高沸腾侧对流传热系数

10. (2分)下面的几种传质模型,属于稳态传质的有__________;属于非稳态传质的有__________。

(1)有效膜(双膜)理论 (2)溶质渗透模型 (3)表面更新模型

11. (2分)一个液膜控制的吸收过程,为加大吸收速率,应采取________________________、____________________等措施。

12. (2分)设计精馏塔时,若将塔釜由原来的直接蒸汽加热改为间接蒸汽加热,而保持进料量、进料浓度、进料热状况、塔顶馏出液量、馏出液浓度及回流比等不变,则提馏段操作线斜率__________,残液浓度__________。

(1)变大 (2)变小 (3)不变 (4)不确定

13. (2分)在传质设备中,塔板上的气液两相之间可能出现鼓泡、泡沫、喷雾等三种接触状况,为了增加气液接触面积,应采用__________接触状态为好;对于筛板塔,应采取__________接触状态下操作较为适宜。

14. (2分)在B-S部分互溶体系的单级萃取过程中,若加入的纯溶剂量增加而其他操作条件不变,则萃取液浓度 y_A^0 __________。

(1)增大 (2)下降 (3)不变 (4)变化趋势不确定

15. (2分)对于既有恒速段又有较长的降速段的粉粒状物料,可以采用__________干燥器与__________干燥器串联起来进行干燥较为有利。

填空、选择题答案

1. 答:等式两边因次相同;缩减变量(组成数群),使实验及数据关联工作简化、可靠。
2. 答:D。
3. 答:紧贴壁面非常薄的一薄层流体,该薄层内速度梯度很大。
4. 答:往复泵的流量与管路的情况无关;往复泵不能在关死点运转。
5. 答:1.12;0.9。
6. 答:下降;增大。
7. 答:C;B。
8. 答:气体的辐射和吸收对波长具有强烈的选择性(或气体的辐射和吸收在整个容积内进行)。
9. 答:(4)。
10. 答:(1);(2)(3)。
11. 答:加大液体流量或采用化学吸收的方法、采用溶剂循环流程。
12. 答:(3);(1)。
13. 答:泡沫或喷雾;泡沫。
14. 答:(4)。
15. 答:气流;流化床。

二、计算题(70 分)

1. (16 分)如图 2 所示,从敞口的水池往两容器送水,两容器的表压都为零。已知管内径均为 40mm,摩擦因数均为 $\lambda=0.02$,吸入管长 $L_1=10$m,压出支管 2 长 $L_2=70$m(均包括局部阻力的当量长度),泵的特性曲线方程为 $H=22-7.2\times10^5Q^2$,式中,H 为压头,单位为 m;Q 为流量,单位为 m^3/s。泵出口至 O 点的管长可忽略。试求:

(1)B 阀全关时泵的流量。

(2)若将 B 阀全开,则泵的流量为多少? 此时支管 3 长 $L_3=70$m(包括局部阻力当量长度在内)。

(3)若再关小 B 阀,则与第(2)小题情形相比,试分析总管 1、支管 2、支管 3 的流量的变化趋势。

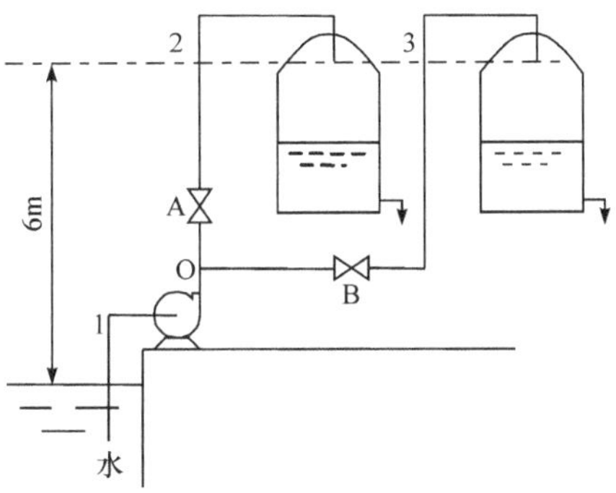

图 2

【解】(1)B 阀全关时,

$$h_e=\Delta z+\frac{\Delta p}{\rho g}+\frac{\Delta u^2}{2g}+\frac{8}{\pi^2 g}\lambda\frac{\sum L}{d^5}Q^2$$

$$=6+0+0+\frac{8}{\pi^2 g}\times0.02\times\frac{10+70}{0.04^5}Q^2$$

$$=6+1.292\times10^6Q^2$$

$$H=22-7.2\times10^5Q^2$$

$$H=h_e$$

得 $Q=0.00282m^3/s=10.2m^3/h$

(2)B 阀全开时,因为 $L_2=L_3$,d 相同,所以 $Q_2=Q_3=Q/2$。

在敞口水池水面与管路 2 出口间列机械能衡算式得

$$h_e=\Delta z+\frac{\Delta p}{\rho g}+\frac{\Delta u^2}{2g}+\frac{8}{\pi^2 g}\frac{\lambda}{d^5}[L_1Q^2+L_2(\frac{Q}{2})^2]$$

$$=6+0+0+\frac{8}{\pi^2 g}\times\frac{0.02}{0.04^5}(10Q^2+70\times\frac{Q^2}{4})$$

$$=6+4.442\times10^5 Q^2$$

$$h_e=H$$

得 $$Q=0.00371\text{m}^3/\text{s}=13.3\text{m}^3/\text{h}$$

(3) $Q\downarrow$, $Q_2\uparrow$, $Q_3\downarrow$。

2. (16分)在一套管换热器中,用冷却水将空气由 $T_1=100$℃逆流冷却至 $T_2=60$℃,冷却水在 ϕ38mm×2.5mm 的内管中流动,其进、出口温度分别为 $t_1=15$℃和 $t_2=25$℃,空气和水的流动 Re 数均大于10000。已知此时空气和水的对流传热系数分别为60W/(m^2·K)和1500W/(m^2·K),水侧的污垢热阻为 6×10^{-4} m^2·K/W,空气侧的污垢热阻、管壁热阻可忽略不计。问:

(1)若将空气的流量增加20%(但保持空气的进口温度不变,水的流量和进口温度也不变),则与原来相比,总传热系数 K、传热量 Q 的变化比率是多少?

(2)若水的流量增加20%(但保持水的进口温度不变,空气的流量和进口温度也不变),则此时 K、Q 的变化比率是否仍能达到第(1)小题的变化幅度?请予以定性分析。

【解】原工况下,空气 $\alpha_o=60$W/(m^2·K),水 $\alpha_i=1500$W/(m^2·K),
水侧污垢 $R_{si}=6\times10^{-4}$m^2·K/W

$$\frac{1}{K}=\frac{1}{\alpha_o}+\frac{1}{\alpha_i}\frac{d_o}{d_i}+R_{si}\frac{d_o}{d_i}=\frac{1}{60}+\frac{1}{1500}\times\frac{38}{33}+6\times10^{-4}\cdot\frac{38}{33}$$

$$K=55.2\text{W}/(\text{m}^2\cdot\text{K})$$

$$\Delta t_m=\frac{(100-25)-(60-15)}{\ln\dfrac{100-25}{60-15}}=58.7℃$$

$$\frac{m_1c_{p1}}{m_2c_{p2}}=\frac{t_2-t_1}{T_1-T_2}=\frac{25-15}{100-60}=0.25$$

$$NTU_1=\frac{KA}{m_1c_{p1}}=\frac{T_1-T_2}{\Delta t_m}=\frac{100-60}{58.7}=0.681$$

(1)空气流量增加20%,

$$\alpha_o'=\alpha_o\times1.2^{0.8}=60\times1.2^{0.8}=69.4\text{W}/(\text{m}^2\cdot\text{K})$$

$$K'=\frac{1}{\dfrac{1}{69.4}+\dfrac{1}{1500}\times\dfrac{38}{33}+6\times10^{-4}\times\dfrac{38}{33}}=63\text{W}/(\text{m}^2\cdot\text{K})$$

$$\frac{K'}{K}=\frac{63}{55.2}=1.14$$

$$\frac{m_1'c_{p1}}{m_2c_{p2}}=1.2\cdot\frac{m_1c_{p1}}{m_2c_{p2}}=1.2\times0.25=0.3$$

空气的热容量较小,$C_R'=0.3$

$$NTU'=\frac{K'A}{m_1'c_{p1}}=\frac{K'A}{1.2m_1c_{p1}}=\frac{K'}{K}\cdot\frac{KA}{1.2m_1c_{p1}}=1.14\times\frac{0.681}{1.2}=0.647$$

$$\varepsilon'=\frac{1-\exp[NTU'(1-C_R')]}{C_R'-\exp[NTU'(1-C_R')]}=\frac{1-\exp[0.647\times(1-0.3)]}{0.3-\exp[0.647\times(1-0.3)]}$$
$$=0.450$$

$$\varepsilon'=\frac{T_1-T_2'}{T_1-t_1},0.450=\frac{100-T_2'}{100-15},\text{所以 } T_2'=61.8℃$$

$$\frac{Q'}{Q}=\frac{m_1'c_{p1}(T_1-T_2')}{m_1c_{p1}(T_1-T_2)}=1.2\times\frac{100-61.8}{100-60}=1.15$$

(2)K、Q的变化比率达不到问(1)的程度。

3. (12分)在填料层高度为3m的常压、逆流操作的吸收塔内,用清水吸收空气中的氨,进塔气体中含氨5%(体积分率,以下同),塔顶尾气含氨0.5%,吸收因数为1,在操作条件下氨-水系统的平衡关系可用$y=mx$表示(式中,m为常数;x,y分别表示氨在液相和气相中的摩尔分率),且测得与含氨1.77%的混合气充分接触后的水中,氨的浓度为18.89g/1000g(水)。试求:

(1)吸收液的出口浓度;

(2)填料塔的气相总传质单元高度(单位为m);

(3)等板高度HETP(单位为m)。

【解】属低浓气体吸收。

(1)
$$x^*=\frac{18.89/17}{18.89/17+1000/18}=0.0196$$

$$m=\frac{y}{x^*}=\frac{1.77\%}{0.0196}=0.903$$

$$\frac{L}{G}=Am=1\times0.903=0.903$$

$$x_b=\frac{y_b-y_a}{L/G}+x_a=\frac{0.05-0.5\%}{0.903}+0=0.0498$$

(2)
$$N_{OG}=\frac{y_b}{y_a}-1=\frac{0.05}{0.5\%}-1=9$$

$$H_{OG}=\frac{h}{N_{OG}}=\frac{3}{9}=0.33\text{m}$$

(3)
$$N_T=N_{OG}=9$$

$$\text{HETP}=\frac{h}{N_T}=\frac{3}{9}=0.33\text{m}$$

4. (16 分)用一连续精馏塔分离苯、甲苯液体混合物,塔顶设全凝器,塔底设再沸器。进料量为 150kmol/h,其中含苯 0.4(摩尔分率,下同),泡点进料,通过取样测得塔顶馏出液中苯回收率为 92.20%,塔底产品中含苯 0.05,实际操作回流比 $R=2.43$,已知操作条件下相对挥发度 $\alpha=2.5$,设该塔在最适宜位置进料,试求:

(1)塔顶产品中苯的组成 x_D 和塔釜上升蒸气量 V';

(2)精馏段、提馏段操作线方程及从塔顶往下第二块板下流的液相中苯的组成;

(3)因长期操作,再沸器内结垢,试问对塔顶、塔底产品质量有何影响?写出分析过程(假设此时 F、D、q、x_F 不变)。为维持塔顶、塔底产品质量不变,应采取何种措施?说明理由。

【解】(1) $\begin{cases} F = D + W \\ Fx_F = Dx_D + Wx_W \\ \dfrac{Dx_D}{Fx_F} = 92.20\% \end{cases}$

将 $F=150\text{kmol/h}$,$x_F=0.4$,$x_W=0.05$ 代入得

$$\begin{cases} 150 = D + W \\ 150 \times 0.4 = Dx_D + W \times 0.05 \\ Dx_D = 150 \times 0.4 \times 92.20\% = 55.32 \end{cases}$$

解上述方程组得

$$D = 56.4\text{kmol/h} \qquad W = 93.6\text{kmol/h} \qquad x_D = 0.981$$

$$V' = (R+1)D + (q-1)F = 3.43 \times 56.4 + 0 = 193.4\text{kmol/h}$$

(2)由 $y=\dfrac{2.5x}{1+1.5x}$得

$$x = \frac{y}{2.5 - 1.5y} \tag{1}$$

又

$$y = \frac{R}{R+1}x + \frac{x_D}{R+1} = 0.708x + 0.286 \tag{2}$$

交替应用式(1)、(2)计算得

$$x_D = y_1 = 0.981 \xrightarrow{\text{式(1)}} x_1 = 0.954 \xrightarrow{\text{式(2)}}$$

$$y_2 = 0.962 \xrightarrow{\text{式(1)}} x_2 = 0.910$$

(3)再沸器内结垢,导致传热不良,$V'\downarrow$,而 D 又不变,由 $V'=(R+1)D$ 得 $R\downarrow$,精馏段操作线斜率$=\dfrac{R}{R+1}\downarrow$,靠近平衡线,不利于分离,故 $x_D\downarrow$。由全塔物料衡算可知,当 F、D、W、x_F 不变、$x_D\downarrow$时,$x_W\uparrow$。

要想维持 x_D、x_W 不变,应及时清除污垢,或提高再沸器的加热蒸汽压力,以使 V' 保持不变或略有增大。

【另解】 精馏段操作线斜率 $=\dfrac{R}{R+1}\downarrow$,提馏段操作线斜率 $=\dfrac{L'}{V'}=\dfrac{V'+W}{V'}=1+\dfrac{W}{V'}$,其中 $W=F-D$ 不变,而 $V'\downarrow$,故 $\dfrac{L'}{V'}\uparrow$。假设 x_D 不变,由物料衡算可知 x_W 也不变。新、旧状况下的操作线分别为图 3(a)中的虚、实线。可见,理论板数将变多,这是不可能的。所以 x_D 不变的假设不成立。假设 x_D 变大,则 x_W 必变小。新旧状况下的操作线分别为图 3(b)中的虚实线。理论板数也变多,故也不可能。因此,x_D 只能变小,x_W 只能变大。如图 3(c)中虚实线所示。

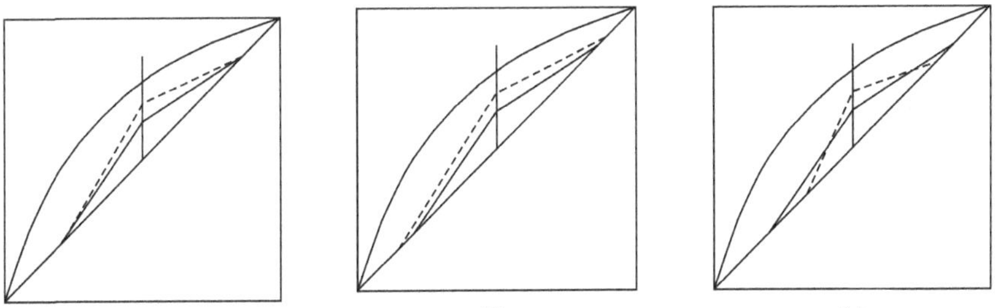
(a)　(b)　(c)

图 3

5. (10 分)将含水率为 20%(湿基)的物料 400kg 置于温度为 90℃,湿球温度 $t_w=55$℃的空气中,空气平行流过物料。操作在恒定干燥条件下进行,对流传热系数为 65W/(m² · ℃),干燥面积为 5m²,湿物料在该条件下的临界含水量为 0.15kg 水/kg 干料,平衡含水量为 0.02kg 水/kg 干料。降速段可视为直线。汽化潜热 γ 为

$$\gamma = 2491.3 - 2.303t$$

式中,t 的单位为℃;γ 的单位为 kJ/kg。试求(1)除去 30kg 水分所需的干燥时间为多少?(2)若其他条件不变,只是将物料层厚度减少一半,求将物料干燥至同问(1)的含水率一样时所需时间。

【解】(1)

$$X_1=\frac{20}{80}=0.25$$

$$G_C=G_1(1-W_1)=400\times(1-0.2)=320\text{kg}$$

$$W=G_C(X_1-X_2)$$

即

$$30=320\times(0.25-X_2)$$

故

$$X_2=0.157>0.15$$

属恒速段。

$t_w = 55℃$的汽化潜热

$$\gamma_W = 2491.3 - 2.303t = 2491.3 - 2.303 \times 55 = 2364.6 \text{kJ/kg}$$

恒速段干燥速率

$$U_C = \frac{\alpha(t - t_W)}{\gamma_W} = \frac{0.065 \times (90 - 55)}{2364.6} = 9.62 \times 10^{-4} \text{kg/(m}^2 \cdot \text{s)}$$

干燥时间为

$$\tau_1 = \frac{G_C}{AU_C}(X_1 - X_2) = \frac{320}{5 \times 9.62 \times 10^{-4} \times 3600} \times (0.25 - 0.156) = 1.74\text{h}$$

(2)按题意,X_C 将减小,而 X_2 不变,故干燥过程仍属恒速段。且 X_1、A、U_C 不变,而 $G_C \propto$厚度,$W = G_C(X_1 - X_2)$,故 $W \propto$厚度,$\tau = W/U_C \propto$厚度。所以

$$\tau_2 = \frac{\tau_1}{2} = 0.87\text{h}$$